轨道交通装备制造业职业技能鉴定指导丛书

冲　压　工

中国北车股份有限公司　编写

中国铁道出版社

2015年·北　京

图书在版编目(CIP)数据

冲压工/中国北车股份有限公司．—北京：中国铁道出版社，2015.5

（轨道交通装备制造业职业技能鉴定指导丛书）

ISBN 978-7-113-19995-1

Ⅰ.①冲…　Ⅱ.①中…　Ⅲ.①冲压—职业技能—鉴定—自学参考资料　Ⅳ.①TG38

中国版本图书馆CIP数据核字(2015)第036894号

书　　名：轨道交通装备制造业职业技能鉴定指导丛书
冲压工

作　　者：中国北车股份有限公司

策　　划：江新锡　钱士明　徐　艳

责任编辑：陶赛赛　　**编辑部电话**：010-51873193

编辑助理：袁希翀

封面设计：郑春鹏

责任校对：王　杰

责任印制：郭向伟

出版发行：中国铁道出版社（100054，北京市西城区右安门西街8号）

网　　址：http://www.tdpress.com

印　　刷：三河市航远印刷有限公司

版　　次：2015年5月第1版　2015年5月第1次印刷

开　　本：787 mm×1 092 mm　1/16　印张：12.5　字数：307千

书　　号：ISBN 978-7-113-19995-1

定　　价：40.00元

中国北车职业技能鉴定教材修订、开发编审委员会

主　任：赵光兴

副主任：郭法娥

委　员：（按姓氏笔画为序）

于帮会　王　华　尹成文　孔　军　史治国

朱智勇　刘继斌　闫建华　安忠义　孙　勇

沈立德　张晓海　张海涛　姜　冬　姜海洋

耿　刚　韩志坚　詹余斌

本《丛书》总　编：赵光兴

　　　　　副总编：郭法娥　刘继斌

本《丛书》总　审：刘继斌

　　　　　副总审：杨永刚　娄树国

编审委员会办公室：

主　任：刘继斌

成　员：杨永刚　娄树国　尹志强　胡大伟

序

在党中央、国务院的正确决策和大力支持下，中国高铁事业迅猛发展。中国已成为全球高铁技术最全、集成能力最强、运营里程最长、运行速度最高的国家。高铁已成为中国外交的新名片，成为中国高端装备"走出国门"的排头兵。

中国北车作为高铁事业的积极参与者和主要推动者，在大力推动产品、技术创新的同时，始终站在人才队伍建设的重要战略高度，把高技能人才作为创新资源的重要组成部分，不断加大培养力度。广大技术工人立足本职岗位，用自己的聪明才智，为中国高铁事业的创新、发展做出了重要贡献，被李克强同志亲切地赞誉为"中国第一代高铁工人"。如今在这支近5万人的队伍中，持证率已超过96%，高技能人才占比已超过60%，3人荣获"中华技能大奖"，24人荣获国务院"政府特殊津贴"，44人荣获"全国技术能手"称号。

高技能人才队伍的发展，得益于国家的政策环境，得益于企业的发展，也得益于扎实的基础工作。自2002年起，中国北车作为国家首批职业技能鉴定试点企业，积极开展工作，编制鉴定教材，在构建企业技能人才评价体系、推动企业高技能人才队伍建设方面取得明显成效。为适应国家职业技能鉴定工作的不断深入，以及中国高端装备制造技术的快速发展，我们又组织修订、开发了覆盖所有职业(工种)的新教材。

在这次教材修订、开发中，编者们基于对多年鉴定工作规律的认识，提出了"核心技能要素"等概念，创造性地开发了《职业技能鉴定技能操作考核框架》。该《框架》作为技能人才评价的新标尺，填补了以往鉴定实操考试中缺乏命题水平评估标准的空白，很好地统一了不同鉴定机构的鉴定标准，大大提高了职业技能鉴定的公信力，具有广泛的适用性。

相信《轨道交通装备制造业职业技能鉴定指导丛书》的出版发行，对于促进我国职业技能鉴定工作的发展，对于推动高技能人才队伍的建设，对于振兴中国高端装备制造业，必将发挥积极的作用。

中国北车股份有限公司总裁：

2015.2.7

前　言

鉴定教材是职业技能鉴定工作的重要基础。2002年，经原劳动保障部批准，中国北车成为国家职业技能鉴定首批试点中央企业，开始全面开展职业技能鉴定工作。2003年，根据《国家职业标准》要求，并结合自身实际，组织开发了《职业技能鉴定指导丛书》，共涉及车工等52个职业（工种）的初、中、高3个等级。多年来，这些教材为不断提升技能人才素质、适应企业转型升级、实施"三步走"发展战略的需要发挥了重要作用。

随着企业的快速发展和国家职业技能鉴定工作的不断深入，特别是以高速动车组为代表的世界一流产品制造技术的快步发展，现有的职业技能鉴定教材在内容、标准等诸多方面，已明显不适应企业构建新型技能人才评价体系的要求。为此，公司决定修订、开发《轨道交通装备制造业职业技能鉴定指导丛书》（以下简称《丛书》）。

本《丛书》的修订、开发，始终围绕促进实现中国北车"三步走"发展战略、打造世界一流企业的目标，努力遵循"执行国家标准与体现企业实际需要相结合、继承和发展相结合、坚持质量第一、坚持岗位个性服从于职业共性"四项工作原则，以提高中国北车技术工人队伍整体素质为目的，以主要和关键技术职业为重点，依据《国家职业标准》对知识、技能的各项要求，力求通过自主开发、借鉴吸收、创新发展，进一步推动企业职业技能鉴定教材建设，确保职业技能鉴定工作更好地满足企业发展对高技能人才队伍建设工作的迫切需要。

本《丛书》修订、开发中，认真总结和梳理了过去12年企业鉴定工作的经验以及对鉴定工作规律的认识，本着"紧密结合企业工作实际，完整贯彻落实《国家职业标准》，切实提高职业技能鉴定工作质量"的基本理念，在技能操作考核方面提出了"核心技能要素"和"完整落实《国家职业标准》"两个概念，并探索、开发出了中国北车《职业技能鉴定技能操作考核框架》；对于暂无《国家职业标准》、又无相关行业职业标准的40个职业，按照国家有关《技术规程》开发了《中国北车职业标准》。经2014年技师、高级技师技能鉴定实作考试中27个职业的试用表明：该《框架》既完整反映了《国家职业标准》对理论和技能两方面的要求，又适应了企业生产和技术工人队伍建设的需要，突破了以往技能鉴定实作考核中试卷的难度与完整性评估的"瓶颈"，统一了不同产品、不同技术含量企业的鉴定标准，提高了鉴定考核的技术含量，保证了职业技能鉴定的公平性，提高了职业技能鉴定工作质量和管理水平，将成为职业技能鉴定工作、进而成为生产操作者技能素质评价的新标尺。

本《丛书》共涉及98个职业（工种），覆盖了中国北车开展职业技能鉴定的所有职业（工种）。《丛书》中每一职业（工种）又分为初、中、高3个技能等级，并按职业技能鉴定理论、技能考试的内容和形式编写。其中：理论知识部分包括知识要求练习题与答案；技能操作部分包括《技能考核框架》和《样题与分析》。本《丛书》按职业（工种）分册，并计划第一批出版74个职业（工种）。

本《丛书》在修订、开发中，仍侧重于相关理论知识和技能要求的应知应会，若要更全面、系统地掌握《国家职业标准》规定的理论与技能要求，还可参考其他相关教材。

本《丛书》在修订、开发中得到了所属企业各级领导、技术专家、技能专家和培训、鉴定工作人员的大力支持；人力资源和社会保障部职业能力建设司和职业技能鉴定中心、中国铁道出版社等有关部门也给予了热情关怀和帮助，我们在此一并表示衷心感谢。

本《丛书》之《冲压工》由齐齐哈尔轨道交通装备有限责任公司《冲压工》项目组编写。主编陈卫，副主编姜峰；主审刘红生，副主审刘国侠；参编人员张忠、张瑞喜。

由于时间及水平所限，本《丛书》难免有错、漏之处，敬请读者批评指正。

中国北车职业技能鉴定教材修订、开发编审委员会

二〇一四年十二月二十二日

目　　录

冲压工(职业道德)习题

一、填 空 题

1. 职业道德是从事一定职业的人们在职业活动中应该遵循的(　　)的总和。
2. 职业化也称"专业化",是一种(　　)的工作态度。
3. 职业技能是指从业人员从事职业劳动和完成岗位工作应具有的(　　)。
4. 社会主义职业道德的基本原则是(　　)。
5. 社会主义职业道德的核心是(　　)。
6. 加强职业道德修养要端正(　　)。
7. 强化职业道德情感有赖于从业人员对道德行为的(　　)。
8. 敬业是一切职业道德基本规范的(　　)。
9. 敬业要求强化(　　)、坚守工作岗位和提高职业技能。
10. 诚信是企业形成持久竞争力的(　　)。
11. 公道是员工和谐相处,实现(　　)的保证。
12. 遵守职业纪律是企业员工的(　　)。
13. 节约是从业人员立足企业的(　　)。
14. 合作是企业生产经营顺利实施的(　　)。
15. 奉献是从业人员实现(　　)的途径。
16. 奉献是一种(　　)的职业道德。
17. 社会主义道德建设以社会公德、(　　)、家庭美德为着力点。
18. 合作是从业人员汲取(　　)的重要手段。
19. 利用工作之便盗窃公司财产的,将依据国家法律追究(　　)。
20. 认真负责的工作态度能促进(　　)的实现。
21. 到本机关、单位自办的定点复制单位复制国家秘密载体,其准印手续,由(　　)确定。
22. 我国劳动法律规定,女职工的产假为(　　)天。
23. 合同是一个允诺或一系列允诺,违反该允诺将由法律给予救济;履行该允诺是法律所确认的(　　)。
24. 当事人就技术开发、转让、咨询或者服务订立的确立相互之间权利和义务的合同是(　　)。
25. 劳动争议调解应当遵循自愿、(　　)、公正、及时原则。
26. 工伤保险费应当由(　　)缴纳。
27.《产品质量法》所称产品是指经过加工、制作,用于(　　)的产品。
28. 生产者、销售者应当建立健全内部(　　)制度,严格实施岗位质量规范、质量责任以及相应的考核办法。

29. 产品质量应当检验合格,不得以(　　)产品冒充合格产品。

30. 国家对产品质量实行以(　　)为主要方式的监督检查制度。

31. 为从业人员配备的,使其在劳动过程中免遭或者减轻事故伤害及职业危害的个人防护装备叫做(　　)。

32. 劳动防护用品具有一定的(　　),需定期检查或维护,经常清洁保养不得任意损坏、破坏劳防用品,使之失去原有功效。

33. 进行腐蚀品的装卸作业应该戴(　　)手套。

二、单项选择题

1. 社会主义职业道德以(　　)为基本行为准则。

(A)爱岗敬业　(B)诚实守信
(C)人人为我,我为人人　(D)社会主义荣辱观

2.《公民道德建设实施纲要》中,党中央提出了所有从业人员都应该遵循的职业道德"五个要求"是:爱岗敬业、(　　)、公事公办、服务群众、奉献社会。

(A)爱国为民　(B)自强不息　(C)修身为本　(D)诚实守信

3. 职业化管理在文化上的体现是重视标准化和(　　)。

(A)程序化　(B)规范化　(C)专业化　(D)现代化

4. 职业技能包括职业知识、职业技术和(　　)。

(A)职业语言　(B)职业动作　(C)职业能力　(D)职业思想

5. 职业道德对职业技能的提高具有(　　)作用。

(A)促进　(B)统领　(C)支撑　(D)保障

6. 市场经济环境下的职业道德应该讲法律、讲诚信、(　　)、讲公平。

(A)讲良心　(B)讲效率　(C)讲人情　(D)讲专业

7. 敬业精神是个体以明确的目标选择、忘我投入的志趣、认真负责的态度,从事职业活动时表现出的(　　)。

(A)精神状态　(B)人格魅力　(C)个人品质　(D)崇高品质

8. 下列关于爱岗敬业的说法中,正确的是(　　)。

(A)市场经济鼓励人才流动,再提倡爱岗敬业已不合时宜
(B)即便在市场经济时代,也要提倡"干一行,爱一行,专一行"
(C)要做到爱岗敬业就应一辈子在岗位上无私奉献
(D)在现实中,我们不得不承认,"爱岗敬业"的观念阻碍了人们的择业自由

9. 以下不利于同事信赖关系建立的是(　　)。

(A)同事间分派系　(B)不说同事的坏话
(C)开诚布公相处　(D)彼此看重对方

10. 公道的特征不包括(　　)。

(A)公道标准的时代性　(B)公道思想的普遍性
(C)公道观念的多元性　(D)公道意识的社会性

11. 从领域上看,职业纪律包括劳动纪律、财经纪律和(　　)。

(A)行为规范　(B)工作纪律　(C)公共纪律　(D)保密纪律

12. 从层面上看,纪律的内涵在宏观上包括(　　)。

(A)行业规定、规范　(B)企业制度、要求

(C)企业守则、规程　(D)国家法律、法规

13. 以下不属于节约行为的是(　　)。

(A)爱护公物　(B)节约资源　(C)公私分明　(D)艰苦奋斗

14. 下列选项不属于合作的特征的是(　　)。

(A)社会性　(B)排他性　(C)互利性　(D)平等性

15. 奉献精神要求做到尽职尽责和(　　)。

(A)爱护公物　(B)节约资源　(C)艰苦奋斗　(D)尊重集体

16. 机关、(　　)是对公民进行道德教育的重要场所。

(A)家庭　(B)企事业单位　(C)学校　(D)社会

17. 职业道德涵盖了从业人员与服务对象、职业与职工、(　　)之间的关系。

(A)人与人　(B)人与社会　(C)职业与职业　(D)人与自然

18. 中国北车团队建设目标是(　　)。

(A)实力 活力 凝聚力　(B)更高 更快 更强

(C)诚信 创新 进取　(D)品牌 市场 竞争力

19. 以下体现互助协作精神的思想是(　　)。

(A)助人为乐　(B)团结合作　(C)争先创优　(D)和谐相处

20. 对待工作岗位,正确的观点是(　　)。

(A)虽然自己并不喜爱目前的岗位,但不能不专心努力

(B)敬业就是不能得陇望蜀,不能选择其他岗位

(C)树挪死,人挪活,要通过岗位变化把本职工作做好

(D)企业遇到困难或降低薪水时,没有必要再讲爱岗敬业

21. 以下思想体现了严于律己的思想的是(　　)。

(A)以责人之心责己　(B)以恕己之心恕人　(C)以诚相见　(D)以礼相待

22. 以下法律规定了职业培训的相关要求的是(　　)。

(A)专利法　(B)环境保护法　(C)合同法　(D)劳动法

23. 能够认定劳动合同无效的机构是(　　)。

(A)各级人民政府　(B)工商行政管理部门

(C)各级劳动行政部门　(D)劳动争议仲裁委员会

24. 我国劳动法律规定的最低就业年龄是(　　)。

(A)18 周岁　(B)17 周岁　(C)16 周岁　(D)15 周岁

25. 我国劳动法律规定,集体协商职工一方代表在劳动合同期内,自担任代表之日起(　　)年以内,除个人严重过失外,用人单位不得与其解除劳动合同。

(A)5　(B)4　(C)3　(D)2

26. 坚持(　　),创造一个清洁、文明、适宜的工作环境,塑造良好的企业形象。

(A)文明生产　(B)清洁生产　(C)生产效率　(D)生产质量

27. 在易燃易爆场所穿(　　)最危险。

(A)布鞋　(B)胶鞋　(C)带钉鞋　(D)棉鞋

三、多项选择题

1. 职业道德的价值在于( )。
(A)有利于企业提高产品和服务的质量
(B)可以降低成本、提高劳动生产率和经济效益
(C)有利于协调职工之间及职工与领导之间的关系
(D)有利于企业树立良好形象,创造著名品牌
2. 对从业人员来说,下列要素属于最基本的职业道德要素的是( )。
(A)职业理想 (B)职业良心 (C)职业作风 (D)职业守则
3. 职业道德的具体功能包括:( )。
(A)导向功能 (B)规范功能 (C)整合功能 (D)激励功能
4. 职业道德的基本原则是( )。
(A)体现社会主义核心价值观
(B)坚持社会主义集体主义原则
(C)体现中国特色社会主义共同理想
(D)坚持忠诚、审慎、勤勉的职业活动内在道德准则
5. 以下既是职业道德的要求,又是社会公德的要求的是( )。
(A)文明礼貌 (B)勤俭节约 (C)爱国为民 (D)崇尚科学
6. 下列行为中,违背职业道德的是( )。
(A)在单位的电脑上读小说
(B)拷贝和使用免费软件
(C)用单位的电话聊天
(D)私下打开同事的电子邮箱
7. 职业化行为规范要求遵守行业或组织的行为规范包括( )。
(A)职业思想 (B)职业文化 (C)职业语言 (D)职业动作
8. 职业技能的特点包括( )。
(A)时代性 (B)专业性 (C)层次性 (D)综合性
9. 加强职业道德修养有利于( )。
(A)职业情感的强化 (B)职业生涯的拓展
(C)职业境界的提高 (D)个人成才成长
10. 职业道德主要通过( )的关系,增强企业的凝聚力。
(A)协调企业职工间 (B)调节领导与职工
(C)协调职工与企业 (D)调节企业与市场
11. 爱岗敬业的具体要求是( )。
(A)树立职业理想 (B)强化职业责任
(C)提高职业技能 (D)抓住择业机遇
12. 敬业的特征包括( )。
(A)主动 (B)务实 (C)持久 (D)乐观
13. 诚信的本质内涵是( )。

(A)智慧　(B)真实　(C)守诺　(D)信任

14. 诚信要求(　　)。

(A)尊重事实　(B)真诚不欺　(C)讲求信用　(D)信誉至上

15. 公道的要求是(　　)。

(A)平等待人　(B)公私分明　(C)坚持原则　(D)追求真理

16. 坚持办事公道,必须做到(　　)。

(A)坚持真理　(B)自我牺牲　(C)舍己为人　(D)光明磊落

17. 平等待人应树立的观念有(　　)。

(A)市场面前顾客平等的观念　(B)按贡献取酬的平等观念

(C)按资排辈的固有观念　(D)按德才谋取职业的平等观念

18. 职业纪律的特征包括(　　)。

(A)社会性　(B)强制性　(C)普遍适用性　(D)变动性

19. 节约的特征包括(　　)。

(A)个体差异性　(B)时代表征性　(C)社会规定性　(D)价值差异性

20. 一个优秀的团队应该具备的合作品质包括(　　)。

(A)成员对团队强烈的归属感　(B)合作使成员相互信任,实现互利共赢

(C)团队具有强大的凝聚力　(D)合作有助于个人职业理想的实现

21. 求同存异要求做到(　　)。

(A)换位思考,理解他人　(B)胸怀宽广,学会宽容

(C)端正态度,纠正思想　(D)和谐相处,密切配合

22. 奉献的基本特征包括(　　)。

(A)非功利性　(B)功利性　(C)普遍性　(D)可为性

23. 中国北车的核心价值观是(　　)。

(A)诚信为本　(B)创新为魂　(C)崇尚行动　(D)勇于进取

24. 中国北车企业文化核心理念包括(　　)。

(A)中国北车使命　(B)中国北车愿景

(C)中国北车核心价值观　(D)中国北车团队建设目标

25. 企业文化的功能有(　　)。

(A)激励功能　(B)自律功能　(C)导向功能　(D)整合功能

26. 坚守工作岗位要做到(　　)。

(A)遵守规定　(B)坐视不理　(C)履行职责　(D)临危不退

27. 下列思想或态度是不可取的是(　　)。

(A)工作后不用再刻苦学习　(B)业务上难题不急于处理

(C)要不断提高思想素质　(D)要不断提高科学文化素质

28. 下列属于劳动者权利的是(　　)。

(A)平等就业的权利　(B)选择职业的权利

(C)取得劳动报酬的权利　(D)休息休假的权利

29. 下列属于劳动者义务的是(　　)。

(A)劳动者应当履行完成劳动任务义务

(B)劳动者具有提高自身职业技能的义务
(C)执行劳动安全卫生规程
(D)遵守职业道德
30. 调解劳动争议适用的依据(　　)。
(A)法律、法规、规章和相关政策　　(B)依法订立的集体合同
(C)依法订立劳动合同　　(D)职工(代表)大会依法制定的规章制度
31. 调解劳动争议的范围(　　)。
(A)因用人单位开除、除名、辞退职工和职工辞职、自动离职等发生的争议
(B)因执行国家有关工资、社会保险、福利、培训、劳动保护的规定发生的争议
(C)因履行劳动合同发生的争议
(D)法律、法规规定应当调解的其他劳动争议
32. 以下属于劳动关系，适用《劳动法》的规定的是(　　)。
(A)乡镇企业与其职工之间的关系
(B)某家庭与其聘用的保姆之间的关系
(C)个体老板与其雇工之间的关系
(D)国家机关与实行劳动合同制的工勤人员之间的关系
33. 根据《劳动法》规定，用人单位应当支付劳动者经济补偿金的情况有(　　)。
(A)劳动合同因合同当事人双方协商一致而由用人单位解除
(B)劳动合同因合同当事人双方约定的终止条件出现而终止
(C)劳动者在试用期间被证明不符合录用条件的
(D)劳动者不能胜任工作，经过培训或者调整工作岗位仍不能胜任工作，由用人单位解除劳动合同的
34. 承担产品质量责任的主体包括(　　)。
(A)生产者　　(B)销售者　　(C)运输者　　(D)生产原料提供者
35. 在产品质量国家监督抽查中，下列做法正确的是(　　)。
(A)抽查的样品在市场上随机抽取
(B)抽查的样品由产品质量监督部门与生产者共同确定
(C)抽查的样品由产品质量监督部门与销售者共同确定
(D)抽查的样品在企业的成品仓库内的待销产品中随机抽取
36. 文明生产的具体要求包括(　　)。
(A)语言文雅、行为端正、精神振奋、技术熟练
(B)相互学习、取长补短、互相支持、共同提高
(C)岗位明确、纪律严明、操作严格、现场安全
(D)优质、低耗、高效

四、判 断 题

1. 职业道德是企业文化的重要组成部分。(　　)
2. 职业活动内在的职业准则是忠诚、审慎、勤勉。(　　)
3. 职业化的核心层是职业化行为规范。(　　)

4. 职业化是新型劳动观的核心内容。(　　)

5. 职业技能是企业开展生产经营活动的前提和保证。(　　)

6. 文明礼让是做人的起码要求,也是个人道德修养境界和社会道德风貌的表现。(　　)

7. 敬业会失去工作和生活的乐趣。(　　)

8. 讲求信用包括择业信用和岗位责任信用,不包括离职信用。(　　)

9. 公道是确认员工薪酬的一项指标。(　　)

10. 职业纪律与员工个人事业成功没有必然联系。(　　)

11. 节约是从业人员事业成功的法宝。(　　)

12. 艰苦奋斗是节约的一项要求。(　　)

13. 合作是打造优秀团队的有效途径。(　　)

14. 奉献可以是本职工作之内的,也可以是职责以外的。(　　)

15. 社会主义道德建设以为人民服务为核心。(　　)

16. 集体主义是社会主义道德建设的原则。(　　)

17. 中国北车的愿景是成为轨道交通装备行业世界级企业。(　　)

18. 发生泄密事件的机关、单位,应当迅速查明被泄露的国家秘密的内容和密级、造成或者可能造成危害的范围和严重程度、事件的主要情节和有关责任者,及时采取补救措施,并报告有关保密工作部门和上级机关。(　　)

19. 数字移动电话传输的是数字信号,因此是保密的。(　　)

20. 国家秘密文件在公共场所丢失后,凡能够找回的,就不应视为泄密。(　　)

21. 企业的技术成果被确定为国家秘密技术后,企业不得擅自解密,对外提供。(　　)

22. 上级下发的绝密级国家秘密文件,确因工作需要,经本机关、单位领导批准,可以复印。(　　)

23. 合同是两个或两个以上的当事人之间为实现一定的目的,明确彼此权利和义务的协议。(　　)

24. 合同是一种民事法律行为。(　　)

25. 任何单位和个人有权对违反《产品质量法》规定的行为,向产品质量监督部门或者其他有关部门检举。(　　)

26. 适当的赌博会使员工的业余生活丰富多彩。(　　)

27. 忠于职守就是忠诚地对待自己的职业岗位。(　　)

28. 爱岗敬业是奉献精神的一种体现。(　　)

29. 严于律己宽以待人,是中华民族的传统美德。(　　)

30. 工作应认真钻研业务知识,解决遇到的难题。(　　)

31. 工作中应谦虚谨慎,戒骄戒躁。(　　)

32. 安全第一,确保质量,兼顾效率。(　　)

33. 不懂"安全操作规程"和未受过安全教育的职工,不许参加施工作。(　　)

34. 安全生产是企业完成任务的必然要求。(　　)

35. 工作服主要起到隔热、反射和吸收等屏蔽作用。(　　)

36. 每个职工都有保守企业秘密的义务和责任。(　　)

37. "诚信为本、创新为魂、崇尚行动、勇于进取"是中国北车的核心价值观。(　　)

冲压工(职业道德)答案

一、填 空 题

1. 行为规范　2. 自律性　3. 业务素质　4. 集体主义
5. 全心全意为人民服务　6. 职业态度　7. 直接体验
8. 基础　9. 职业责任　10. 无形资产　11. 团队目标
12. 重要标准　13. 品质　14. 内在要求　15. 职业理想
16. 最高层次　17. 职业道德　18. 智慧和力量　19. 刑事责任
20. 个人价值　21. 上级主管部门　22. 90　23. 义务
24. 技术合同　25. 合法　26. 用人单位　27. 销售
28. 产品质量管理　29. 不合格　30. 抽查　31. 劳动防护用品
32. 有效期限　33. 橡胶

二、单项选择题

1. D　2. D　3. B　4. C　5. A　6. B　7. C　8. B　9. A
10. B　11. D　12. D　13. C　14. B　15. D　16. B　17. C　18. A
19. B　20. A　21. A　22. D　23. D　24. C　25. A　26. A　27. B

三、多项选择题

1. ABCD　2. ABC　3. ABCD　4. ABD　5. ABCD　6. ACD　7. ACD
8. ABCD　9. BCD　10. ABC　11. ABC　12. ABC　13. BCD　14. ABCD
15. ABCD　16. AD　17. ABD　18. ABCD　19. BCD　20. AC　21. ABD
22. ACD　23. ABCD　24. ABCD　25. ABCD　26. ACD　27. AB　28. ABCD
29. ABCD　30. ABCD　31. ABCD　32. ACD　33. AD　34. AB　35. AD
36. ABCD

四、判 断 题

1. √　2. √　3. ×　4. √　5. √　6. √　7. ×　8. ×　9. √
10. ×　11. √　12. √　13. √　14. √　15. √　16. √　17. √　18. √
19. ×　20. ×　21. √　22. ×　23. √　24. √　25. √　26. ×　27. √
28. √　29. √　30. √　31. √　32. √　33. √　34. √　35. √　36. √
37. √

冲压工(初级工)习题

一、填 空 题

1. 一个物体可有(　　)基本投影方向。

2. “长对正,高平齐,宽相等”是表达了(　　)关系。

3. 在几何作图中尺寸分为:定形尺寸和(　　)尺寸。

4. 装配图包括:一组图形;必要的尺寸;必要的技术条件;零部件序号和明细表;(　　)。

5. 设计给定的尺寸称为(　　)。

6. 最大极限尺寸减去基本尺寸所得的代数差称为(　　)。

7. 具有间隙(包括最小间隙等于零)的配合叫(　　)。

8. 金属材料抵抗冲击载荷作用下而不破坏的性能叫(　　)。

9. 常用洛氏硬度的表示方法为(　　)。

10. 碳素钢按用途分类可分为碳素结构钢和(　　)钢。

11. 根据钢的脱氧程度可分为沸腾钢,镇静钢和(　　)。

12. 为了消除铸铁模板的(　　)所造成的精度变化,需要在加工之前作时效处理。

13. 淬火的目的是使钢得到(　　)组织,从而提高钢的硬度和耐磨性。

14. H_{62}是普通黄铜,其数字表示为(　　)。

15. 摩擦传动的优点:(1)缓冲、吸振,传动平稳,噪声小;(2)过载时打滑,可防止其他机件损坏;(3)结构(　　),装拆方便;(4)适用于较大中心距。

16. 液压阀在液压系统中的作用可分为:压力控制阀;流量控制阀;(　　)控制阀。

17. 量具种类很多,根据用途可分为:通用量具、专用量具和(　　)量具。

18. 冲压工常用工具可分两类:紧固模具与调整机床工具和(　　)工具。

19. 夹紧力是由力的作用方向、力的(　　)、力的大小三个要素体现的。

20. 冷冲压是将各种不同规格的金属板料或坯料,在常温下通过压力机和模具使之变形或(　　)以获得所需形状零件的一种加工方法。

21. 冲压件圆角半径过小或不带圆角,则会给模具加工带来困难,尖角使(　　)热处理时发生淬裂。

22. J422 电焊条是酸性钛钙型结构钢电焊条,焊缝抗拉强度不低于(　　)。

23. 热继电器用于(　　)。

24. 全面质量管理的四大观点是:(1)为用户服务的观点;(2)控制产品质量形成的全过程的观点;(3)全员管理观点;(4)(　　)观点。

25. 生产产品应认真贯彻执行(　　)9001 质量标准。

26. ISO 14000 系列标准按性质可分为:(　　)、基本标准、支持技术类标准三类。

27. 劳动法:为了保护劳动者的合法权益,调整劳动关系,建立和维护适应社会主义市场经济的劳动制度，促进经济发展和社会进步，根据(　　)，制定本法。

28. 劳动者享有平等就业和选择职业的权利、取得劳动报酬的权利、休息休假的权利、获得劳动安全卫生保护的权利、接受职业技能培训的权利、享受社会保险和福利的权利、提请劳动争议处理的(　　)及法律规定其他劳动权利。

29. 尺寸界线应用(　　)线画出。

30. 我国机械制图规定：应采用第一角画法布置六个基本视图。必要时可画出第一角画法的(　　)。

31. 从前方投影的视图应尽量反映物体的主要特征，该视图称为(　　)。

32. 在同一张图纸内按第一角画法布置六个基本视图时一律不注视图的(　　)。

33. 同一张图如不能按六个基本投影面展开配置时，应在视图上方标出 X 向，在相应的视图附近用箭头指明投影(　　)。

34. 用不去除材料方法获得的表面结构符号是(　　)。

35. 规定产品或零件制造工艺过程和操作工艺方法等的工艺文件是(　　)。

36. 以工序为单位简要说明产品或零件的加工过程的一种工艺文件是工艺(　　)。

37. 对工艺卡片的要求：工序号；工序名称；工序内容；工艺(　　)；操作要求；设备；工艺装备。

38. 当现场材料不符合工艺卡片要求的材料时，必须办理材料(　　)。

39. 当材料进入现场时必须有材料(　　)。

40. 落料加工件应避免(　　)；细长悬臂；急剧的转折；过窄。

41. 冲孔加工时，孔的直径应不小于(　　)。

42. 冲裁毛坯润滑的目的是降低材料与模具之间的摩擦力，对模具的表面起到(　　)作用。

43. 冲压划线工具的选择是按划线(　　)的要求决定的。

44. 只需在工件的一个表面上划线后，即能明确表示(　　)，称为平面划线。

45. 大批量同样工件划线时，应根据(　　)的尺寸，形状的要求，先制作样板，以此为基准进行划线。

46. 在模具上用手工上下料时，手持部位必须在安全装置或(　　)之外。

47. 当料小于模具安全装置或手进入危险区时，必须(　　)上下料。

48. 加工条料落料工件时，当条料冲至一半时，应将条料(　　)冲制另一半。

49. 冷冲压安全是指：压力机及其安全装置、装备的机械设备安全；操作者的人身安全；与压力机有关人员的人身安全；偶然故障或事故而危及到的人身安全以及方便性或不过多地耗费(　　)。

50. 冲压件采用手工操作时，应考虑到送进、定位和取出的(　　)，并便于安全操作。

51. 安全色中黄色的含义是注意和(　　)。

52. 依据工艺性质不同冷冲模具可分为：冲裁模；弯曲模；拉深模；各种变形模和(　　)模。

53. 依据工序组合不同冷冲模可分为：单工序模；复合模；(　　)模。

54. 安装剪刃、模具、胎型时必须在设备(　　)安装。

55. 间隙调整后，应在电动机未开启的情况下(　　)检查间隙情况，间隙合适后拧紧紧固螺钉。

56. 新模具投产前必须经过(　　)，合格后才允许投产使用。

57. 工作过程中应定期润滑模具的工作表面及活动配合表面，这一活动必须(　　)。

58. 压力机在使用前应根据(　　)所叙述的各个构造作用和调整方法，进行检测调整。

59. 设备要进行：当班日检查；班组检查；车间月检查；(　　)和抽查。

60. 事故分析三不放过是：①责任不清不放过；②群众没受教育不放过；③没有(　　)不放过。

61. 压力机的转键损坏、转键拉断或(　　)应及时更换调整，否则在脚踏开关后，离合器不起作用。

62. 滑块运动迟滞，导轨发热是因为导轨压的太紧，导轨(　　)。

63. 压力机在启动脚踏开关后离合器不起作用，是(　　)，转键拉簧断或太松。

64. 应及时处理V型带上的油或(　　)的程度，否则飞轮不转动。

65. 9CrSi可以做剪板机刀具，它属于(　　)钢。

66. $W_{18}Cr_4V$属于钨系(　　)钢，具有高的硬度、红硬性及高温硬度。也用于高负荷冷作模具。

67. 剪板机刀具采用的是碳素或合金(　　)钢。

68. 曲柄压力机的种类很多，按工艺用途分类如下：板料冲压压力机、体积模锻压力机、(　　)。

69. 曲柄压力机按床身结构还可分为：开式曲柄压力机和(　　)曲柄压力机。

70. 连杆是连接曲柄和滑块的零件，用滑动轴承与曲柄连接，与滑块的连接是通过(　　)的。

71. 曲柄连杆机构不但能使旋转运动变成往复直线运动，还能起力的(　　)作用。

72. 曲柄压力机的主要技术参数有：①公称压力kN；②滑块每分钟行程次数：次/分；③最大闭合高度，包括闭合高度调节量；④(　　)。

73. 曲柄压力机连杆球碗部位有响声，其原因是(　　)，零件被松开。

74. 当压力机的三角皮带太松时，启动按钮，飞轮(　　)。

75. 利用冲模使材料的一部分与另一部分(　　)的加工方法，称为冲裁工序。

76. 冲裁工序对毛坯进行润滑，可以降低材料与模具间的摩擦力，使冲裁力(　　)，卸料力降低，减少凸凹模的磨损，提高模具寿命。

77. 普通冲裁板料分离过程大致可分为三个阶段：①(　　)阶段；②塑性变形阶段；③断裂阶段。

78. 沿敞开的轮廓线将材料分离有板料切断模和(　　)切断模。

79. 橡胶冲裁主要运用于形状简单的(　　)料。

80. 冲裁间隙都是指(　　)面间隙。

81. 落料时以(　　)尺寸为准。

82. 冲裁不锈钢零件常用的钢板有$1Cr_{18}Ni_9Ti$和$Cr_{25}Ti$，一般都在(　　)下进行冲裁。

83. 冲裁较厚的不锈钢板时应注意使用润滑油，否则会使金属粘附在(　　)上，而造成零件起毛现象。

84. 冲模上所有的(　　)零部件特别是导向元件，必须润滑。但有自行润滑材料的则不在此限。

85. 冲床上防护装置，要(　　)，不得任意拆除。

86. 冲床在工作时，(　　)对冲床进行清理及润滑。

87. 偏心压力机的行程在一定范围内可以调节，再次使用时应注意(　　)。

88. 液压机是根据(　　)原理，实现冲压过程的。

89. 弯曲变形只发生在弯曲件的(　　)附近。

90. 不使材料弯曲时发生破坏与折断时的最小半径的(　　)，称为材料的最小弯曲半径。

91. 弯曲时靠近凸模一边的纤维(　　)。

92. 板料相对弯曲半径 R/t 越小，径向压应力越显著，因此中性层的位置越靠近弯曲的曲率(　　)。

93. 弯曲变形区域毛料厚度(　　)。

94. 弯曲折变处产生裂纹一般发生在纵向上，垂直于折弯线也产生拉裂，一般发生在一些具有明显各向异性的板料或者有(　　)的板料。

95. 弯曲变形区随 R/t 越小，变薄现象也越(　　)。

96. 弯曲件从冲模中取出后，其弯曲角及(　　)与冲模工作部分的尺寸变化，称为弯曲件的回弹现象。

97. 克服回弹现象可将凸凹模作出(　　)以克服弯曲后的回弹。

98. 根据模具复杂程度可分为：简单弯曲模；复合弯曲模；(　　)弯曲模等三类。

99. Z 型件弯曲时要考虑，凸凹模应带有一定斜度，是为了补偿(　　)。

100. V 型件弯曲常有 V 型件自由弯曲、V 型件接触弯曲和 V 型件(　　)三种形式。

101. 弯曲件接触弯曲模是精度(　　)的一种弯曲方式。

102. 弯曲件自由弯曲模是最(　　)的一种弯曲方式。

103. U 型件加工一般采用带顶料板的模具，其优点是：能消除内斜、外张的现象，还有(　　)和压料作用。

104. 弯曲件应具有良好的工艺性，它能简化弯曲的工艺过程和提高弯曲件(　　)。

105. 拉深可制造圆筒形、圆锥形、曲线旋转体、空心件、各种形状的(　　)件及其他复杂的工件。

106. 拉深时压边力可小时会使工件产生(　　)。

107. 机械模具矫正一般可在液压机和(　　)上进行。

108. 大批量生产时，型钢调正工作是在(　　)上完成的。

109. 模具经过一定时间的使用，由于种种原因不能再冲出合格的冲件产品，同时又不能修复的现象称为(　　)。

110. 拉弯设备属于专用(　　)设备。

111. 拉弯机分为上拉弯和(　　)。

112. 冷挤压是在专用设备上进行的，也可以在(　　)上进行。

113. 拉弯过程是弹性变形阶段和(　　)阶段。

114. 拉弯是拉力与(　　)共同作用下实现弯曲变形。

115. 拉弯夹头应符合型材断面形状，并要增大摩擦力以(　　)。

116. 对于表面形状及尺寸精度要求较高的冲压件往往经过最后一道(　　)工序。

117. 橡胶拉深模适用于(　　)生产。

118. 通用量具有(　　),可在一定范围内测出零件的任何尺寸大小。

119. 标准量具是用以代表测量(　　)倍数和分数的量具。

120. 测量器具是量具、量仪和其他用于(　　)目的的技术装置的总称。

121. 在国际单位制及我国法定计量单位中,平面角的单位是(　　)。

122. (　　)是一种最简单的长度直接读数量具。

123. 平面度或直线度检验时刀口尺、三棱尺,采用(　　)法测量。

124. 塞尺不能测量(　　)较高的工件。

125. 塞尺也是一种极限(　　)。

126. 刀口角尺均应带有(　　)。

127. 90°角尺允许整体形式,但基面应为(　　)基面。

128. 材料的屈强比(　　),均匀延伸率大有利于变形极限的提高。

129. 用薄板做成一工件部位吻合的形状,对工件进行检查的方法称为(　　)。

130. 划线加工有明确的尺寸(　　)。

131. 量具不应放在(　　)附近。

132. 量具应实行定期(　　)。

133. 测量误差是实测值与其(　　)之差。

134. 测量误差有两种表示方法:绝对误差和(　　)。

135. 冲压加工根据变形性质分类,可分为(　　)工序和变形工序。

136. 要在(　　)温度下测量。

137. 测量时用力不得(　　)。

138. 对于某些不能用仪器检测的(　　)工件,平台检测往往是唯一可行的办法。

139. 平台检测比较被测尺寸与标准尺寸可用两种方法:指示表法和(　　)。

140. 通常只适用于测量工件的标准化部分形状尺寸的样板称为(　　)。

141. 半径样板(又称半径规)是(　　)样板。

142. 折弯机可以进行特殊件的弯曲,适用于压制(　　)弯曲件及批量生产。

143. 折弯机按传动形式要分为:机械传动折弯机和(　　)折弯。

144. 设备润滑工作要做到:定点、定质、定量、定期、(　　)。

145. 变形工序的目的是使冲压毛坯发生(　　),以获得要求的制作形状和尺寸。

146. 弯曲模的角度必须比弯曲件成品的角度小一个(　　)。

147. 经统计表明:(　　)是造成人身伤害事故的主要原因。

148. 冲压操作工人必须通过特殊工种培训教育,考核合格后方能(　　)。

149. 冲压工作者在冲压工作完成后需要清理工作地,收集所有坯料和(　　)。

150. 冲压工作开始前要检查离合器、制动器的(　　)。

151. 冲压工作前要检查润滑系统有无堵塞或缺油,并按规定(　　)。

152. 通过试车主要检查冲床的(　　)。

153. 在拉深工艺中,润滑主要是为了改善变形毛坯与根具相对运动时的摩擦阻力,同时也有一定的(　　)。

154. 抛物面零件的拉深与球面拉深极易产生(　　)。

二、单项选择题

1. 机械图样是按照正投影法绘制的，并采用(　　)。

(A)第一角　(B)第二角　(C)第三角　(D)第四角

2. 主视图为(　　)投影。

(A)自前方　(B)自后方　(C)自上方　(D)自下方

3. 图样是由物体三个面表达出来的，这三个面表达的每个面形状称为(　　)。

(A)三视图　(B)视图　(C)图样　(D)零件图

4. 一直线或平面对另一直线或平面的倾斜程度称为(　　)。

(A)比例　(B)斜面　(C)斜度　(D)锥度

5. 将机件的某一部分向基本投影方面投影所得到的视图称为(　　)。

(A)局部放大　(B)局部剖视　(C)斜视图　(D)局部视图

6. 将机件倾斜部分旋转到某一选定的基本投影面平行后再向该投影面投影所得的视图称为(　　)。

(A)斜视图　(B)局部视图　(C)旋转视图　(D)剖视图

7. 假想用剖切平面将机件的某处断开，仅画出切断面的图形，并画上剖面符号，这种图称为(　　)图。

(A)剖面　(B)半剖视　(C)局部剖视　(D)剖视

8. 画在视图轮廓内的剖面图称为(　　)。

(A)复合剖视　(B)重合剖视　(C)旋转剖视　(D)移出剖视

9. 用来确定各封闭图形与基准线之间相对位置的尺寸称为(　　)。

(A)基准尺寸　(B)封闭尺寸　(C)定位尺寸　(D)定形尺寸

10. 标注尺寸要便于加工与(　　)。

(A)测量　(B)安装　(C)画图　(D)定位

11. 装配图两零件的接触面和配合面只画(　　)。

(A)两条线　(B)一条线　(C)点划线　(D)双点划线

12. 通过测量所得到的尺寸称为(　　)。

(A)基本尺寸　(B)实际尺寸　(C)设计尺寸　(D)基准尺寸

13. 允许尺寸变化的(　　)称为极限尺寸。

(A)一个界限值　(B)两界限值　(C)极限偏差　(D)两偏差

14. 允许尺寸的变动量称为(　　)。

(A)实际尺寸　(B)上偏差　(C)下偏差　(D)公差

15. 基本尺寸相同的，相互结合的孔和轴公差带之间的关系称为(　　)。

(A)配合公差　(B)配合　(C)过盈　(D)最小间隙

16. 允许间隙和过盈的变动量称为(　　)。

(A)过渡配合　(B)配合公差　(C)最小过盈　(D)最小间隙

17. 基本偏差是(　　)。

(A)基本尺寸允许的误差　(B)靠近零线的那个偏差

(C)实际尺寸与基本尺寸之差　(D)标准公差

18. 标准规定的基轴制其(　　)。

(A)上偏差为零　(B)下偏差为零

(C)基本尺寸等于最小极限尺寸　(D)基本尺寸小于最小极限尺寸

19. ϕ40H7/h7 是(　　)配合。

(A)过渡配合　(B)过盈配合　(C)间隙配合　(D)非标配合

20. √ 符号表示为(　　)。

(A)轮廓算术平均偏差　(B)轮廓最大高度

(C)以去除材料获得的工件表面　(D)以不去除材料获得的工件表面

21. 粗糙度代号中的数字其单位是(　　)。

(A)mm　(B)cm　(C)μm　(D)m

22. 零件上实际存在的要素称为(　　)。

(A)基准要素　(B)理想要素　(C)实际要素　(D)被测要素

23. Q235 是碳素结构钢,其中数字表示(　　)。

(A)屈服强度值　(B)抗拉强度值　(C)碳的平均含量　(D)牌号顺序

24. 钢的密度为 7.85(　　)。

(A)g/cm^2　(B)g/cm^3　(C)kg/cm^2　(D)kg/cm^3

25. $6Cr_4W_3Mo_2VNb$ 钢是一种高韧性冷作模具钢属于(　　)。

(A)高速钢　(B)基体钢　(C)特殊钢　(D)国外新型钢

26. 将钢加热到 Ac_3 线以上 30～50 ℃保温一定时间,从炉中取出在空气在冷却的工艺方法叫(　　)。

(A)完全退火　(B)不完全退火　(C)正火　(D)去应力退火

27. 高压聚乙烯可制作(　　)。

(A)薄膜　(B)绝缘件　(C)齿轮　(D)光学镜头

28. 冲裁模导向件的间隙应该(　　)凸凹模的间隙。

(A)大于　(B)小于　(C)等于　(D)小于等于

29. 水压机是冲压设备属于(　　)。

(A)液压机　(B)专用压力机　(C)挤压机　(D)机械压力机

30. 液压机的型号用汉语拼音(　　)字母表示。

(A)J　(B)Y　(C)Q　(D)W

31. 传动比大而准确,线速度高,承载能力大的传动是(　　)。

(A)皮带传动　(B)链传动　(C)啮合传动　(D)连杆传动

32. 轴旋转时带动油环转动,把油箱中的油带到轴颈上进行润滑的方法,称为(　　)。

(A)滴油润滑　(B)油环润滑　(C)溅油润滑　(D)压力润滑

33. 利用刀具和工件作相对运动,从工件上切去多余的金属,以获得符合要求的零件,称为(　　)。

(A)冲压加工　(B)钳工加工　(C)金属切削加工　(D)挤压加工

34. 量具按用途分为三类,百分表属于(　　)。

(A)专用量具　(B)标准量具　(C)通用量具　(D)精密量具

35. 工件相对于机床和刀具占有一个预定的正确位置称为(　　)。
(A)六点定则　(B)定位　(C)站位　(D)夹紧
36. 限制工件自由度少于六点的定位称(　　)。
(A)六点定位原则　(B)过定位　(C)完全定位　(D)不完全定位
37. 我国机床编号用第一个拼音字母代表某一种设备,Q是代表(　　)。
(A)机械压力机　(B)锻压机　(C)矫平机　(D)剪切机
38. 联合剪冲机属于(　　)。
(A)曲柄压力机　(B)机械压力机　(C)剪切机　(D)液压机
39. 当压力机连杆调至最短时是模具设计考虑的(　　)范围要求。
(A)最大闭合高度　(B)最小闭合高度　(C)封闭高度　(D)滑块行程量
40. 冲压件在结构形状、尺寸大小、尺寸公差与尺寸基准等诸方面是否能符合冲压加工的工艺要求是(　　)。
(A)冲压件的工艺性　(B)冲压模的设计要求
(C)冲压生产的优点　(D)对冲压设备的要求
41. 攻螺纹前的螺纹孔直径(　　)螺纹的小径。
(A)略小于　(B)略大于　(C)等于　(D)小于
42. 钳工常用的錾子、锉刀、锯条等手动工具,应选用(　　)制造。
(A)碳素工具钢　(B)高速钢　(C)合金工具钢　(D)不锈钢
43. TQC是(　　)简称。
(A)全面质量管理　(B)标准化　(C)产品质量　(D)使用价值
44. ISO 14001是指(　　)。
(A)环境管理体系　(B)环境管理体系审核的程序
(C)环境管理体系的规范性标准　(D)标准化
45. 视图与剖视的分界线应用(　　)表示。
(A)双折线　(B)细实线　(C)双点划线　(D)波浪线
46. 图样更改区的内容,按(　　)的顺序填写,也可以根据情况顺延。
(A)由下而上　(B)由上而下　(C)由左至右　(D)由右至左
47. 图样中角度数字按照(　　)书写。
(A)水平方向　(B)垂直方向　(C)随角度变化　(D)没有规定
48. 图样中SR表示(　　)。
(A)圆弧半径　(B)球面半径　(C)半径公差　(D)半径形位公差
49. 图样中标注的尺寸为30 min,其中min表示(　　)。
(A)最大　(B)最小　(C)英寸　(D)分米
50. 09CuPTi是(　　)钢。
(A)普通碳素结构钢　(B)优质碳素结构钢
(C)碳素工具钢　(D)低合金结构钢
51. 下列材料属于碳素工具钢的是(　　)。
(A)Q235　(B)45号钢　(C)T8　(D)Cr12MoV
52. 铸铁的含碳量为(　　)。

(A)0.8%　　(B)1.5%　　(C)2.11%　　(D)2.5%

53. 零件在外力作用下抵抗破坏的能力称为(　　)。

(A)刚度　　(B)强度　　(C)硬度　　(D)弹性

54. 工件在弯曲变形时,易产生裂纹,此时可采用热处理方法(　　)解决。

(A)调质　　(B)淬火　　(C)回火　　(D)退火

55. 弯曲件直边的高度是板厚的(　　)倍。

(A)2　　(B)3　　(C)4　　(D)5

56. 条料冲裁成圆弧头时,应使圆角半径 R(　　)。

(A)等于板宽　　(B)小于板宽　　(C)大于板宽的一半　　(D)大于板宽的 2 倍

57. 非金属材料只用于(　　)工序的加工。

(A)弯曲　　(B)拉深　　(C)分离　　(D)变形

58. 孔的尺寸减去相配合的轴的尺寸所得的代数差称为(　　)。

(A)配合　　(B)偏差　　(C)基本尺寸　　(D)间隙

59. 冲模凸、凹模工作部分之差称为(　　)。

(A)间隙　　(B)极限偏差　　(C)冲裁间隙　　(D)极限尺寸

60. 拉深润滑剂应涂在(　　)一面。

(A)凸模上　　(B)凹模上　　(C)用油浸　　(D)板料两面

61. 薄板弯曲件简单经验展开计算是(　　)。

(A)工件外皮尺寸相加　　(B)工件里皮尺寸相加

(C)中性层尺寸相加　　(D)直线加圆弧尺寸

62. 工件在夹具中定位时,所用支承点的数目多于六个,称为(　　)。

(A)完全定位　　(B)不完全定位　　(C)过定位　　(D)多定位

63. 用压板压紧模具时,垫块的高度应(　　)压紧面。

(A)稍低于　　(B)稍高于　　(C)尽量低于　　(D)尽量高于

64. 在机床上采用压板压紧工件时,为了增大夹紧力,应使螺栓(　　)。

(A)远离工件　　(B)在压板中间　　(C)靠近工件　　(D)偏离工件

65. 螺旋线的切线与圆柱体轴线的夹角称为(　　)。

(A)螺旋角　　(B)导程角　　(C)螺旋升角　　(D)切线角

66. 冲压用样冲是(　　)钢制造的。

(A)45 号　　(B)Q235　　(C)T8　　(D)$W_{18}Cr_4V$

67. 使工件沿封闭的轮廓与板料完全脱离,冲落部分为工件叫(　　)。

(A)剪裁　　(B)冲孔　　(C)落料　　(D)切边

68. 冲压加工时板料抵抗压力机变形的抗力称(　　)。

(A)许用应力　　(B)强度极限　　(C)冲压力　　(D)破坏应力

69. 上下模合在一起(冲裁模是凸模进入凹模适当深度,压型模是加上略大于板厚)的总高度是模具(　　)。

(A)最大闭合高度　　(B)最小闭合高度　　(C)开启高度　　(D)封闭高度

70. 条料切断冲裁时,工件产生角度误差的原因是(　　)。

(A)凸凹模刃口钝　　(B)压料力不够　　(C)定位斜　　(D)凸凹模进入过深

71. 剪机在剪切材料时，被剪下的料产生的变形是(　　)变形。

(A)挤压　(B)弯曲　(C)剪切　(D)拉伸

72. 检查剪机刀刃间隙用(　　)检查。

(A)钢卷尺　(B)钢板尺　(C)游标卡尺寸　(D)塞尺

73. 毛刺大小与(　　)无关。

(A)剪切间隙　(B)剪刃锋利度　(C)材料的硬度　(D)材料的宽度

74. 冲孔时，废料从凹模中反出来的现象是因为(　　)成的。

(A)间隙过小　(B)刃口成反锥状

(C)刃口磨损　(D)凸模进入凹模过小

75. 调整侧向平衡块的间隙是(　　)。

(A)等于 1/2 导柱导套部隙　(B)是导柱导套间隙

(C)无间隙　(D)5%的板厚

76. 曲柄压力机的公称压力国际单位是(　　)。

(A)千牛　(B)兆帕　(C)吨　(D)公斤

77. 刚性双转键离合器有工作键和(　　)。

(A)辅助键　(B)副键　(C)定位键　(D)连接键

78. 现在常用行程次数较低的通用压力机，为了缩小离合器尺寸，降低制造成本通常离合器制动器放在(　　)上。

(A)高速轴　(B)低速轴　(C)中间轴　(D)曲轴

79. 调节打料装置应在(　　)时进行。

(A)回程开始　(B)回程中间　(C)回程终了　(D)工作中途

80. 车间内的压力机，剪板机，空转时的噪声不得超过(　　)。

(A)80 dB　(B)85 dB　(C)90 dB　(D)100 dB

81. 曲柄压力机分为曲轴压力机和偏心压力机，其中偏心压力机具有(　　)特点。

(A)压力在全行程均衡　(B)闭合高度可调，行程可调

(C)闭合高度可调，行程不可调　(D)有过载保护

82. 曲柄停止转动连杆超过上死点位置，其原因是(　　)。

(A)制动钢带太紧　(B)制动钢带太松或磨损

(C)转键外部断裂　(D)锁紧机构松动

83. 可以做剪机刀具的材质是(　　)。

(A)45 号钢　(B)$60Si_2Mn$　(C)T10A　(D)5CrMnMo

84. 剪板机工件台面高度为(　　)。

(A)600～750 mm　(B)750～900 mm

(C)900～1 000 mm　(D)1 000 mm 以上

85. 冷挤压的材料发生了(　　)。

(A)冷作硬化　(B)疲劳

(C)破坏了材料本身的完整性　(D)有断层

86. 剪板机剪切窄条料采用(　　)定位方法。

(A)前挡　(B)后挡　(C)灯光　(D)步进电机

87. 型材剪机可分为型材剪切机和联合剪切机，两种型材剪切机的刀架倾斜度一般取(　　)。

(A)30°　　(B)40°　　(C)45°　　(D)50°

88. 型材剪切机间隙的选取由于型材各部分厚度不一致，因此剪切间隙不能按板厚的百分比来考虑，通常取(　　)。

(A)0.05～0.1 mm　　(B)0.1～0.5 mm　　(C)0.5～1.0 mm　　(D)1.0～2.0 mm

89. 机械压力机俗称(　　)，它包括一部分曲柄压力机和摩擦压力机。

(A)曲柄压力机　　(B)锻压机　　(C)冲床　　(D)压力机

90. 机械压力机的代号是用汉语拼音字母(　　)表示。

(A)Q　　(B)J　　(C)Y　　(D)W

91. 可倾式压力机的优点是(　　)。

(A)不适合操作者位置　　(B)产生废料靠自重滑出

(C)适应生产线要求　　(D)便于安装模具

92. 由于缩短连杆对机床刚度有利，同时在修模后，模具高度要减少，因此希望模具的闭合高度，接近压力机的(　　)。

(A)最大装模高度　　(B)最小装模高度

(C)中间　　(D)等于最大装模高度

93. 曲柄压力机的公称压力是指(　　)。

(A)滑块距上死点的一定距离内　　(B)滑块距下死点的一定距离内

(C)滑块在中间位置时　　(D)滑块在任一位置

94. 冲裁件在板料或带料上的布置方法称为(　　)。

(A)下料　　(B)计算　　(C)排样　　(D)放样

95. 物体在外力作用下，单位面积上的内力叫做(　　)。

(A)内力　　(B)应力　　(C)应变　　(D)强度

96. 沿封闭轮廓线将工件与材料分离的模具称(　　)。

(A)冲孔模　　(B)落料模　　(C)切边模　　(D)切断模

97. 厚板料采用红冲冲裁时，加热温度最佳范围是(　　)。

(A)300～500 ℃　　(B)500～700 ℃

(C)700～900 ℃　　(D)1 000～1 200 ℃

98. 退下卡在凸模上的零件或废料所用的力称为(　　)。

(A)退料力　　(B)推件力　　(C)顶件力　　(D)卸料力

99. 顶件力是指(　　)所需要的力。

(A)退下卡在凸模上的废料　　(B)把冲落部分从凹模中推出

(C)从凹模顶出零件或废料　　(D)把材料压住

100. 将卡在凹模里的零件顺向推出来所用的力称(　　)。

(A)压料力　　(B)卸料力　　(C)顶件力　　(D)推件力

101. 调整模具时应使用曲柄压力机的(　　)。

(A)开关点动　　(B)寸动　　(C)单次行程　　(D)连续行程

102. 采用阶梯冲时，一般情况下对于厚度大于 $t=3$ mm 的原料，凸模高度差 $h=$(　　)t。

(A)1　(B)1.5　(C)0.5　(D)0.1

103. 冲裁件上出现齿状毛刺原因是(　　)。

(A)间隙过大　(B)间隙过小　(C)间隙正常　(D)间隙偏

104. 冲裁件上出现较厚拉断毛刺原因是(　　)。

(A)间隙过大　(B)间隙过小　(C)间隙正常　(D)间隙偏

105. 冲压工取放料所用的手工工具应用(　　)制作。以防因冲床误动作或操作不慎,使冲模冲上工具对模具造成损坏。

(A)非金属　(B)软金属　(C)硬金属　(D)薄金属

106. 冲裁件的经济公差等级不高于(　　)级,一般要求落料件公差等级低于冲孔件的公差等级。

(A)IT11　(B)IT12　(C)IT13　(D)IT14

107. 大型压力机安装模具时,需要知道上模体的质量,是因为(　　)问题。

(A)机床带不动上模回程　(B)要注意把紧螺栓

(C)平衡装置承载能力　(D)便于天车分开模具

108. 由于受橡胶强度限制,用橡胶冲裁钢板厚度为(　　)以下。

(A)0.1 mm　(B)1 mm　(C)2 mm　(D)3 mm

109. 弯曲时在缩短与伸长两个变形区域之间有一层长度始终不变称为(　　)。

(A)不变区　(B)变形区　(C)中间层　(D)中性层

110. 弯曲变形区域板料长度方向的增加与(　　)有关。

(A)板料较窄　(B)板料较宽　(C)板料较薄　(D)板料较硬

111. 热压模具钢是(　　)。

(A)T7　(B)Cr12MoV　(C)CrWMn　(D)5CrMnMo

112. 热弯曲时温度收缩量应取板料厚度的(　　)。

(A)0.1%～0.25%　(B)0.25%～0.5%

(C)0.5%～0.75%　(D)0.75%～1.0%

113. 热弯模计算,设计尺寸应以(　　)为依据。

(A)凹模尺寸　(B)凸凹模中间尺寸

(C)凸模尺寸　(D)小于凸模尺寸

114. 热弯模的间隙应取(　　)。

(A)板厚　(B)板厚加板料上差

(C)板厚加上差加板厚的0.1～0.2 t　(D)板厚减板料下差

115. 热弯模凸模圆角半径应取(　　)。

(A)小于工件内圆角半径　(B)等于工件内圆角半径

(C)工件内圆角半径加板料上差　(D)工件内圆半径加温度收缩量

116. 热弯模凹模滑动处的圆角半径,应取(　　)。

(A)小于板厚　(B)等于板厚

(C)等于1倍的板厚　(D)等于2～4倍的板厚

117. V型件自由弯曲不适用(　　)。

(A)小型精密件　(B)精度要求不高的工件

(C)大中型工件　(D)一般厚度工件

118. V 型校正弯曲模,适用于(　　)。

(A)工件精度要求较高　(B)工件要求不高　(C)板料较厚　(D)板料较宽

119. U 型件弯曲会产生偏移现象,是由于(　　)产生。

(A)材料机械性能　(B)弯曲模具角度　(C)摩擦力　(D)压力机的力量

120. 对弯曲件擦伤影响最大的原因是(　　)。

(A)工件的材料　(B)模具工作部分的材料

(C)间隙　(D)模具工作部分凹模圆角

121. 拉深件外形不平整,因材料弹性大应增加(　　)或整形。

(A)校平　(B)退火　(C)回火　(D)淬火

122. 弯曲矫正机型号用汉语拼音字母(　　)表示。

(A)J　(B)Q　(C)W　(D)Y

123. 一般工厂常用的型钢调直设备是(　　)。

(A)油压机　(B)曲柄压力机　(C)顶弯机　(D)摩擦压力机

124. 校平工作多在(　　)工序之后进行。

(A)弯曲　(B)剪、冲裁　(C)拉深　(D)挤压

125. 拉弯属于(　　)工序。

(A)弯曲　(B)拉深　(C)挤压　(D)分离

126. 拉弯模具材质是(　　)。

(A)T8　(B)Q235　(C)5CrMnMo　(D)16Mn

127. 手工弯曲是通过锤击弯曲变形,它有将料拉长的过程,因此手工弯曲中不属于拉弯方法的是(　　)。

(A)热煨活　(B)冷煨活　(C)弯管器煨活　(D)回转式拉弯

128. 冷挤压金属零件内部组织(　　)。

(A)疏松　(B)致密　(C)易产生裂纹　(D)有断层

129. 不适用冷挤压的材料(　　)。

(A)08AL　(B)LF3　(C)H62　(D)T7

130. 校形是属于(　　)工序。

(A)校平　(B)校直　(C)变形　(D)冷挤压

131. 橡胶冲模常用设备为(　　)。

(A)曲柄压力机　(B)摩擦压力机　(C)液压机　(D)折弯机

132. 在国际单位制及我国法定计量单位中,长度的基本单位是(　　)。

(A)公尺　(B)米　(C)厘米　(D)毫米

133. 1 μm 是(　　)。

(A)0.1 mm　(B)0.01 mm　(C)0.001 mm　(D)0.000 1 mm

134. 1 cm 是(　　)。

(A)0.1 m　(B)0.01 m　(C)0.001 m　(D)0.000 1 m

135. 我国平面角度的度、分、秒之间是(　　)进制。

(A)10　(B)30　(C)60　(D)180

136. 换算 180/π 是(　　)弧度。

(A)1　(B)10　(C)60　(D)90

137. “英寸”是(　　)。

(A)标准长度单位　(B)英制单位

(C)世界通用单位　(D)我国独有的单位

138. 1 英尺是(　　)英寸。

(A)8　(B)10　(C)12　(D)16

139. 1 英寸是(　　)毫米。

(A)12　(B)20　(C)25.4　(D)27.5

140. 为了直接控制加工过程,减少产生废品,可以采用(　　)。

(A)主动测量　(B)被动测量　(C)接触测量　(D)综合测量

141. 测量仪器的敏感元件与被测表面不直接接触的测量方法叫(　　)。

(A)综合测量　(B)非接触测量　(C)接触测量　(D)主动测量

142. 样板是(　　)量具。

(A)专用　(B)通用　(C)万能　(D)标准

143. 在批量生产中,检验槽形工件的宽度是否合格,通常采用(　　)检验。

(A)通止塞规　(B)游标卡尺　(C)钢直尺　(D)90°角尺

144. 用于复杂工件或批量生产的工件在划线时作为依据的样板是(　　)。

(A)标准样板　(B)校对样板　(C)测量样板　(D)划线样板

145. 用来测量工件表面轮廓形状和尺寸的样板是(　　)。

(A)标准样板　(B)划线样板　(C)测量样板　(D)校对样板

146. 用来测量工件校对尺寸,形状的高精度样板是(　　)。

(A)标准样板　(B)划线样板　(C)测量样板　(D)校对样板

147. 零件上某孔的直径为 $8_{-0.2}^{\ 0}$mm,则选用冲头直径一般为(　　)mm。

(A)7.9　(B)8　(C)8.1　(D)8.2

148. 拉深模凹模面不光滑,通常会造成拉深件外侧表面(　　)。

(A)拉伤　(B)起皱　(C)产生冲击线　(D)产生压痕

149. 拉深模采用压边装置的主要目的是(　　)。

(A)防止起皱　(B)支承坯料　(C)坯料定位　(D)防止产生压痕

150. 内覆盖件绝不能允许的质量缺陷有(　　)。

(A)缩颈　(B)轻微起皱　(C)滑移线　(D)压痕

151. 定形性是指零件脱模后保持其在模内既得形状的能力,影响零件定形性的主要因素是(　　)。

(A)加工硬化　(B)回弹　(C)材料屈服强度　(D)机械强度

152. 按含碳量分,T8、T10 是(　　)钢。

(A)高速钢　(B)合金钢　(C)碳素工具钢　(D)镇静钢

三、多项选择题

1. 下列(　　)属于变形工序。

(A)落料　(B)弯曲　(C)拉深　(D)翻边

2. 减少冲压伤害事故的措施是(　　)。

(A)加强自我管理　(B)自我保护意识

(C)严格遵循工序路线　(D)操作时及时带好劳动保护

3. 冲压加工按工艺大致可分为(　　)。

(A)变形　(B)分离　(C)剪切　(D)煨焊

4. 冲压工必须要穿戴(　　)。

(A)手套　(B)眼镜　(C)劳保鞋　(D)口罩

5. 液压机与机械压力机相比有(　　)特点。

(A)压力与速度可以无级调节　(B)能在行程的任意位置发挥全压

(C)运动速度快,生产率高　(D)比曲柄压力机简单灵活

6. 钢的主要成分铁和碳是有益元素,次要成分有(　　)等。

(A)硅　(B)锰　(C)硫　(D)磷

7. 工具钢的特性有(　　)。

(A)硬度高　(B)耐磨性高　(C)强度高　(D)韧性极高

8. 材料的利用率是指(　　)之比。

(A)工件的总面积　(B)料源的总面积

(C)工件的体积　(D)工件的质量

9. 冲床中,离合器是用来(　　)滑块运动的装置。

(A)启动　(B)停止　(C)分离　(D)合并

10. 下列选项(　　)都属于分离工序。

(A)剪切　(B)冲裁　(C)拉弯　(D)折弯

11. 按模具的轮廓尺寸来分,模具可分为(　　)。

(A)大型模　(B)中型模　(C)小型模　(D)凸凹模

12. 废料处理的好坏对冲压作业速度有很大影响,因此在工艺设计时要注意妥善处理。下面说法正确的是(　　)。

(A)修边废料形状可以形成L形或U形

(B)废料刀不要平行配列,要考虑废料的流动方向应张开一定角度

(C)采用废料自动滑落的废料溜槽时,溜槽的安装角度以30°左右为最好

(D)手工处理废料时,废料的分割不能太小

13. 一般零件在拉深过程中容易出现起皱现象,下列是引起起皱原因的有(　　)。

(A)压边力不够　(B)拉深筋太小或布置不当

(C)压料面形状不当　(D)压边力过大

14. 一般拉深模在初期调试时,容易出现破裂,下面是引起破裂的原因有(　　)。

(A)压边力过大　(B)压料面型面粗糙

(C)毛坯放偏　(D)润滑油刷得太多

15. 下面是引起零件表面有痕迹和划痕的有(　　)。

(A)毛坯表面有划伤　(B)工艺补充不足

(C)镶块的接缝间隙太小　(D)压料面的光洁度不够

16. 下面能作为切边模刃口材料的有(　　)。

(A)T10A　(B)SKD11　(C)MoCr　(D)7CrSiMnMoV

17. 冲裁工件常用的材料有(　　)。

(A)黑色金属　(B)有色金属　(C)塑胶　(D)非金属材料

18. 弯曲时左右件合并的优点有(　　)。

(A)受力平衡　(B)废料易排除　(C)节省材料　(D)减少模具费用

19. 降低冲裁力的方法有(　　)。

(A)波浪刃口　(B)侧冲　(C)阶梯冲裁　(D)斜刃冲裁

20. 检查拉深件表面质量的方法有很多,下面不符合的是(　　)。

(A)目测　(B)油石推擦　(C)使用间隙尺　(D)使用钢板尺

21. 用最少的钱,办要办的事,这是最理性的选择,以下不是降低模具成本的途径是(　　)。

(A)使用价廉的材料　(B)采用复杂的模具结构

(C)尽量选用标准件　(D)切割复杂件时在其中套入小的料

22. 冲压主要分为分离和变形两大类,以下不属于分离工序的是(　　)。

(A)冲孔　(B)校形　(C)切边　(D)拉深

23. 下列工序中,不属于变形工序的是(　　)。

(A)拉深　(B)切断　(C)弯曲　(D)冲裁

24. 聚氨酯橡胶的用途包括(　　)。

(A)减振　(B)提供压力　(C)顶料　(D)工作型面

25. 在冲裁工序中,工件断面会出现三个明显的特征区,即圆角带、光亮带和断裂带,其中光亮带不是在材料的(　　)阶段形成的。

(A)塑性变形　(B)弹性变形　(C)断裂　(D)回弹

26. 以下是影响板料弯曲回弹的主要因素的是(　　)。

(A)相对弯曲半径　(B)弯曲速度　(C)材料机械性能　(D)材料种类

27. 以下说法正确的是(　　)。

(A)切断是将坯料沿封闭曲线分离

(B)落料是用冲模将半成品切成两个或几个工件

(C)冲孔是用冲模将工件沿封闭轮廓曲线分离,分离部分是废料

(D)冲裁件的加工误差,主要取决于凸、凹模刃口尺寸及其公差

28. 冲裁间隙是指凸模和凹模之间的间隙差,以下关于冲裁间隙的说法不正确的是(　　)。

(A)冲裁间隙越小,模具寿命越高

(B)合理冲裁间隙的大小和工件的厚度有关

(C)冲裁间隙不影响工件加工的精度

(D)冲裁间隙越小越好

29. 碳的质量分数低于2.11%的铁碳合金称为钢,钢的主要成分是(　　)。

(A)铁　(B)锰　(C)硅　(D)碳

30. 碳的质量分数大于0.25%的钢有(　　)。

(A)08AL　(B)低碳钢　(C)高碳钢　(D)45 号钢

31. T8、T10 不属于(　　)钢。

(A)高速钢　(B)合金钢　(C)碳素工具钢　(D)空冷钢

32. 冲裁时材料的分离过程大致可分为三个阶段,其顺序依次为(　　)。

(A)弹性变形　(B)塑性变形　(C)断裂分离　(D)融化阶段

33. 板材在压弯时,所能允许的最小弯曲半径与(　　)有关。

(A)压弯力的大小　(B)弯曲线的方向

(C)材料的厚度　(D)折弯机的型号

34. 俯视图反映不出物体的(　　)位置关系。

(A)上下左右　(B)前后左右　(C)上下前后　(D)高低

35. 国家标准规定,冲压工每班连续工作的合理时间有(　　)。

(A)4 h　(B)6 h　(C)8 h　(D)12 h

36. 对冲压作业自动化理解不正确的是(　　)。

(A)冲压的操作过程全部自动进行,并且能自动调节和保护

(B)冲压的操作过程全部由人工来完成

(C)冲压的操作过程由人工与机械协作完成

(D)冲压操作中由人工上下料

37. 下面常用安全标志不表示禁止烟火的是(　　)。

(A) 　(B) 　(C) 　(D)

38. 模具制造的特点包括(　　)。

(A)制造质量要求高　(B)形状简单　(C)材料硬度高　(D)单件生产

39. 在级进模中,下列关于侧刃描述正确的是(　　)。

(A)侧刃实质上是切边料凸模

(B)侧刃截出条料的长度等于送料步距

(C)单侧刃定位一般用于步数少、材料较硬或厚度较大的级进模中

(D)在导正销与侧刃级进模中,侧刃的长度最好比步距稍长

40. 下列关于侧刃描述不正确的是(　　)。

(A)侧刃凹模与侧刃四周都有间隙

(B)侧刃的材料一般与级进模的工作零件材料相同

(C)在大批量生产中,一般将侧刃做成 60°

(D)侧刃凹模的长度等于步距

41. 下列关于冷冲模定位板的说法正确的是(　　)。

(A)定位板是主要用于单个毛坯的定位装置

(B)为了防止定位板定位面转角圆弧与毛坯尖角相干涉,转角处应有工艺孔过渡

(C)在保证定位准确的前提下,应尽量减小定位板与毛坯的接触而积,使放入或取出毛坯容易一些

(D)定位板属于精密定位的定位零件

42. 在不变薄拉深中，毛坯与拉深工件之间遵循下列原则(　　)。
(A)面积相等　(B)形状相似原则　(C)质量相等原则　(D)材料体积相等
43. 下列关于圆筒形工件拉深系数的说法，正确的是(　　)。
(A)拉深系数是指每次拉深后圆筒形件的直径与拉深前毛坯(或半成品)的直径之比
(B)工件拉深系数越大，则变形程度越小，工件越容易变形
(C)工件总的拉深系数，等于各次拉深系数之和
(D)每次的实际拉深系数应大于该次拉深的极限拉深系数
44. 下列对未来冲压加工发展方向叙述正确的是(　　)。
(A)不断提高冲压产品的质量和精度
(B)大力发展先进冲压工艺，扩大冲压应用范围
(C)大力推广冲压加工机械化与自动化，并保证操作安全
(D)保持现有的冲模生产制造技术
45. 分离工序的工序形式包括(　　)。
(A)落料　(B)冲孔　(C)拉深　(D)切边
46. 压力机润滑的作用包括(　　)。
(A)减小摩擦面之间的阻力　(B)减小金属表面之间的磨损
(C)冲洗摩擦面间固体杂质　(D)使压力机均匀受热
47. 压力机上常用的各类润滑剂应具有的性质包括(　　)。
(A)能形成有一定强度而不破裂的油膜层，用以担负相当压力
(B)不会损失润滑表面
(C)能很均匀地附着在润滑表面
(D)不能很轻易的清洗干净
48. 冲压安全技术措施的具体内容很多，以下说法正确的是(　　)。
(A)改进冲压作业方式
(B)改革工艺、模具，设置模具和设备的防护装置
(C)在模具上设置机械进出料机构，实现机械化和自动化
(D)增加工作时间
49. 我国钢铁产品执行的标准包括(　　)。
(A)国家标准　(B)行业标准　(C)地方标准　(D)车间标准
50. 冲压材料应具有的要求包括(　　)。
(A)良好的使用性能　(B)良好的冲压性能
(C)很强的硬度　(D)表面质量要求高
51. 工件在拉深过程中会产生一些变形特点，以下属于拉深过程中变形特点的是(　　)。
(A)起皱　(B)拉裂
(C)厚度与硬度的变化　(D)毛刺
52. 常用的润滑剂的状态可以有(　　)。
(A)固态　(B)液态　(C)气态　(D)半固体
53. 覆盖件的制造过程所要经过的基本工序包括(　　)。
(A)修边　(B)拉深　(C)焊接　(D)翻边

54. 冲压各道工序的半成品冲压件称为工序件,下列属于工序件的是(　　)。
(A)拉深件　(B)零件片件　(C)翻边件　(D)修边件
55. 根据实际应用分布情况可将拉深筋分为(　　)。
(A)单筋　(B)多筋　(C)圆筋　(D)矩形筋
56. 常见的斜楔滑块结构种类有(　　)。
(A)单向斜楔　(B)双动斜楔　(C)组合式斜楔　(D)反楔
57. 影响金属塑性和变形抗力的因素有(　　)。
(A)化学成分及组织　(B)变形温度　(C)变形速度　(D)应力状态
58. 冲裁件断面形状组成部分包括(　　)。
(A)圆角带　(B)光亮带　(C)断裂带　(D)毛刺带
59. 影响回弹的因素有(　　)。
(A)材料的力学性能　(B)材料的相对弯曲半径
(C)零件的形状　(D)模具间隙
60. 冲压加工极易造成事故危险的有(　　)。
(A)由于操作者的疏忽大意而引起的事故
(B)由于模具结构上的缺点而引起的事故
(C)由于模具安装、搬运操作不当而引起的事故
(D)由于冲压机械及安全装置等发生故障或破损而引起的事故
61. 拉深件凸缘部分因压边力太小,无法抵消过大的径向压应力引起的变形,失去稳定形成皱纹。以下解决措施合理的是(　　)。
(A)加大压边力　(B)适当增加材料厚度
(C)减小拉深筋的强度　(D)减小压边力
62. 材料厚向异性系数 r 是指单向拉伸试样宽度应变和厚向应变的比值,下面对其描述正确的是(　　)。
(A) r 值越大,板料抵抗变薄的能力越强
(B)当 $r<1$ 时,板料宽度方向比厚度方向容易产生变形
(C)在拉深变形中,加大 r 值,板料宽度方向易于变形,毛坯切向易于收缩不易起皱,有利于提高变形程度和提高产品质量
(D)在拉深变形中,减小 r 值,板料宽度方向易于变形,毛坯切向易于收缩不易起皱,有利于提高变形程度和提高产品质量
63. 下列关于斜刃冲裁说法正确的是(　　)。
(A)能增大冲裁噪声　(B)能减小冲裁力
(C)能减小冲裁噪声　(D)能增大冲裁力
64. 以下说法正确的是(　　)。
(A)落料是用冲模将半成品切成两个或几个工件
(B)切断是将坯料沿不封闭的曲线分离
(C)冲孔是用冲模将工件沿封闭轮廓曲线分离,分离部分是废料
(D)冲孔是用冲模将工件沿封闭轮廓曲线分离,分离部分是工件
65. 下列属于冲压工常用检测量具的有(　　)。

(A)卡钳 (B)90°角尺 (C)卷尺 (D)块规

66. 板料在拉伸过程中可能出现失稳,以下属于板料失稳状态的是(　　)。

(A)拉伸失稳 (B)加工硬化 (C)压缩失稳 (D)回弹

67. 以下属于提高伸长类变形变形极限的措施是(　　)。

(A)减小变形不均匀程度 (B)减小材料厚度

(C)提高材料的塑性 (D)降低材料的塑性

68. 拉弯机有一般包括(　　)。

(A)转臂式拉弯机 (B)移动式拉弯机

(C)回转式拉弯机 (D)摩擦式拉弯机

69. 主视图反映了物体的(　　)。

(A)长度 (B)宽度 (C)高度 (D)形状

70. 俯视图反映了物体的(　　)。

(A)长度 (B)宽度 (C)高度 (D)形状

71. 下列量具中读数原理相同的是(　　)。

(A)游标高度尺 (B)游标卡尺 (C)钢板尺 (D)卷尺

72. 下列属于表面结构的高度评定参数代号的有(　　)。

(A)R_a (B)R_y (C)R_z (D)R_m

73. 圆孔翻边的变形程度可用翻边系数 K 来表示,$K=d/D$(其中 d 为翻孔前孔的直径,D 为翻孔后孔的中径),以下说法正确的是(　　)。

(A)在同等材料条件下,K 值越大越利于保证翻孔质量

(B)在 K 值一定条件下,材料的应变硬化指数 n 值越大越容易保证翻孔质量

(C)在同等材料条件下,K 值越小越利于保证翻孔质量

(D)在 K 值一定条件下,材料的应变硬化指数 n 值越小越容易保证翻孔质量

74. 关于压力机以下正确的说法是(　　)。

(A)压力机闭合高度是指滑块在下死点时,滑块平面到工作台面(不包括压力机垫板厚度)的距离

(B)当滑块在下死点位置,连杆螺丝向下调,将滑块调整到最下位置时,滑块底面至工作台面的距离,称为压力机的最大闭合高度

(C)压力机在工作时抵抗弹性变形的能力称为压力机的刚度

(D)压力机在工作时抵抗弹性变形的能力称为压力机的强度

75. 关于拉深模排气孔正确的是(　　)。

(A)原则上设置在凸模和凹模的凸角部位

(B)外覆盖件和内覆盖件拉深均需设置排气孔

(C)上模排气孔设置时需考虑防尘

(D)上模排气孔设置时不需考虑防尘

76. 影响金属材料的塑性和变形抗力的因素有(　　)。

(A)金属组织 (B)变形温度 (C)变形速度 (D)材料尺寸

77. 在零件变形过程中,当不变形区域受到力的作用时称为传力区,如图 1 所示的弯曲变形中,不属于传力区的是(　　)。

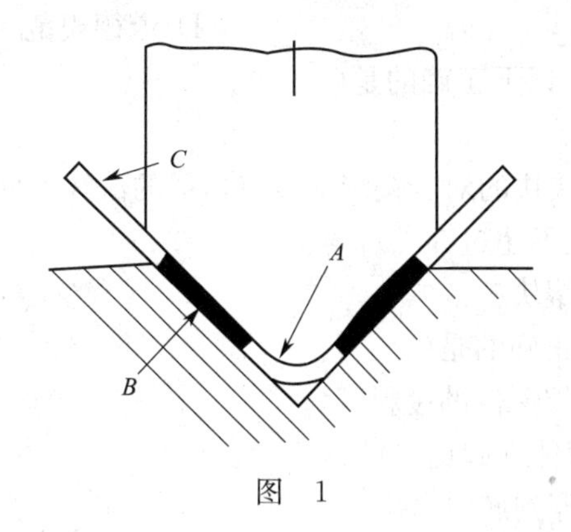

图 1

(A)A 区域　　(B)B 区域　　(C)C 区域　　(D)A、B、C 区域

78. 下列属于提高压缩类变形变形极限措施的是(　　)。

(A)减小材料厚度　　(B)减小摩擦阻力

(C)采取防止失稳起皱措施　　(D)增加摩擦阻力

79. 以下关于工程图包含的内容描述正确的是(　　)。

(A)零件加工形状,关键部位的截面图　　(B)加工必要的压机型号、吨位

(C)材料尺寸和材质可以不用标明　　(D)材料尺寸和材质必须标明

80. 关于拉深模具生产顶杆和试模顶杆孔描述正确的是(　　)。

(A)生产及试模顶杆孔位置,原则是尽量远离分模线排列

(B)以各压机之顶杆位置配置,以平衡稳定为前提均匀分布

(C)各顶杆力的传导主要以轴为传导中心

(D)各顶杆力的传导主要以连杆为传导中心

81. 排样时零件之间以及零件与条料之间留下的余料叫搭边,它主要用于补偿定位误差,保证零件尺寸精度。以下与搭边值大小有关的因素是(　　)。

(A)材料的机械性能　　(B)冲裁速度

(C)材料厚度　　(D)冲裁数量

82. 以下有利于冲压套材下料条件的是(　　)。

(A)产品材料均一致　　(B)产品材料均不同

(C)产品材料厚度均一致　　(D)产品材料厚度均不同

83. 关于模具材料硬度与韧性说法正确的是(　　)。

(A)高硬度有助于提高材料的抗磨损性能,但是对材料韧性有负面影响

(B)高硬度降低了材料的脆性

(C)设计缺陷和加工缺陷也是影响韧性的重要因素

(D)低硬度有助于提高材料的抗磨损性能,但是对材料韧性有负面影响

84. 中性层位置与材料的(　　)无关。

(A)种类　　(B)弯曲半径和材料厚度

(C)长度　　(D)硬度

85. 冲压工预防危险,必须严格遵守(　　)。

(A)安全技术操作规程　　(B)安全生产规章制度

(C)员工作息制度 (D)道德规范

86. 关于修边镶块接缝,以下正确的是( )。

(A)可在转角处分块

(B)原则上相邻两修边镶块的对合接缝应取修边线的法线方向

(C)如果接缝倾斜,最大不超过 30°

(D)可划分形状相同的镶块

87. 关于工艺切口说法正确的是( )。

(A)工艺切口一般做在拉深件的废料区域

(B)废料不分离,和拉深件一起退出模具

(C)工艺切口一般在拉深到底时做出

(D)废料分离,和拉深件一起退出模具

88. 关于拉深模导向,以下说法正确的是( )。

(A)外导向是指压边圈和凹模之间的导向

(B)内导向是指压边圈和凸模之间的导向

(C)内导向的导向精度较高

(D)外导向的导向精度较低

89. 下列关于到位标记销的说法正确的是( )。

(A)位置尽量设置在零件的对角两侧处

(B)尽量设置在废料区

(C)拉深模才需设置,后序翻边整形模不需要

(D)尽量不设置在废料区

90. 设计翻边退料器位置时正确的是( )。

(A)设计在零件平直的位置,转弯处不用设置

(B)设计的位置要保证零件退料平衡

(C)设计在零件刚性好的位置

(D)设计在零件平直的位置,转弯处需要设置

91. 关于压机装模高度和模具闭合高度,以下叙述不正确的是( )。

(A)最大装模高度一定大于闭合高度

(B)闭合高度应大于装模高度

(C)装模高度和闭合高度的调节量均很大

(D)装模高度一定大于封闭高度

92. 以下需要在工艺方案图上表示出来的是( )。

(A)工艺接刀图 (B)废料的排出方向

(C)废料盒及滑槽的布置 (D)标记

93. 以下对固定卸料板描述正确的是( )。

(A)适用于薄板冲裁 (B)适用于质量要求很高的冲裁

(C)卸料力较大 (D)适用平直度要求不很高的冲裁件

94. 以下对弹性推件装置描述正确的是( )。

(A)推件力大 (B)出件力不大

(C)冲件质量较高　　(D)出件平稳无撞击

95. 属于模座常用材料的是(　　)。

(A)HT200　　(B)Q235　　(C)ZG35　　(D)MoCr

96. 属于送进导向的定位零件是(　　)。

(A)导料销　　(B)导料板　　(C)侧压板　　(D)侧刃

97. 属于模具核心工艺零件的有(　　)。

(A)工作零件　　(B)定位零件

(C)卸料与推件零部件　　(D)连接与固定零件

98. 在镶块设计中,属于改善加工工艺性,减少钳工工作量,提高模具加工精度方面的有(　　)。

(A)拼块的形状、尺寸相同

(B)沿转角、尖角分割,拼块角度大于或等于 90°

(C)圆弧单独分块,拼接线在离切点 4～7 mm 的直线处

(D)凸模与凹模的拼接线至少错开 3～5 mm

99. 与倒装复合模相比属于正装复合模的特点是(　　)。

(A)凸凹模在上模　　(B)除料、除件装置的数量为三套

(C)可冲工件的孔边距较大　　(D)工件的平整性较好

100. 三级安全教育的内容有(　　)。

(A)国家级　　(B)厂级　　(C)车间级　　(D)班组级

四、判 断 题

1. 截交线是截平面与形体表面的共有线。(　　)
2. 曲面体的截交线是曲面,平面体的截交线是直线。(　　)
3. 方管与方锥管相交的结合线为空间封闭曲线。(　　)
4. 球面被平面所截只有一种情形,在任何情况下,其截面都是圆形。(　　)
5. 形体在空间的截交线一定是由直线或曲线围成的平面封闭图形。(　　)
6. 轴测图中一般只画出可见部份,必要时才画出不可见部分。(　　)
7. 轴测图的线性尺寸,不应沿轴测方向标出。(　　)
8. 斜视图也可以转平,但必须在斜视图的上方注明“X 向旋转”。(　　)
9. 标注尺寸时允许出现封闭尺寸。(　　)
10. 装配图是表达机器的图样。(　　)
11. 装配图中相邻面中的剖面线的方向应相同。(　　)
12. 圆柱的内表面,也包括其他内表面中由单一尺寸确定的部分称为孔。(　　)
13. “⌖”是形位公差圆柱度的符号。(　　)
14. 优质碳素结构钢 15 号钢其中 15 表示含碳量是 15‰。(　　)
15. 金属材料的机械性能是指金属材料在外力作用下所表现的抵抗能力。(　　)
16. $20Mn_2B$ 其中 20 表示为含碳量是 20‰。(　　)
17. 铸钢 ZG230-450,第一组数字表示为抗拉强度。(　　)
18. 铸铁 HT100,数字表示抗拉强度。(　　)

19. 铸铁中的石墨呈团絮状存在，称为灰口铸铁。（　　）

20. LF_{11}是防锈铝，这类合金的强度比纯铝高，有良好的耐蚀性和塑性，属于热处理不能强化的铝合金。（　　）

21. 锻铝可以锻造。（　　）

22. 冷冲压可以加工纸胶板、布胶板、石棉板、橡胶板、胶苯板等。（　　）

23. 液压机工作压力大小与行程有关。（　　）

24. 曲柄压力机润滑方式是集中润滑。（　　）

25. 凸轮机构主要有凸轮系和从动杆组成。（　　）

26. 曲柄压力机离合器气路中依次安装了：截门、压力表、分水滤气器、减压阀、压力表、压力继电器、安全阀、储气罐、空气分配阀、离合器气缸。（　　）

27. 游标卡尺适用于高精度尺寸的测量和检验。（　　）

28. 所剪工件材料厚度不应大于机器所能剪切的标定厚度，对于 $\sigma_b > 500 \times 10^6$ Pa 的材料不进行强度换算。（　　）

29. 模具结构一般包括：工作零件；定位零件；压料、卸料、顶料零件；导向件；支承件、紧固件、缓冲零件。（　　）

30. 无导向冲模适用于单工序冲裁模、弯曲模、拉伸模、变形模。（　　）

31. 冲压模具属于专业人员保养，因此冲压工对上机模具不用检查。（　　）

32. 一般位置直线的实长，是以该线的某一投影长度作为底边，面另一视图的投影长度为邻边的直角三角形的斜边长度。（　　）

33. 狭义质量是产品质量。（　　）

34. 劳动者有权要求用人单位提供符合防治职业病要求的职业病防治防护设施和个人使用的职业病防护用品，改善工作条件。（　　）

35. 环境方针不可以调整。（　　）

36. 粗点划线用在有特殊要求的线或表面的表示线。（　　）

37. 轮廓线与重合剖面的图形重叠时，视图的轮廓线仍应连续画出，不可间断。（　　）

38. 在同一张图上尺寸数字可以标注在尺寸线上方，也可以标注在尺寸线中间。（　　）

39. 图样上标注的表面结构 $R_a 12.5\ \mu m$ 要比标注表面结构 $R_a 6.3\ \mu m$ 的表面质量要求高。（　　）

40. $\surd$ 表示是用去除材料方法获得。（　　）

41. 公差代号和极限偏差都标在基本尺寸右侧。（　　）

42. 当上偏差或下偏差为零时，可以不标出。（　　）

43. 长圆孔当标出长度、宽度时其 R 尺寸可以不标出。（　　）

44. 冲孔时孔的最小尺寸与孔的形状，材料的机械性能有关。（　　）

45. 冲压加工材料可分为黑色金属、有色金属和非金属三大类。黑色金属有碳素钢和合金钢等；有色金属有铝、铜等；非金属材料有纸制品、布胶板、橡胶等。（　　）

46. 凸、凹模之间的间隙对冲裁件质量、冲裁力、模具寿命的影响很大。（　　）

47. 食用油不可作润滑剂。（　　）

48. 乳化液是润滑剂的一种。（　　）

49. 剪裁加工时可将润滑剂涂在剪机工作台上。(　　)

50. 材料利用率是指冲裁件的实际面积与所用板料面积的百分比。(　　)

51. 地规的用途是画较大的圆与圆弧,放较大的地样时画十字线边界线等。(　　)

52. 在划线交点以及划线上按一定间隔打样冲眼,以保证加工界限清楚可靠,以及便于质量检验。(　　)

53. 冲压用手持工具,是安全防护装置。(　　)

54. 润滑模具时必须停车进行,并借助合适工具。(　　)

55. 多人操纵时,每人应有一个急停按钮。(　　)

56. 操作者在立姿操作压力机时,应尽可能采用手控操纵器,而不用脚控操纵器。(　　)

57. 除急停按钮外,所有手动按钮不得高出操纵面板或面板护圈。(　　)

58. 冲床一次行程,板料在冲模内,经过一次定位能同时完成两种或两种以上不同的工序,叫复合冲压工序。(　　)

59. 安装模具时将机床停在下死点,将滑块调到最高位置,然后装入模具。(　　)

60. 安装模具先固定下模,然后固定上模。(　　)

61. 冲模装模时,如果模具的闭合高度小于压力机的最小装模高度,可以在压力机台面上加一个磨平的垫板进行装模。(　　)

62. 冲裁模具的最小闭合高度是凸、凹模最大磨修后弹簧及其他零件不发生"顶死"现象的工作状态。(　　)

63. 安装打料模具时,应首先将打料杆或挡头螺钉调到最上端。(　　)

64. 对用机床打料方法进行卸料的模具润滑时,可将润滑剂涂在板料上。(　　)

65. 在模具维修,手工磨削刃口时,刃口磨成凸凹不平,这样的模具在生产中会使工件产生弯曲。(　　)

66. 剪板机对所有板料都能剪到最大标定厚度。(　　)

67. 所有曲柄压力机的行程都是固定的。(　　)

68. 检查限位装置是否安全可靠是机床传动部位一级保养内容之一。(　　)

69. 摩擦式离合器和各种制动器的摩擦面应及时加油,同时应及时调整间隙避免过量磨损。(　　)

70. 定期清理气路中的空气滤气器,并从空气滤气器及储气筒中排出冷凝水。经常注意空气压力,当超过时应调整减压阀。(　　)

71. 压力机的一级保养应由操作工人独立完成。(　　)

72. 经常转动油杯,注意保持润滑油路畅通。(　　)

73. 工厂应使操作者舒适地坐或立,或坐立交替在压力机旁进行操作,但不允许剪板机操作工坐着工作。(　　)

74. 压力机可以采用脚踏操纵装置或双手式操纵装置,但两者应择其一。(　　)

75. 规定用工具取放冲压件(或毛坯)的作业,不得用手直接操作。(　　)

76. 用于剪切直线或曲线条料的圆盘剪机与剪切直线条料的圆盘剪机滚刀装置是一样的。(　　)

77. 材料斜刃剪切过程与平刃剪切时剪切力大小是一样的。(　　)

78. 剪切软钢材料时可采用较大的间隙。(　　)

79. 剪切时如剪切力足够,可以剪切合在一起的 2 张板材。(　　)

80. 剪切时钢材的厚度越厚，则变形区越小，硬化区域的宽度也越小。( )

81. 剪切间隙选取一般是按板厚的百分比选取，通常 3 mm 以下取 $s=0.03$ t，3～10 mm 取 $s=0.04$ t，大于 10 mm 取 $s=0.05$ t。( )

82. 工位器具是盛放毛坯，工件或废料的料架、料台、料箱及托盘等。( )

83. 剪切划线样板是量具。( )

84. 型材剪切机间隙调整一般是调整动刀架间隙。( )

85. 由于冲床的工作特点是，低速部分经常起动和停止，工作温度不高，而单位面积承受压力却很大，因此宜选用粘度较大的润滑油或润滑脂进行润滑。( )

86. 曲柄压力机连杆与螺杆自动松开是锁紧结构松动。( )

87. 沿封闭的轮廓线将工件与废料分离的模具叫落料模。( )

88. 大间隙可以减小卸料力和推件力。( )

89. 冲裁力是指冲裁时，材料对凸模的最大抵抗力。( )

90. 斜刃冲裁可减少冲裁力。( )

91. 选择压力机的压力可以不考虑顶件力和推件力。( )

92. 冲模安装公式为 $H_{max}-5\geqslant H\geqslant H_{min}+10$。( )

93. 带模柄的冲模，以模柄定位，先紧固下模，后紧固上模。( )

94. 便于冲模的安装和紧固可以使用辅助垫板。( )

95. 减小压力机滑块的装模高度使之适合于冲模的闭合高度可以加辅助垫板。( )

96. 大型模具必须以定位销(孔)外廓定位先紧固下模，后紧固上模。( )

97. 斜刃冲裁时，落料的凸模应为平刃，而凹模应为斜刃。( )

98. 凸、凹模间隙不合理是影响冲裁精度的因素之一。( )

99. 工作零件因热处理不当或装配不当变形是冲裁件出现毛刺的原因之一。( )

100. 滑块每次冲击后，应使脚离开操纵板，或把手离开操作台。( )

101. 压力机滑块的底面与工作台平行面与垂直面不用定期检查。( )

102. 机械传动的折弯机是曲柄压力机的一种。( )

103. 使用液压机时，要准确计算压形力防止液压机超载。( )

104. 对一些非金属材料，易脆裂和成片状的压合材料常采用加热冲裁。( )

105. 薄板件间隙很小，甚至接近无间隙时，造成冲模制造困难，可采用大间隙冲裁，模具结构采用强力弹簧压料装置。( )

106. 橡胶冲裁最好在液压机或摩擦压力机上进行。( )

107. 材料弯曲板面越宽，料越厚则最小弯曲半径越小。( )

108. 钢板在纵向的塑性比横向要高，所以弯曲线垂直于轧制方向，则允许有最小的弯曲半径。( )

109. 中性层在板料弯曲时无论半径与料厚比值是多少，都是在板料中间位置。( )

110. 中性层随弯曲角度而发生变化。( )

111. 弯曲件翘曲是由于外区切向伸长，宽向厚向收缩，内区切向收缩，宽向厚向延伸结果，使折弯线凹曲造成工件纵向翘曲。( )

112. 弯曲是使金属发生塑性变形，因此能保持一定的永久变形。( )

113. 工件厚度较小时，可将凹模或凸模做成圆角，而凹凸模间的间隙做成最小材料厚度

以克服弯曲后的回弹。(　　)

114. 当工件弯曲半径小于最小弯曲半径时,对冷作硬化现象严重的材料可采用两次弯曲,并进行中间退火工序。(　　)

115. 折弯机具有窄而长的滑块和工作台,因而折弯机模通常上模为V型,下模在四个面上制出几种V型槽口,属于通用模,折弯机也有专用模。(　　)

116. 5CrNiMo是冷压模的常用材料。(　　)

117. 7CrSiMnMoV是用于热弯曲模具钢。(　　)

118. 板料较厚的弯曲件,常用校正弯曲模加工。(　　)

119. 模具压料板上的螺钉孔应合理避让坯料,否则会使弯曲件出现压痕。(　　)

120. 拉深凸模上应有排气孔。(　　)

121. 拉深件在坯料上涂润滑剂时,只能涂在与凹模接触的一面,不能用浸沾法对整个坯料进行润滑。(　　)

122. 拉深矩形件时,凸凹模四周的间隙要一致。(　　)

123. 矫正原理是采用工程力学中的材料受拉产生伸长,受压产生压缩和中性层不变的原理。(　　)

124. 校平模具的上、下齿是对齐的。(　　)

125. 对于厚度较小或铝、铜等工件一般采用细齿校平模。(　　)

126. 拉弯有液压拉弯机和机械拉弯机。(　　)

127. 拉弯机有转臂式拉弯机、移动式拉弯机和回转式拉弯机。(　　)

128. 拉弯的回弹现象极微小。(　　)

129. 拉弯断面畸弯或扭曲极小。(　　)

130. 拉弯是弯曲前预先加一拉力。(　　)

131. 拉弯有一次拉弯和两次拉弯方法。(　　)

132. 拉弯模一般没有凹模。(　　)

133. 局部变形材料塑性较差,再进行拉弯时易被拉断。(　　)

134. 校形不采用曲柄压力机。(　　)

135. 直接测量被测量值,测得值就是所求的值。(　　)

136. 钢直尺常用它来粗测工件长度。(　　)

137. 塞尺是万能量具的一种。(　　)

138. 样板一般都是自制的。(　　)

139. 划线时应取公差的上限值。(　　)

140. 划90°线可用90°角尺直接画出。(　　)

141. 量具不要和工具、刀具放在一起。(　　)

142. 测量时由于受测量条件和测量方法的限制,不可避免地会产生误差。(　　)

143. 在测量中常用标准圆柱、圆球及芯轴,这些是测量用的辅具。(　　)

144. 工件的生产批量较大时,不能用样板检测。(　　)

145. 工作样板和校对样板的轮廓要吻合,要求透光均匀或不透光。(　　)

146. 样板的测量面和样板的大平面不要严格垂直。(　　)

147. 样板的测量面不要求耐磨,只要求不变形。(　　)

148. 尺寸基准可分为设计基准和工艺基准。(　　)
149. 冲压的制造一般都是单件小批量,因此冲压件也是单件小批量。(　　)
150. 分离工序是对板材的剪切和冲裁工序。(　　)
151. 冲压工只能加工形状简单的零件。(　　)
152. 在任何时候,任何情况下,坚持手不入模具,是保证安全的根本措施。(　　)
153. 减少冲压伤害事故的主要措施是加强自我管理和自我保护意识。(　　)
154. 为保障生产快速进行,双手按扭可以只使用一个。(　　)

五、简 答 题

1. 什么是比例?
2. 什么是圆锥的锥度?
3. 什么是母线?
4. 什么是素线?
5. 轴测图根据投射线方向不同一般可分为哪几种类型?
6. 什么是全剖视?
7. 一般完整的零件图应包括哪些内容?
8. 尺寸基准可分为哪两种?
9. 选择零件视图位置的原则是什么?
10. 曲柄压力机主要由哪几部分构成?
11. 曲柄压力机按机身结构分类可分为哪几种?
12. 曲柄压力机按连杆数目可分为哪几种?
13. 曲柄压力机上采用离合器有几种?
14. 曲柄压力机上采用的制动器有几种?
15. 滑块平衡装置的结构和作用是什么?
16. 全面质量管理的四大支柱是什么?
17. 制定《中华人民共和国安全生产法》的目的是什么?
18. 工件进行校平和整形的目的是什么?
19. 对劳动者的要求有哪些?
20. 什么是基本尺寸?
21. 什么是偏差?
22. 什么是工艺基准?
23. 什么是工序?
24. 拉深、挤压工件为什么要中间退火?
25. 什么是冲压件工艺性?
26. 拉深时的润滑作用是什么?
27. 冲压用手持工具有哪些?
28. 分离工序共分哪些?(最少答出五种)
29. 什么是最小弯曲半径?
30. 冲压件的工艺性对冲压生产的意义是什么?

31. 材料的剪切断面形状分为哪几部分?
32. 开式压力机按工作台形式可分为几种?
33. 什么是曲柄连杆机构?
34. 简答曲柄压力机常用润滑剂的性质。
35. 简答冲裁工序的功用。
36. 什么是冲裁模的冲裁间隙?
37. 橡胶冲裁哪些优点?
38. 冲裁间隙在冲裁过程中的影响有哪几方面?
39. 简述间隙对冲裁力的影响。
40. 冲孔时间隙应取在凸、凹模的哪一面上?
41. 什么是冲裁精度?
42. 什么是弯曲工序?
43. 影响最小弯曲半径的因素有哪些?
44. 什么是回弹?
45. 影响回弹现象的因素有哪些?
46. 根据弯曲形状弯曲模主要有哪几类?
47. 在什么情况下采取热弯?
48. 什么是拉深工序?
49. 拉深工序的特点是什么?
50. 弯曲变形一般分为哪几个阶段?
51. 什么是校平工序?
52. 校平模种类、用途有哪些?
53. 什么是冷挤压?
54. 什么是变形?
55. 变形有哪几种工序?(最少答出五种)
56. 什么是测量?
57. 测量要素有哪几个?
58. 什么是测量检验?
59. 专用量具的特点有哪些?
60. 按使用范围分类样板有哪些种类?
61. 样板检测的优点有哪些?
62. 冲压加工极易造成事故的原因有哪些?
63. 拉深筋的种类有哪些?
64. 何谓应变中性层?
65. 什么是材料的力学性能?
66. 选择冲压设备从哪几方面考虑?
67. 什么是工艺过程?
68. 工艺规程有哪些形式的文件?
69. 安全生产法律法规主要有哪些作用?

70. 冲压加工具有什么样的优点?

六、综 合 题

1. 已知:某冲裁件的厚度 $t=1$ mm,冲裁周长 $L=2\ 500$ mm,抗剪强度 $\tau_0=400\ \text{N/mm}^2$,求:理论冲裁力 P_0。

2. 如图 2 所示有一单直角弯曲工件,一边长 60 mm,另一边长 40 mm,弯曲角半径 $R=5$ mm,工件厚度 $t=4$ mm。(中性层移位系数 $X=0.38$)试计算毛料展开长度。

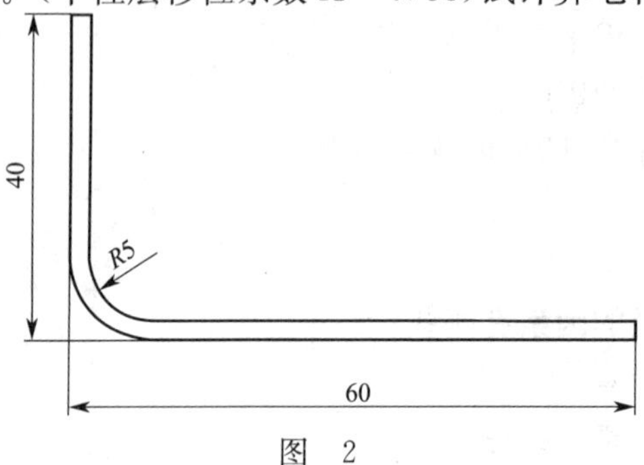

图 2

3. 如图 3 所示,$a=45$ mm,$b=38$ mm,$c=45$ mm,$R=6$ mm,$t=4$ mm(系数 $X=0.36$),计算展开尺寸。

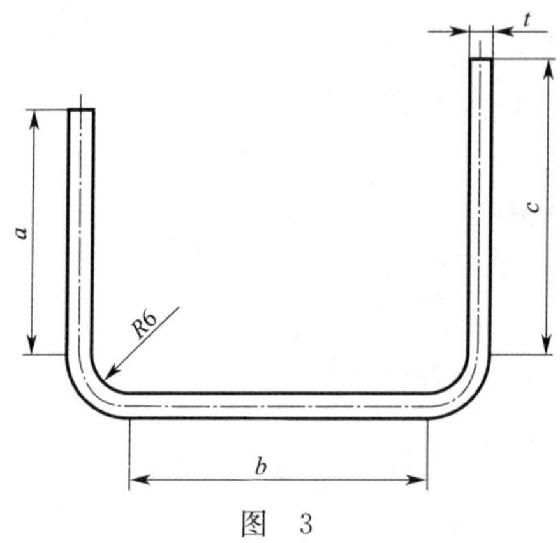

图 3

4. 计算 U 型件弯曲展开长度。如图 4 所示,两直边为 50 mm,弯曲半径 $R=25$ mm,板厚 $t=4$ mm(系数 $X=0.5$)。

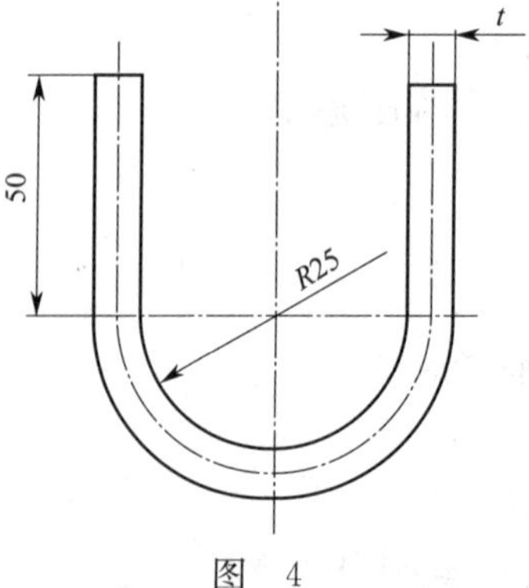

图 4

5. 计算弯曲件展开长度如图 5 所示，一边长 120 mm，另一边长 100 mm，弯曲角半径 $R=6$ mm，工件厚度 $t=3$ mm(中性层移位系数 $X=0.38$)。试计算毛料展开长度。

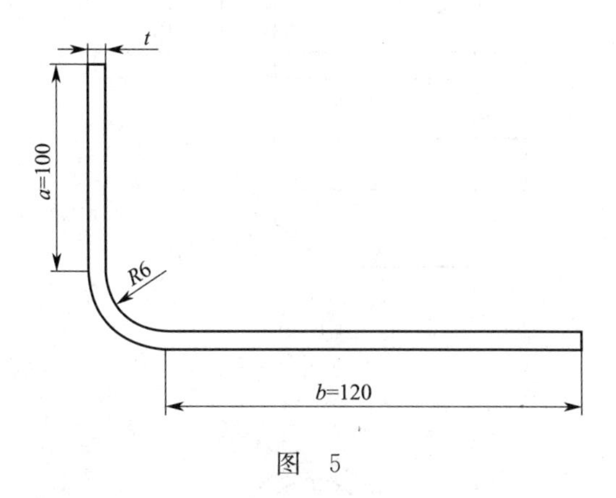

图 5

6. 有一无圆角直角弯曲工件，一边长 100 mm，另一边长 80 mm，工件厚度 $t=4$ mm。求此工件展开长度(如图 6 所示)。

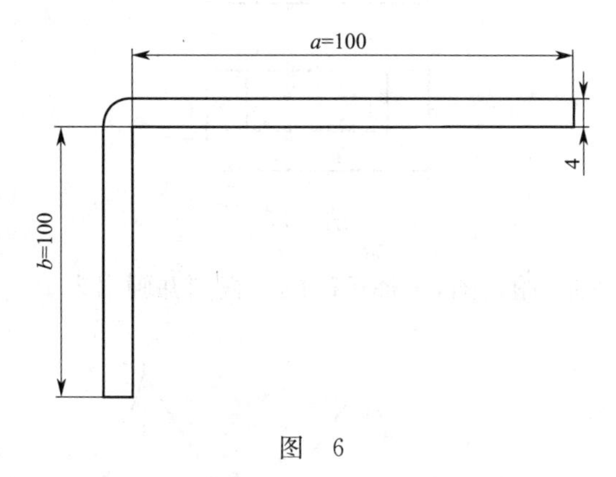

图 6

7. 写出如图 7 所示弯曲件的展开计算公式。

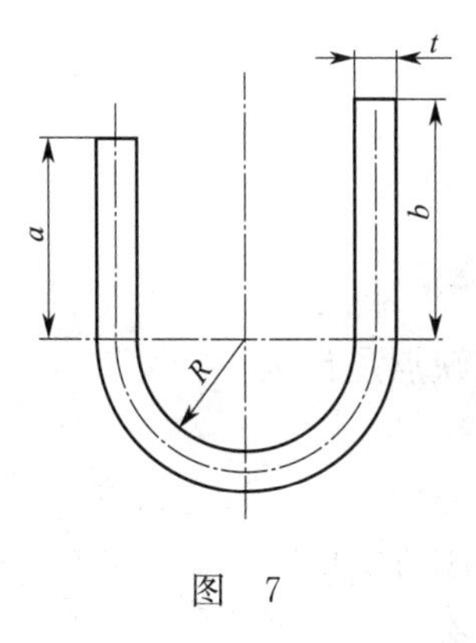

图 7

8. 画出图 8 中缺线。

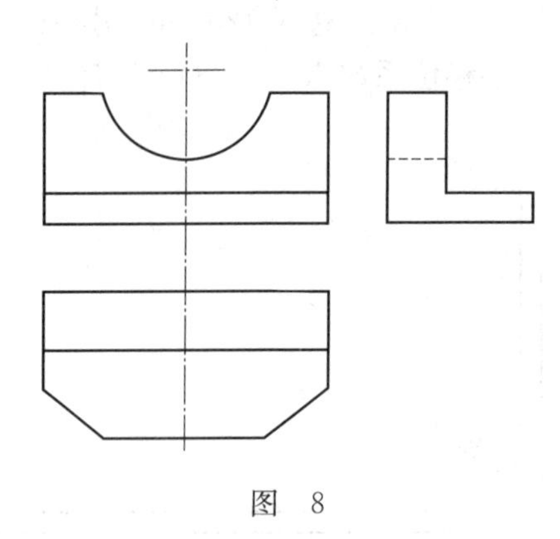

图 8

9. 补画图 9 左视图。

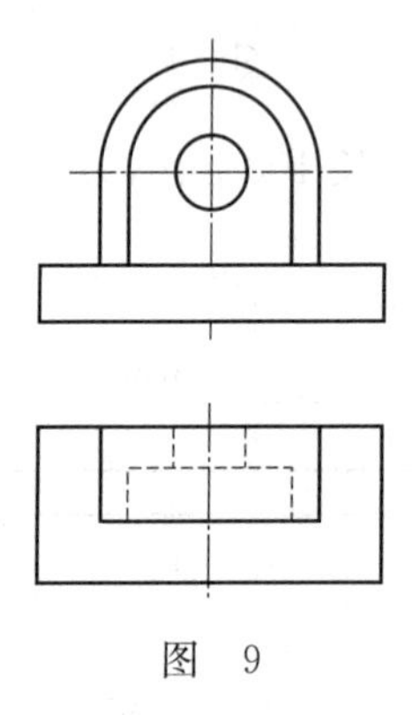

图 9

10. 根据如图 10 所示主、俯视图，选择正确的左视图并画出来。

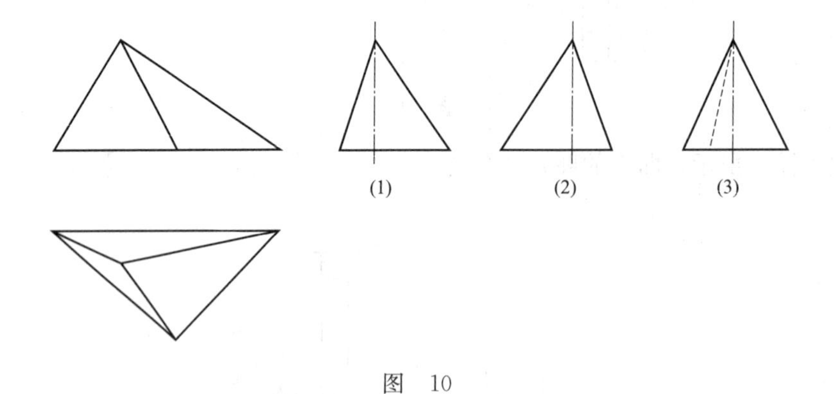

图 10

11. 曲柄压力机稀油润滑的优缺点是什么？
12. 什么是合理间隙？
13. 曲柄压力机模柄安装处怎样检查？
14. 小型曲柄压力机怎样调节闭合高度？
15. 冲床润滑的主要作用是什么？
16. 拉弯与压弯、滚弯有什么不同？

17. 冷挤压的优越性是什么?

18. 冷挤压工艺对金属材料性能主要有哪些要求?

19. 画图说明:有一块长 1 120 mm,宽 780 mm 钢板能出多少块大头为 200 mm,小头为 80 mm,长为 500 mm 的工件。

20. 机械制造业中常用的是哪一类润滑油? 这类润滑油有哪些特点?

21. 什么是工艺卡片?

22. 使用压板、螺栓夹紧应注意哪些事项?

23. 叙述简单模具的结构。

24. 冲压加工中提高精度的措施有哪些?

25. 什么是冲裁力? 计算冲裁力的目的是什么?

26. 液压机主要有哪几个部分组成的?

27. 平台检测与仪器检测比较有哪些主要特点?

28. 解释:LS4-1500-4000-2200 所表示的意义。

29. 解释:YS27-2000-4000-2200 所表示的意义。

30. 退料装置主要包括哪几种装置? 每种装置的作用是什么?

31. 简述冲模的结构组成。

32. 冲裁模试冲时,工件有毛刺的原因有哪些?

33. 冲压变形加工与其他加工方法相比有何特点?(最少答出五种)

34. 冷挤压的方法有哪些?

35. 什么是加工硬化现象?它对冲压工艺有何影响?

冲压工(初级工)答案

一、填 空 题

1. 六个 2. 三视图 3. 定位 4. 标题栏
5. 基本尺寸 6. 上偏差 7. 间隙配合 8. 韧性
9. HRC 10. 碳素工具 11. 半镇静钢 12. 内应力
13. 马氏体 14. 含铜量 62% 15. 简单 16. 方向
17. 标准 18. 取放料 19. 作用点 20. 分离
21. 凹模 22. 420 MPa 23. 过载保护 24. 用数据说话
25. IOS 26. 基础标准 27. 宪法 28. 权利
29. 细实 30. 识别符号 31. 主视图 32. 名称
33. 方向 34. 35. 工艺规程 36. 工艺过程卡片
37. 参数 38. 代用 39. 合格证 40. 锐角
41. 板的厚度 42. 保护和冷却 43. 精度 44. 加工界线
45. 工件 46. 模具危险区 47. 用手持工具 48. 调转过来
49. 体力 50. 方向性 51. 警告 52. 冷挤压
53. 级进 54. 完全停稳后 55. 盘动飞轮 56. 调试验收
57. 停机进行 58. 使用说明书 59. 工厂季检查 60. 整改措施
61. 太松 62. 缺少润滑油 63. 转键损坏 64. 调整 V 型带松紧
65. 合金工具 66. 高速工具 67. 工具 68. 剪切机
69. 闭式 70. 球头铰接 71. 放大 72. 滑块的行程
73. 球碗被夹紧 74. 不转 75. 分离 76. 降低
77. 弹性变形 78. 型材 79. 薄 80. 双
81. 凹模 82. 冷状态 83. 凸模 84. 相对运动
85. 齐全完整 86. 严禁 87. 滑块的位置 88. 帕斯卡
89. 圆角 90. 极限值 91. 缩短 92. 中心
93. 减薄 94. 某种缺陷 95. 严重 96. 弯曲半径
97. 补偿角 98. 复杂 99. 变形量 100. 校正弯曲
101. 不高 102. 简单 103. 卸料 104. 精度
105. 盒形 106. 起皱 107. 摩擦压力机 108. 型钢调直机
109. 失效 110. 弯曲 111. 下拉弯 112. 普通压力机
113. 塑性变形 114. 弯矩 115. 防滑 116. 校形
117. 小批量试制性 118. 刻度 119. 单位 120. 测量

121. 弧度　122. 钢直尺　123. 光隙　124. 温度和精度
125. 量规　126. 隔热板　127. 宽形　128. 小
129. 样板检查　130. 界限　131. 热源　132. 鉴定和保养
133. 真值　134. 相对误差　135. 分离　136. 正常
137. 过大　138. 特殊形状　139. 光隙法　140. 标准样板
141. 标准　142. 大型　143. 液压传动　144. 定人
145. 塑性变形　146. 回弹角　147. 违反安全操作规程
148. 持证上岗　149. 冲压件　150. 良好性　151. 润滑机床
152. 按钮、开关　153. 冷却作用　154. 内皱缺陷

二、单项选择题

1. A　2. A　3. B　4. C　5. D　6. C　7. A　8. B　9. C
10. A　11. B　12. B　13. B　14. D　15. B　16. B　17. B　18. A
19. C　20. C　21. C　22. C　23. A　24. B　25. B　26. C　27. A
28. B　29. A　30. B　31. C　32. B　33. C　34. C　35. B　36. D
37. D　38. C　39. A　40. A　41. B　42. A　43. A　44. C　45. D
46. A　47. A　48. B　49. B　50. D　51. C　52. C　53. B　54. D
55. C　56. C　57. C　58. B　59. C　60. B　61. B　62. C　63. B
64. C　65. A　66. C　67. C　68. C　69. B　70. C　71. C　72. D
73. D　74. B　75. C　76. A　77. B　78. A　79. C　80. C　81. B
82. B　83. C　84. B　85. A　86. B　87. C　88. A　89. C　90. B
91. B　92. A　93. B　94. C　95. B　96. B　97. C　98. D　99. C
100. B　101. B　102. C　103. B　104. A　105. B　106. A　107. C　108. B
109. D　110. A　111. D　112. C　113. C　114. C　115. B　116. D　117. A
118. A　119. C　120. D　121. B　122. C　123. C　124. B　125. A　126. A
127. C　128. B　129. D　130. C　131. B　132. B　133. C　134. B　135. C
136. A　137. B　138. C　139. C　140. A　141. B　142. A　143. A　144. D
145. C　146. D　147. A　148. A　149. A　150. A　151. B　152. C

三、多项选择题

1. BCD　2. ABCD　3. AB　4. AC　5. AB　6. ABCD　7. ABC
8. AB　9. AB　10. AB　11. ABC　12. BCD　13. ABC　14. ABC
15. AD　16. ABD　17. ABD　18. ACD　19. ACD　20. CD　21. BD
22. BD　23. BD　24. ABC　25. BCD　26. ACD　27. CD　28. ACD
29. AD　30. CD　31. ABD　32. ABC　33. BC　34. ACD　35. ABC
36. BCD　37. BCD　38. AC　39. ABCD　40. ABC　41. ABC　42. ACD
43. ABD　44. ABC　45. ABD　46. ABC　47. ABC　48. ABC　49. ABC
50. ABD　51. ABC　52. ABD　53. ABD　54. ACD　55. AB　56. ABCD
57. ABCD　58. ABCD　59. ABCD　60. ABCD　61. AB　62. AC　63. BC

64. BC　65. BC　66. AC　67. AC　68. ABC　69. AC　70. AB
71. AB　72. ABC　73. AB　74. AC　75. BC　76. ABC　77. AC
78. BC　79. ABD　80. BC　81. AC　82. AC　83. AC　84. CD
85. AB　86. BCD　87. AB　88. AB　89. AB　90. BCD　91. BCD
92. ABD　93. CD　94. BCD　95. ABC　96. AB　97. ABC　98. ACD
99. ABD　100. BCD

四、判 断 题

1. √　2. ×　3. ×　4. √　5. √　6. √　7. ×　8. √　9. ×
10. ×　11. ×　12. √　13. ×　14. ×　15. √　16. ×　17. ×　18. ×
19. ×　20. √　21. √　22. √　23. ×　24. ×　25. √　26. ×　27. ×
28. ×　29. √　30. √　31. ×　32. ×　33. √　34. √　35. ×　36. √
37. √　38. ×　39. ×　40. √　41. √　42. ×　43. √　44. √　45. √
46. √　47. ×　48. ×　49. ×　50. √　51. √　52. √　53. ×　54. √
55. √　56. √　57. √　58. √　59. √　60. ×　61. √　62. √　63. √
64. ×　65. √　66. ×　67. ×　68. ×　69. ×　70. √　71. ×　72. √
73. √　74. √　75. √　76. ×　77. ×　78. ×　79. ×　80. ×　81. √
82. √　83. ×　84. ×　85. √　86. √　87. ×　88. √　89. √　90. √
91. ×　92. √　93. ×　94. √　95. √　96. √　97. √　98. √　99. √
100. √　101. ×　102. √　103. ×　104. √　105. √　106. √　107. ×　108. √
109. ×　110. √　111. √　112. √　113. √　114. √　115. √　116. ×　117. ×
118. ×　119. √　120. √　121. √　122. ×　123. √　124. ×　125. ×　126. √
127. √　128. √　129. √　130. √　131. √　132. √　133. √　134. √　135. √
136. √　137. ×　138. ×　139. ×　140. ×　141. √　142. √　143. √　144. ×
145. √　146. ×　147. ×　148. √　149. ×　150. √　151. ×　152. √　153. √
154. ×

五、简 答 题

1. 答:图样中(1 分)机件要素的线性尺寸(2 分)与实际机件相应要素的线性尺寸之比(2 分)叫比例。

2. 答:锥度是指圆锥底圆(2 分)直径(1 分)与圆锥高度(2 分)之比。

3. 答:一条直线或曲线(1 分)围绕固定轴旋转而形成的表面(2 分),这条回转的直线或曲线通常称为母线(2 分)。

4. 答:母线在回转中的任一位置称为素线(5 分)。

5. 答:可分为两种(1 分):正轴测图(2 分)和斜轴测图(2 分)。

6. 答:用剖切面完全地剖开零件所得的剖视图称为全剖视(5 分)。

7. 答:应包括:(1)一组表达零件形状的图形(2 分);(2)一套正确、完整、清晰、合理的尺寸(1 分);(3)必要的技术要求(1 分);(4)填写完整的标题栏(1 分)。

8. 答:尺寸基准可分为设计基准(2.5 分)和工艺基准(2.5 分)。

9. 答:原则有三条(0.5分):形状特征原则(1.5分);加工位置原则(1.5分);工件位置原则(1.5分)。

10. 答:(1)工件机构(1分);(2)传动系统(1分);(3)操纵系统(1分);(4)能源系统(1分);(5)支承部件(0.5分);(6)辅助系统(0.5分)。

11. 答:曲柄压力机按机身结构可分为两种(1分):开式压力机(2分)和闭式压力机(2分)。

12. 答:曲柄压力机按连杆数目可分为三种(0.5分):单点压力机(1.5分);双点压力机(1.5分)和四点压力机(1.5分)。

13. 答:曲柄压力机上采用离合器有:刚性离合器(2分);圆盘摩擦式离合器(3分)。

14. 答:曲柄压力机上采用的制动器有(2分):带式制动器(1分);闸瓦式制动器(1分);圆盘式摩擦式制动器(1分)。

15. 答:是由气缸、活塞组成(2分)。活塞杆上部分与滑块连接,气缸装在机身上,气缸下腔通入空气(2分),因此能把滑块托住,并平衡滑块重量(1分)。

16. 答:(1)质量管理教育(1.5分);(2)标准化(1.5分);(3)PDCA循环(1分);(4)QC小组活动(1分)。

17. 答:加强安全生产监督管理(2分),防止和减少生产安全事故(1分),保障人民群众生命和财产安全(1分),促进经济发展(1分)。

18. 答:目的是把工件的形状(1分)和尺寸(1分)修正到产品规定的要求(3分)。

19. 答:劳动者应当完成劳动任务(1分),提高职业技能(1分),执行劳动安全卫生规程(1分),遵守劳动纪律(1分)和职业道德(1分)。

20. 答:设计给定的尺寸称基本尺寸(5分)。

21. 答:某一尺寸减其基本尺寸,所得的代数差称为尺寸偏差,简称偏差(5分)。

22. 答:根据零件加工的工艺过程,为了方便装卡定位和测量确定的基准(5分)。

23. 答:一个人或一组人在一个地点对同一个或同时对几个工件所连续完成的那一部分工艺过程叫工序(5分)。

24. 答:为了消除加工硬化现象(2分),降低硬度(1分),提高塑性(1分),进行再结晶退火(1分)。

25. 答:采用冲压工艺制造的零件,对冲压工艺的适应性,即为冲压件的工艺性(5分)。

26. 答:减少摩擦力(1分);减小拉深力(1分);适当减小拉深系数(1分);提高变形程度(1分);保护模具的工作表面(1分)。

27. 答:(1)各种弹性夹钳和钩子(2分);(2)气动夹钳(1分);(3)真空吸盘(1分);(4)电磁吸盘(1分)。

28. 答:分为:(1)落料;(2)冲孔;(3)冲断;(4)剖切;(5)切口;(6)切边;(7)整修等。(答出一点1分,答够五点得满分)

29. 答:弯曲时,不致使材料破裂(2分)的最小弯曲半径值(2分),称为该种材料的最小弯曲半径(1分)。

30. 答:(1)有利于简化工序(1.5分);(2)有利于减少废品(1.5分);(3)有利于提高材料利用率(1分);(4)有利于提高冲模工作部分的使用寿命(1分)。

31. 答:有四部分(1分):(1)圆角带(1分);(2)光亮带(1分);(3)断裂带(1分);(4)毛刺(1分)。

32. 答:开式压力机按工作台形式可分为三种(0.5 分):固定台式压力机(1.5 分)、可倾式压力机(1.5 分)、升降台式压力机(1.5 分)。

33. 答:曲轴、轴心线(1 分)与其上的曲柄轴心线偏移一个偏心距 r(2 分),因而曲轴旋转时就使滑块作上下的往复直线运动(2 分),这就是曲柄连杆机构。

34. 答:(1)能形成一定厚度的油膜以承受压力(2 分);(2)洁净无杂质,化学性质稳定,不会损伤腐蚀润滑表面(2 分);(3)容易清洗,无毒(1 分)。

35. 答:冲裁是在冲压生产中应用很广泛的工序,它可用来加工各种形状的零件(2 分),如垫圈、挡圈、各种车辆零件等。也可用来为变形工序准备坯料(2 分),还可以对拉深件进行切边(1 分)。

36. 答:冲裁间隙是指冲裁模的凸模(1 分)与凹模(1 分)刃口(2 分)之间的间隙(1 分)。

37. 答:橡皮冲裁的优点有:(1)冲模结构简单(1 分),易于制造(1 分),橡皮作为凸凹模可以通用(1 分);(2)投产快、降低工件成本(1 分),特别适用小批量试制性生产(1 分)。

38. 答:主要有三方面(0.5 分):(1)对冲裁质量的影响(1.5 分);(2)对模具寿命的影响(1.5 分);(3)对冲裁力的影响(1.5 分)。

39. 答:间隙越小,变形区应力状态中压应力成分越大拉应力成份越小(1.5 分),所以变形拉力提高,冲裁力加大(1 分);间隙越大,拉应力成分越大(1.5 分),变形抗力减少,冲裁力也小(1 分)。

40. 答:冲孔时应以凸模为准,间隙取在凹模上(5 分)。

41. 答:冲裁精度是指工件经过冲裁后所得到的冲压零件是否符合所要求的尺寸精确度(5 分)。

42. 答:将金属材料在冲模压力下(1 分),弯折一定角度、曲率(2 分),制成各种立体形状工件的加工方法(2 分),称为弯曲工序。

43. 答:(1)弯曲角度大小(1 分);(2)材料的展开方向(1 分);(3)材料表面和冲裁表面的质量(1 分);(4)材料的机械性能与热处理状态(1 分);(5)材料几何形状及尺寸(1 分)。

44. 答:回弹是当外力去掉后(1 分),弹性变形部分恢复(2 分),会使工件的角度和弯曲半径发生改变的现象(2 分)。

45. 答:(1)材料的机械性能(1 分);(2)相对弯曲半径(1 分);(3)弯曲角度(1 分);(4)弯曲件形状(1 分);(5)弯曲条件(1 分)。

46. 答:根据常见弯曲工件形状,弯曲模可分为:(1)V 型弯曲模;(2)U 型弯曲模;(3)Z 型弯曲模;(4)四角形弯曲模;(5)卷边模;(6)卷圆模以及其他弯曲模。(答出一点 1 分,答够五点得满分)

47. 答:(1)制件形状复杂或毛料太厚,冷变成型不好(2 分);(2)制件材料很脆或弯曲半径太小,冷变形会产生裂纹(2 分);(3)设备能力不够,只好采取热弯(1 分)。

48. 答:利用冲模对板料或坯件施加一定压力,使其产生塑性变形压制成各种形状的开口空心件的加工方法,称为拉深工序(5 分)。

49. 答:(1)能够获得较高的加工精度,一般拉深尺寸精度可达 IT9－IT10 级(2 分);(2)表面质量好,拉深加工后一般不需要再进行机械加工(2 分);(3)拉深工件在重量最轻的情况下,获得最大的强度,刚度(1 分)。

50. 答:一般分为三个阶段(0.5 分):(1)弹性弯曲阶段(1.5 分);(2)弹—塑性弯曲阶段

(1.5 分);(3)纯塑性弯曲阶段(1.5 分)。

51. 答:将毛料或制件的不平面,放在两个平滑的或带有齿型刻纹的表面之间进行压平,这样的工序称为校平(5 分)。

52. 答:(1)光面模:用于薄料零件或表面不允许有压痕的零件(2 分);(2)细齿模:用于较厚的料和表面允许有细痕的零件(2 分);(3)宽齿模:用于较厚料和表面不允许有压痕的零件(1 分)。

53. 答:冷挤压是在室温下用模具对预先放入模腔中的金属坯料加压产生塑性变形并使坯料变成所需形状尺寸的零件(5 分)。

54. 答:变形工艺是指用各种局部变形的方法来改变工件或毛坯料形状的各种加工工艺方法(5 分)。

55. 答:有:(1)拉深;(2)弯曲;(3)起伏变形;(4)翻边;(5)缩口;(6)胀形;(5)压印;(6)校形;(7)旋压等。(答出一点给 1 分,答够五点给满分)

56. 答:测量是按照某种规律(1 分),用数据来描述观察到的现象(3 分),即对事物作出量化描述(1 分)。

57. 答:有四个(1 分):(1)被测对象(1 分);(2)计量单位(1 分);(3)测量方法(1 分);(4)测量的准确度(1 分)。

58. 答:将测量结果与设计要求相比较,从而判断其合格性,称为测量检验(5 分)。

59. 答:这类量具不能测量出实际尺寸(1 分),只能测量零件和产品的形状(3 分)及尺寸是否合格(1 分)。

60. 答:按样板使用范围可分为标准样板(2 分)和专用样板(3 分)两大类。

61. 答:(1)用样板检测简单(1 分);(2)检测时不需要专用设备,常用的是塞尺和适当的光源(1 分);(3)样板本身很轻(1 分);(4)检测效率高,能很快地得到检测结果,判断是否合格(2 分)。

62. 答:(1)操作者的疏忽大意(2 分);(2)模具结构上的缺点(1 分);(3)模具安装、搬运等操作不当(1 分);(4)冲压机械及安全装置等发生故障或破损(1 分)。

63. 答:根据实际应用分布情况可将拉深筋分为单筋和多筋两大类(2 分)。根据拉深筋本身断面形状又可分为圆筋、矩形筋、三角形筋、拉深槛等(3 分)。

64. 答:弯曲变形后内圆的纤维切向受压缩短(1 分),外缘的纤维切向受拉而伸长,由内外表面至板料中心(1 分),其缩短和伸长的程度逐渐变小,其间必有一层金属(1 分),它的长度在变形前后保持不变,成为应变中性层(2 分)。

65. 答:材料对外力作用所具有的抵抗能力,称为材料的机械性能(5 分)。

66. 答:冲压设备的选择包括两个方面(1 分):(1)冲压设备类型的选择(2 分);(2)冲压设备规格的选择(2 分)。

67. 答:改变生产对象的形状、尺寸、相对位置和性能等(2 分),使其成为成品或半成品的过程(2 分),称为工艺过程(1 分)。

68. 答:常见工艺规程文件形式有(1)工艺路线卡;(2)工艺过程卡;(3)典型工艺卡;(4)工艺过程综合卡;(5)工艺流程图;(6)工艺守则;(7)工艺规范等。(答出一点给 1 分,答够五点给满分)

69. 答:安全生产法律法规的主要作用有:(1)确保劳动者的合法权益,体现和谐及安全发展(2 分);(2)促进生产和经济的发展(2 分);(3)促进社会稳定(1 分)。

70. 答：冲压加工具有节材(1 分)、节能(1 分)、成本低(1 分)和生产率高(2 分)等优点。

六、综 合 题

1. 解：$P_0=tL\tau_0$(4 分)

$=1\times2\ 500\times400$(4 分)

$=1\ 000$ kN(1 分)

答：理论冲裁力 P_0 为 1 000 kN(1 分)。

2. 解：$L=(40-4-5)+(60-4-5)+\pi/2(R+Xt)$ (4 分)

$=31+51+3.14/2(5+0.38\times4)$ (3 分)

$=92.24$(mm) (2 分)

答：展开长 92.24 mm。 (1 分)

3. 解：$L=a+b+c+\pi(R+Xt)$ (4 分)

$=45+38+45+3.14(6+0.36\times4)$ (3 分)

$=151.36$(mm) (2 分)

答：展开长 151.36 mm。 (1 分)

4. 解：$L=a+b+\pi(R+Xt)$ (4 分)

$=50+50+3.14(25+0.5\times4)$ (3 分)

$=184.78$(mm) (2 分)

答：展开长 184.78 mm。 (1 分)

5. 解：$L=a+b+\pi/2(R+Xt)$ (3 分)

$=120+100+3.14/2(6+0.38\times3)$ (2 分)

$=231.21$(mm) 2 分)

答：毛料展开长为 231.21 mm。 (3 分)

6. 解：$L=a+b+(\pi/4)t$ (3 分)

$=100+80+(3.14/4)\times4$ (2 分)

$=183.14$(mm) (2 分)

答：此工件展开长 183.14 mm。 (3 分)

7. 解：$L=a+b+\pi(R+Xt)$ (5 分)

式中：X——中性层位移系数 (5 分)

8. 缺线如图 1 所示。(视图中每条线 2 分，共 10 分，凡错、漏、多一条线，各扣 2 分。)

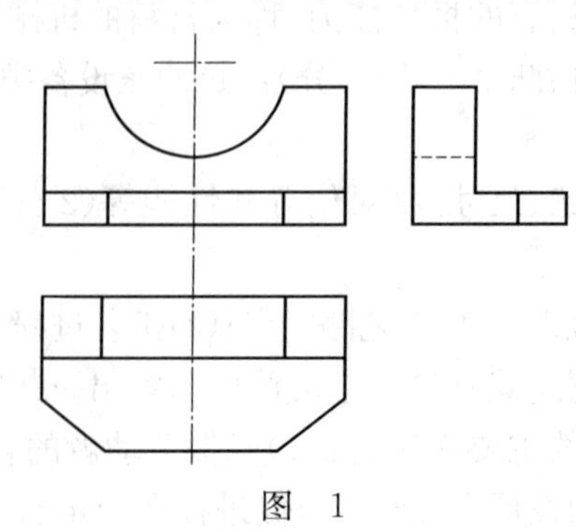

图 1

9. 左视图如图 2 所示。(视图中每条线 1 分,共 10 分,凡错、漏、多一条线,各扣 1 分。)

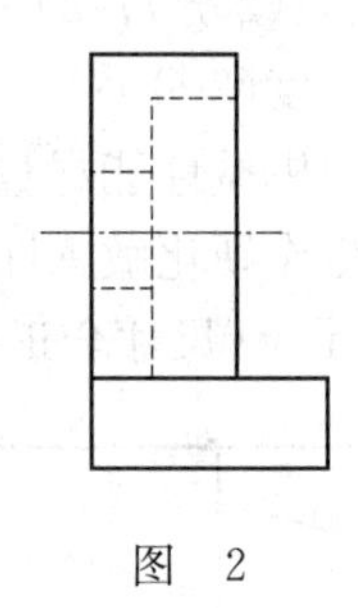

图 2

10. 答:应选择(1)(3 分)。左视图如图 3 所示。(视图中中心线 1 分,粗实线每条 2 分,共 7 分)

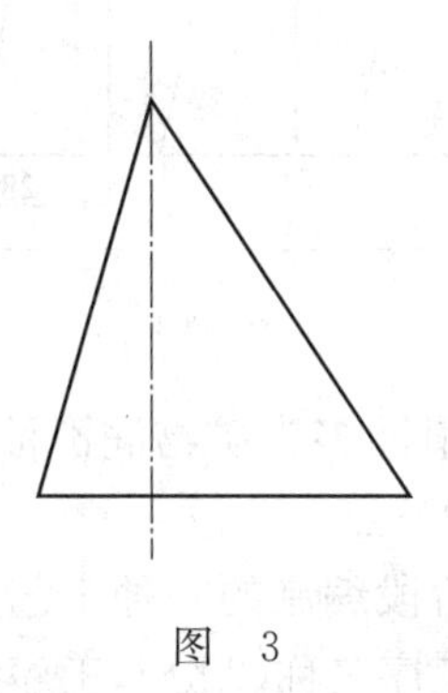

图 3

11. 答:稀油润滑优点是:内摩擦系数小,因而消耗于克服摩擦力的能量较小(3 分);流动性好,易进入摩擦表面的各个润滑点(3 分);采用循环润滑时冷却作用好,并可将黏附在摩擦面上的杂质和研磨产生的金属微粒带走(2 分)。缺点:密封困难,润滑油容易流出,降低润滑性能,并把周围工作环境弄脏(2 分)。

12. 答:冲裁模的间隙在一个适当的范围内都会得到合格的冲裁件(1 分),并能使冲裁力降低(2 分),延长模具寿命(2 分);一般小间隙时不出二次光亮带(2 分),大间隙时不出过大的圆角和较大的毛刺(2 分),这一适当的间隙范围称为冲裁模的合理间隙(1 分)。

13. 答:将模柄安装在滑块的模柄孔中(2 分),并用压块和压紧螺钉把模柄紧固(4 分),此时模具上模板平面应与滑块底面应有良好的接触且平行(4 分)。

14. 答:关闭电源(2 分),松开离合器,用手扳动飞轮,使滑块移动到最下位置(2 分),放松锁紧螺钉和锁紧套(2 分),转动连杆,按冲模的高度和上下模刃接触情况(2 分),调节滑块至适当高度,然后锁紧连杆(2 分)。

15. 答:冲床润滑的主要作用是:(1)减少摩擦面之间的摩擦阻力和金属表面的接触磨损(3 分);(2)保持设备的精度(3 分);(3)延长设备的使用寿命(2 分);(4)对摩擦面有一定的冷却作用(2 分)。

16. 答:压弯和滚弯都属于单向弯曲(1 分),即弯曲时断面上内区受压,外区受拉,中性层不变的应力状态(2 分),拉弯过程是沿着弯曲方向加拉力,外区拉应力加大(2 分),内区出现压应力,但很快减少(2 分),随后开始受拉,最后使拉应力超过屈服点(2 分),使工件保持拉弯形状(1 分)。

17. 答:冷挤压的优越性:(1)提高工效(2 分);(2)节约原料(2 分);(3)提高了工件的机械性能(2 分);(4)提高工件精度和表面光洁度(2 分);(5)可加工形状复杂的工件(2 分)。

18. 答:(1)用于冷挤压的金属材料的机械性能尽量工低(3 分);(2)冷挤压所用金属材料塑性要好(3 分);(3)冷挤压要求材料的冷作硬化敏感性要低(4 分)。

19. 答:能出 12 块(3 分),如图 4 所示。(尺寸全正确 2 分,图形划分正确 5 分)

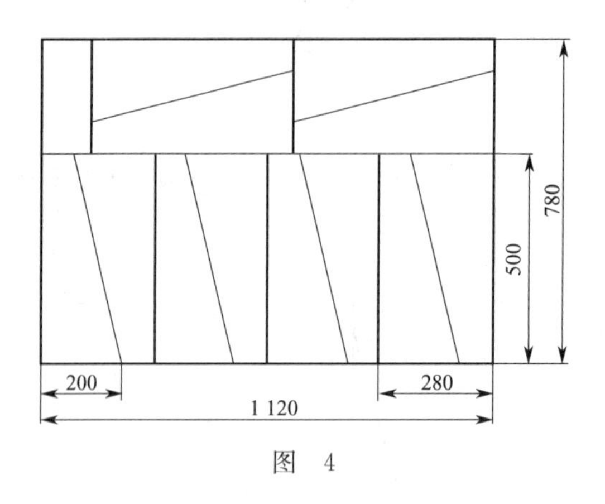

图 4

20. 答:机械制造业中应用的润滑油多为矿物润滑油(4 分)。矿物润滑油具有成本低(2 分)、产量大(2 分)、性能稳定(2 分)的特点。

21. 答:按产品零件的某一工艺阶段编制的一种工艺文件,它以工序为单元,详细说明产品的某一工艺阶段的工序号(2 分),工序名称(2 分),工序内容(2 分),工艺参数(2 分),操作要求以及采用的设备和工艺装备(2 分)。

22. 答:(1)螺栓要尽量靠近工件,以增加夹紧力(3 分);(2)垫块的高度应稍高于工件(3 分);(3)夹紧力大小要适当(2 分);(4)受压部位要坚固,不能有悬空现象(2 分)。

23. 答:由上模和下模组成(2 分):上模部分通过螺钉、销子、固定板、将凸模固定(4 分);下模部分通过螺钉、销子、固定板、将凹模、定位板固定,此外还有卸料装置(4 分)。

24. 答:(1)选择合理的间隙(2 分);(2)保证凸凹模加工精度(2 分);(3)选择弹性变形小的材料(2 分);(4)保证压力机的精度和模具制造精度(2 分);(5)冲裁件尺寸要合理(2 分)。

25. 答:冲裁力是指冲裁过程中的最大剪切抗力(4 分)。计算冲裁力的目的是为了合理的选择压力机(3 分)和设计模具(3 分)。

26. 答:(1)主机部分:上横梁,下横梁,左右立柱,顶出缸,主缸(3 分);(2)辅助部分:泵阀,电器,油箱,管路(3 分);(3)控制台:压力表,操作按钮,操作手柄(4 分)。

27. 答:(1)所用工具、量具容易制造,成本较低,一般工厂可自行生产(3 分);(2)如果所用工具、量具有足够的精度,测量方案合理,可以保证相当高的精度(4 分);(3)对环境条件无特殊要求,适合于车间条件下采用(3 分)。

28. 答:此为机械压力机(2 分)。其中 L 代表拉深的意思。后面为设计代码等(2 分)。1 500表示此压机为 1 500 t 压机(2 分),4 000 为工作台面的长度 4 m(2 分),2 200 为工作台面的宽度 2.2 m(2 分)。

29. 答:此为油压机(2 分)。其中 Y 是液的拼音的第一个字母(2 分)。后面为设计代码等。2 000 表示此压机为 2 000 t 压机(2 分),4 000 为工作台面的长度 4 m(2 分),2 200 为工作台面的宽度 2.2 m(2 分)。

30. 答:(1)卸料装置,作用是将冲刺后卡箍在凸模或者凸凹模上的制件或者废料退掉(3 分),保证下次冲压的正常进行(2 分)。(2)推件及顶件装置,其中装在上模的称为推件(2 分),装在下模的称为顶件,作用都是从凹模中卸下冲件或废料(3 分)。

31. 答:工作零件——凸模、凹模、凸凹模(2 分);

定位零件——挡料销、导正销、定位板、导料板、导料销、侧刃等(2 分);

卸料、推件零件——卸料板、压料板、顶件块、推杆等(2 分);

导向零件——导柱、导套、导板等(2 分);

连接固定零件——上模座、下模座、固定板、垫板、螺钉等(2 分)。

32. 答:(1)凸凹模间隙过大或过小,或不均匀(3 分)。(2)凸凹模刃口不锋利或硬度过低(2 分)。(3)导柱,导套间隙过大,冲床安装精度不高(2 分)。(4)凹模口内有倒锥或凸肚(3 分)。

33. 答:冲压成型加工与其他加工方法相比有以下几个特点:

(1)能冲压出其他加工工艺难以加工或无法加工的形状复杂的工件(2 分);(2)冲压件质量稳定,尺寸精度高(2 分);(3)冲压件具有重量轻、强度高、刚性好和表面光洁度小等特点(2 分);(4)操作简单,便于组织生产(2 分);(5)易于实现机械化和自动化生产(2 分)。

34. 答:按挤压时金属的流动方向(1 分),冷挤压可分为三类:正挤压(3 分)、反挤压(3 分)和复合挤压(3 分)。

35. 答:金属在室温下产生塑性变形的过程中(2 分),使金属的强度指标(如屈服强度、硬度)提高(1 分)、塑性指标(如延伸率)降低(1 分)的现象,称为冷作硬化现象(1 分)。材料的加工硬化程度越大,在拉深类的变形中(2 分),变形抗力越大,这样可以使得变形趋于均匀,从而增加整个工件的允许变形程度(2 分)。如胀形工序,加工硬化现象,使得工件的变形均匀,工件不容易出现胀裂现象(1 分)。

冲压工(中级工)习题

一、填 空 题

1. 当图样上注出总体尺寸后，各位置尺寸和大小尺寸首尾相接。即是(　　)的尺寸链。
2. 通过测量得到的尺寸是(　　)尺寸。
3. 技术要求可以标注在图形上，也可以用简短的(　　)分条注写在图纸下方的空白处。
4. 零件图除主要基准外，还有辅助基准，其辅助基准与主要基准间应有(　　)联系。
5. 划线主要分为平面划线和(　　)划线。
6. 划线首先要选择好划线基准，划线基准应尽量与(　　)一致，便于直接量取划线尺寸，简化换算过程。
7. 焊接图主要表现的是各焊接件的相互位置，焊接形式、焊接要求以及(　　)等。
8. 符号“↙——◺<”4 条，表示(　　)。
9. 符号“↙—‖—”表示(　　)Ⅰ型焊缝。
10. 装配图主视图的方位应符合其(　　)。
11. 装配图应能清楚地反映各零件的相对位置和(　　)关系。
12. 机械图样是按照正投影法绘制的，并采用(　　)画法。
13. 图样中机件要素的线性尺寸与(　　)机件的相应要素的线性尺寸之比叫比例。
14. 最大极限尺寸减其基本尺寸所得的代数差称为(　　)。
15. 允许尺寸的变动量称为(　　)。
16. 基本尺寸相同且相互结合的孔和轴公差带之间的关系称为(　　)。
17. 允许间隙和过盈的变动量称为(　　)。
18. 限制公差带与配合可以减少零件，定值刀具、量具和(　　)的品种规格。
19. 标准公差是用来表示公差值的，即(　　)的大小。
20. 基孔制的孔称为(　　)。
21. 基轴制的代号为(　　)。
22. $\phi 35\frac{H7}{P6}$是基(　　)制。
23. $\phi 45\frac{k7}{h6}$是基(　　)制。
24. 形位公差中同轴度的符号是(　　)。
25. 跳动又可分圆跳动和(　　)两种。
26. 一直线或平面，对另一直线或平面的倾斜程度叫(　　)。
27. 平面对单一投影面有(　　)种位置关系。
28. 基本几何体包括平面体和(　　)。

29. 角度单位的基准是(　　)基准。

30. 零件在加工工艺过程中所用的基准称为(　　)基准。

31. 金属通用分为黑色金属、(　　)和特种金属材料。

32. 45 号钢其数字表示含碳量是(　　)。

33. 普通碳素结构钢 Q235 中的 Q 表示这种材料的(　　)极限。

34. 正火的目的主要是去除材料的内应力和降低材料的(　　)。

35. 一般情况下,金属强度越高,则其塑性越(　　)。

36. 在一定的温度条件下,冲击韧性指标的实际意义在于揭示材料的(　　)倾向。

37. 金属材料在受到小能量多次冲击时,其冲击抗力主要取决于其(　　)。

38. 晶格常数单位为埃,1 埃=(　　)cm。

39. 晶体在不同方向上性能不同,称之为晶体的各向(　　)。

40. 已知一槽钢的长度为 5.5 m,则此槽钢的质量是(　　)kg。(槽钢的单位长度质量为 24 kg/m)

41. 实际生产过程中,对于同一冲裁件,冲裁间隙越大,需要的卸料力(　　)。

42. 液压机按用途可分为手机液压机、锻造液压机和(　　)液压机等。

43. 液压机的工作原理是利用(　　)原理。

44. 设备常用字母和数字表示,液压设备的第一个字母是(　　)。

45. J23-100 型压力机属于(　　)双柱可倾压力机。

46. J23-100 型压力机中的 J 表示(　　)压力机。

47. YH32-315A 型压力机为立式结构四柱液压机,由机身、主油缸、顶出缸通过(　　)动力系统和电气系统连接而成。

48. YH32-315A 型压力机的公称压力为(　　)kN。

49. YH32-315A 型压力机属于(　　)单点切边压力机。

50. 摩擦压力机是一种采用摩擦驱动方式的螺旋压力机,又称为(　　)摩擦压力机。

51. 曲柄压力机是将末级齿轮传递过来的旋转运动,通过(　　)机构转换为滑块沿导轨的往复运动。

52. 采用(　　)副曲柄连杆机构,这种压力机称为四点压力机。

53. 曲柄连杆机构不但能使旋转运动变成往复直线运动,还能起力的(　　)作用。

54. 曲柄压力机的传动系统有齿轮传动和(　　)传动。

55. 离合器与(　　)是用来控制曲柄滑块机构的运动和停止的两个部件。

56. 调整制动器弹簧或更换制动带,可以解决曲轴停止时(　　)位置。

57. 离合器和制动器,两者是(　　)和协调工作的关系。

58. 曲柄压力机上的摩擦离合器,按其工作情况可分为干式和(　　)式两种。

59. 带式制动器基本结构主要由制动带、制动轮和(　　)机构组成。

60. 电磁铁在吸重物全过程中的吸力特性(　　)反力特性才能保证电磁铁可靠的工作。

61. 分水滤气器经常和减压阀、(　　)一起使用,集这三者为一体的元件称为气源三联体。

62. 在冲压过程中,沿一定的轮廓线使材料的一部分与另一部分进行(　　)的加工方法称为冲裁。

63. 在冲压工序中，变形是使毛坯材料产生(　　)变形的冲压工序。

64. 简单冲裁模又称(　　)模。

65. 落料模是(　　)中最常见的一种模具。

66. 冲裁工序用来加工各种形状的零件，如垫圈、挡圈、各种车辆零件。也可用来为变形工序准备(　　)，还可以对拉深件进行切边。

67. 切断模应具有控制冲裁时的(　　)装置。

68. 正确使用冲模，对于冲模的寿命、工作的(　　)、工件的质量等都有很大影响。

69. 冲裁模卸料方式分为刚性卸料和(　　)卸料。

70. 由于受到模具安装空间的限制，模具的弹性卸料力通常都较(　　)。

71. 导柱通常采用的材料是(　　)钢。

72. 冲床在一次行程中，能同时完成落料、冲孔等多个工序的模具，称为(　　)。

73. 根据落料凹模是在模具的下模还是上模，可将复合模分为正装式复合模和(　　)式复合模。

74. 级进模上装有能使工件(　　)的装置，这种装置包括挡料销、导正销、导尺、侧刃和自动送料装置。

75. 级进模中的卸料装置，常用的是(　　)卸料装置。

76. 在工件上有两个直径不同的孔，而且其位置又较近，应先冲(　　)孔。

77. 为了降低冲裁力，并得到平整的工件，冲孔时凸模为(　　)。

78. 冲裁工序对毛坯进行润滑，可以降低材料与模具间的摩擦力，使冲裁力(　　)，卸料力降低，减少凸凹模的磨损，提高模具寿命。

79. 当毛刺过大是因为凸凹模刃口磨损引起时，若发现毛刺在冲孔件的孔边产生过大现象，表明(　　)刃口被磨钝。

80. 采用漏料结构的模具，有时会造成漏料反升现象，这主要是因为间隙过大、刃口直壁段过长或凹模孔有(　　)。

81. 工件在板料、条料或带料上的布置方法称作(　　)。

82. 在冲裁排样中硬材料比软材料的搭边值(　　)。

83. 采用无废料排样进行冲裁，材料利用率最高，容易(　　)模具使用寿命。

84. 在冲压生产过程中，必须做好板材(　　)工作，以满足其产品质量要求。

85. 在吊运过程中为了防止不锈钢和铝合金板材受到划伤，应用使用专用的吊装工具，而不能使用传统的(　　)进行吊运。

86. 不锈钢和铝合金板材在剪切过程中的防护主要是防止(　　)和划伤。

87. 变形分为弹性变形和(　　)变形。

88. 变形工序是使冲压毛坯在不产生破坏的前提下发生(　　)，以获得所要求的形状、尺寸和精度的冲压加工方法。

89. 扁钢的变形有弯曲和(　　)两种。

90. 成型工艺包括的内容较多，仅从变形特点看，这些工序变形性质是(　　)的。

91. 为避免弯曲裂纹，一般弯曲方向与工件(　　)方向不能平行。

92. 根据工序安排不同U型弯曲模分类属于(　　)弯曲模。

93. 拉弯加工适用于长度大，相对(　　)很大的工件。

94. 拉弯模端头应(　　),便于毛料流动和防止划伤零件。

95. 预拉方法还可以减少内边弯曲时受压(　　)的可能性。

96. 弯曲时回弹的主要原因是由于材料(　　)所引起的。

97. 弯曲V型件时,凸、凹模间隙是靠调整设备(　　)来控制的。

98. 弯曲钢材及硬铝时应经热处理(　　)工序。

99. 折弯机按用途分类主要分为:普通折弯机和(　　)折弯机。

100. 折弯机按传动形式分主要为机械传动折弯机和(　　)传动折弯机。

101. 垂直于折弯线产生拉裂大都发生在一些具有明显各向异性的板料或者具有某种(　　)的板料上。

102. 拉深力是指工件拉深时所需加在(　　)上的总压力,它包括材料变形抗力及克服各种阻力所需要的力。

103. 利用模具对板料或坯件施加一定的压力,使其产生(　　),压制成各种形状的开口空心件的方法称为拉深工序。

104. 拉深模合理的凸凹模间隙能减少坯料和(　　)之间的摩擦。

105. 局部起伏成形是使材料局部发生(　　)而形成部分的凹进或凸出,借以改变工件或坯料形状的一种冷冲压方法。

106. 压制带圆形鼓凸(加强窝)的工件时,其成型特点与拉深不同,它主要是靠成型部分本身材料(　　)。

107. 局部起伏成型,其破坏特点主要表现为易被(　　)而破坏。

108. 翻边变形区受力中,最大主应力是(　　)拉应力。

109. 翻边按变形性质可分为伸长类翻边和(　　)类翻边。

110. 压缩类曲面翻边时,毛坯变形区容易在(　　)压应力作用下产生失稳起皱。

111. 根据所用胀形凸模的不同,胀形分为(　　)凸模胀形和软体凸模胀形。

112. 对于表面形状及尺寸精度要求较高的冲压件往往经过最后一道(　　)工序。

113. 将毛坯或工件不平的面或曲度加以压平,使其变平直的方法叫做(　　)。

114. 利用样板可以对生产出的工件进行(　　)测量。

115. 因为安装、使用不当会导致模具损坏,也会因模具而损坏(　　)。

116. 模具用压板夹紧时,为了增加夹紧力,应使螺栓(　　)。

117. 不完全定位是限制工件自由度(　　)的定位。

118. 橡胶冲压,主要用于加工(　　),应用于大型工件的小批量生产。

119. 聚氨脂冲模,适合于冲裁尺寸精密形状复杂的(　　)工件,没有毛刺或毛刺很少,生产稳定可靠,模具寿命长。

120. 拉弯模具安装,模具的顶点应位于拉伸作用筒的(　　)上。

121. 拉弯夹头应符合型材断面形状,并要增大摩擦力以(　　)。

122. 加工条料落料工件时,当条料冲至一半时,应将条料(　　)冲制另一半。

123. 对于拉深模,一般在拉深模(　　)面上进行润滑,能提高工件拉深的变形程度。

124. 用天车吊运模具时,要掌握好模具的(　　),避免偏载。

125. 常见绳索的拉力分为允许拉力和(　　)拉力。

126. 1 tf(吨力)=9.81×(　　)N(牛顿)

127. 1 MPa=(　　)N/cm^2。

128. 1kW・h(千瓦时)=3.6×(　　)J(焦尔)。

129. 在设计冲模时,必须根据所冲工件,计算出所需要的冲裁力,它是选择(　　)和计算卸料力的依据。

130. $P_{压}>P_{总}$ 是模具设计时,选择(　　)的主要条件。

131. 工件上所有的孔,只要在尺寸精度要求允许的情况下,都应在(　　)上先冲出。

132. 采用多工序在不同模具上分散冲压时,应尽可能选择(　　)的定位基准。

133. 模具设计应使模具寿命高而(　　)低。

134. 划线时,为简化换算过程,应先分析图样找出(　　)。

135. 用钻头钻不通孔亦称(　　)孔。

136. 普通螺纹的牙型角度为(　　)。

137. 管螺纹其标记(　　)注在引出线上,引出线应由大径处引出或由对称中心处引出。

138. 螺纹相邻两牙在中径线上对应两点间的轴向距离为(　　)。

139. 套螺纹时,为了使板牙容易对准工件和切入,圆杆小端的直径应(　　)于螺纹小径。

140. 金属材料的机械性能是指金属材料在外力作用下所表现的(　　)能力。

141. 金属及合金材料的(　　)是指在一定焊接工艺条件下获得优秀接头的难易程度。

142. 焊条和焊件之间(　　)产生强烈持久的放电现象称为焊接电弧。

143. 可焊性较差的钢材,有形成裂纹的倾向,焊前应(　　),焊后消除应力热处理。

144. 零件机械加工精度是加工后零件实际几何参数与图纸要求的理想几何参数的(　　)程度。

145. 零件机械加工质量主要包括机械加工精度和(　　)质量。

146. 零件机械加工误差是加工后零件实际几何参数与图纸要求的理想几何参数的(　　)程度。

147. 内卡钳是用测量内径和(　　)等用途。

148. 螺纹量规包括螺纹塞规和螺纹(　　)。

149. 水平仪可用于检验机床或工件的水平位置,也可用来检验机械设备导轨的(　　),机件的相互平行表面的平行度,相互垂直表面的垂直度以及机件上的微小倾角等。

150. 用框式水平仪可以测量构件在垂直平面内的直线度误差和相关件的(　　)度误差。

151. 数显千分尺有齿轮结构和(　　)显示两种。

152. 百分尺的工作原理是从螺母和螺杆的(　　)而来。

153. 量具按用途分为三类,百分表属(　　)。

154. 百分表的刻度盘圆周上刻成(　　)等分。

155. 万能角度尺为(　　)型两种。

156. 万能角度尺的刻线原理即是(　　)原理。

157. 测量误差有:绝对误差和(　　)误差。

158. 电动机的外壳、配电盘的铁板,为了防止设备绝缘损坏时,人体接触发生触电事故,都(　　)接地或接零。

159. 液压系统常见的故障表现形式有(　　)、爬行和油温过高等。

160. 电磁吸盘是一种利用(　　)电磁铁吸附工件的手用工具。

161. 压力机的精度较低时,如滑块导轨与床身的间隙较大,就会导致冲模的上下模同心度降低,从而使冲模(　　)。

162. 设备要进行:当班日检查;班组检查、车间月检查、(　　)和抽查。

163. 冲裁时当坯料过小或手进入危险区时,必须用(　　)上下料。

164. 事故分析三不放过是责任不清不放过、群众没受教育不放过、没有(　　)不放过。

165. 全面质量管理的四大支柱是:质量管理教育、(　　)、PDC 的原理及 QC 小组活动。

166. 标准化是指制定标准、贯彻标准,修定标准的(　　)过程。

167. 国际标准化组织的简称是(　　)。

168. ISO 14000 系列标准按性质可分为:基础标准、基本标准、(　　)标准三类。

169. ISO 14001 是指环境管理体系的(　　)。

170. 我国安全生产方针是(　　)。

二、单项选择题

1. 基本尺寸是(　　)尺寸。
(A)设计给定的　(B)实际测量的　(C)工艺给定的　(D)最大极限尺寸

2. 在零件图的尺寸标注中,要求避免标注成(　　)尺寸链。
(A)半封闭　(B)封闭　(C)敞开　(D)任意

3. 图样上给定的每一个尺寸和形状、位置要求均是独立的,应分别满足要求称为(　　)。
(A)独立原则　(B)相关原则　(C)包容原则　(D)最大实体原则

4. 在满足工作性能要求的前提下,应该选用可焊性较好的材料来制造(　　)结构件。
(A)焊接　(B)胶接　(C)铆接　(D)搭接

5. 对焊接结构件的金属材料,最好采用相等的(　　)。
(A)高度　(B)长度　(C)厚度　(D)宽度

6. 在装配图中,必须对每种零件或零件组进行编号,即为(　　)序号。
(A)部件　(B)明细　(C)局部　(D)零件

7. 图纸幅面为 297 mm×420 mm 是(　　)图。
(A)A2　(B)A0　(C)A3　(D)A4

8. 比例 1∶10^n 中的 n 为(　　)。
(A)小数　(B)负数　(C)零　(D)正整数

9. 允许尺寸变化的两界限值称为(　　)。
(A)偏差　(B)实际尺寸　(C)工艺尺寸　(D)极限尺寸

10. 国标规定公差与配合的有关数值均为标准温度(　　)。
(A)0 ℃　(B)+10 ℃　(C)+20 ℃　(D)+25 ℃

11. 标准公差与公差等级和(　　)有关。
(A)基本尺寸　(B)实际尺寸　(C)极限尺寸　(D)尺寸偏差

12. 标准公差中(　　)公差等级最高。
(A)IT18　(B)IT1　(C)IT01　(D)IT20

13. 配合反映的是基本尺寸(　　)、相互结合的孔和轴公差带之间的关系。
(A)1.5 倍关系　(B)2 倍关系　(C)相同　(D)相差较大

14. $\phi 28\frac{H8}{k7}$是(　　)。

(A)间隙配合　(B)过渡配合　(C)过盈配合　(D)非标配合

15. $\phi 30\frac{H8}{t7}$是(　　)。

(A)过盈配合　(B)过渡配合　(C)间隙配合　(D)非标配合

16. 对于过盈配合,孔的最大极限尺寸减去轴的最小极限尺寸所得的代数差叫(　　)。

(A)最小过盈　(B)最大过盈　(C)过渡配合　(D)间隙配合

17. 形位公差框格的第一格表示的内容是(　　)。

(A)基准代号字母　(B)形位项目符号　(C)形位公差数值　(D)公差带符号

18. 用来确定被测要素的方向或位置的要素称为(　　)。

(A)中心要素　(B)轮廓要素　(C)理想要素　(D)基准要素

19. 一条直线或曲线围绕固定轴线旋转而形成的表面,这条直线或曲线通常称为(　　)。

(A)轴线　(B)边线　(C)素线　(D)母线

20. 正圆锥底圆直径与圆锥高度之比称为(　　)。

(A)比例　(B)锥度　(C)斜度　(D)斜面

21. 垂直于(　　)的平面称为铅垂面。

(A)侧面　(B)正面　(C)顶面　(D)水平面

22. 一个物体可有(　　)基本投影方向。

(A)二个　(B)三个　(C)四个　(D)六个

23. 在剪冲压生产中,棒料多用于(　　)工艺。

(A)拉深　(B)弯曲　(C)冷挤压　(D)成型

24. 大锤、手锤常用(　　)钢制造。

(A)Q235　(B)T8　(C)Cr12MoV　(D)ZG230-450

25. 碳素工具钢含碳量在(　　)范围内。

(A)0.1%～0.5%　(B)0.5%～0.7%　(C)0.7%～1.3%　(D)1.5%以上

26. 合金元素的总含量大于10%的钢称为(　　)。

(A)高合金钢　(B)中合金钢　(C)低合金钢　(D)碳素钢

27. 钢的淬硬性主要受(　　)影响。

(A)含碳量　(B)含锰量　(C)含硫量　(D)含磷量

28. 将金属加热到一定温度,保温足够时间,然后缓慢冷却,这种热处理工艺方式称为(　　)。

(A)正火　(B)退火　(C)回火　(D)淬火

29. 低温回火所得到的组织是回火(　　)。

(A)屈氏体　(B)索氏体　(C)马氏体　(D)贝氏体

30. 用Cr12制作的凸模淬火后需获高硬度必须进行(　　)才能使用。

(A)高温回火　(B)中温回火　(C)低温回火　(D)正火

31. 调质是(　　)的综合热处理工艺。

(A)淬火+低温回火　(B)淬火+中温回火　(C)淬火+空冷　(D)淬火+高温回火

32. 材料在拉断前所能承受的最大(　　),称为抗拉强度或强度极限。

(A)内力　(B)外力　(C)应力　(D)压力

33. HRC是(　　)代号。

(A)洛氏硬度　(B)布氏硬度　(C)维氏硬度　(D)邵氏硬度

34. 模具冲头容易磨损之主要原因是(　　)。

(A)硬度不够　(B)脱料太快　(C)进料太快　(D)间隙太大

35. 金属材料在受到能量很大、冲击次数很少的冲击载荷作用下,其冲击抗力主要取决于(　　)。

(A)强度　(B)冲击值 a_k　(C)塑性　(D)硬度

36. 一般试验规定,钢在经受(　　)次交变载荷作用下不产生断裂的最大应力称为疲劳。

(A)$10^6 \sim 10^7$　(B)$10^6 \sim 10^8$　(C)$10^7 \sim 10^8$　(D)$10^6 \sim 10^{10}$

37. 能够完全地反映晶格特征的(　　)几何单元称为晶胞。

(A)最小　(B)较小　(C)较大　(D)最大

38. 在计算型材的质量时,先查出型材的单位长度的质量,在乘以型材的(　　)。

(A)面积　(B)体积　(C)长度　(D)截面积

39. 从理论上讲,最大冲裁力计算公式 $P_0 = Lt\tau_0$,其中 τ_0 为材料的(　　),L 为冲裁件冲裁周边长,t 为板厚。

(A)抗剪强度　(B)抗拉强度　(C)抗压强度　(D)屈服强度

40. 有必要验算冲裁功的是(　　)冲裁。

(A)薄料　(B)型材　(C)厚料　(D)宽料

41. 薄板弯曲件简单经验展开计算是(　　)。

(A)工件外皮尺寸相加　(B)工件里皮尺寸相加

(C)中性层尺寸相加　(D)直线加圆弧尺寸

42. 在液压机系统中,(　　)决定了压力机压力的大小。

(A)液压泵的压力　(B)液压泵的流量

(C)液压缸的活塞的直径　(D)液压油的总量

43. 反映液压机的主要工作能力,一般用来表示液压机规格的参数是(　　)。

(A)工作液压力　(B)最大回程力　(C)标称压力　(D)最大行程

44. 光电保护装置的保护范围是根据(　　)来调整的。

(A)滑块距离　(B)滑块与下工作台面的高度

(C)上下模闭合高度　(D)设备操作说明书

45. J23-100型压力机属于(　　)的压力机,适用于汽车、货车、电机电器等零部件产品的生产。

(A)专用性　(B)万能性　(C)深拉深　(D)专机性

46. J23-100型压力机的三角带松紧程度的调节是通过改变电动机(　　)而进行调节。

(A)方向　(B)高低　(C)前后　(D)位置

47. 对于J23-100型压力机封闭高度,可用扳手扳动螺杆进行调整,并可借表尺观察(　　)。

(A)高低 (B)位置 (C)调节量 (D)上下

48. 液压螺旋压力机，是一种打击力较大，主要用于(　　)锻造的螺旋压力机。

(A)冲模 (B)热模 (C)橡胶模 (D)塑料模

49. 螺旋压力机是利用螺旋机构来传递运动与(　　)的锻压设备。

(A)动能 (B)势能 (C)能量 (D)热能

50. 双盘摩擦压力机可以用于精压、校正、压印、板料冲压，还可以用于(　　)材料的生产。

(A)保温 (B)耐火 (C)建筑 (D)耐蚀

51. 曲柄压力机，在最末一级齿轮上铸有偏心轴，这种曲柄机构是(　　)。

(A)曲拐轴式 (B)曲轴式 (C)偏心齿轮式 (D)偏心轴式

52. 磨擦面露在空气中的离合器和制动器是(　　)的。

(A)湿式 (B)干式 (C)浮动镶块式 (D)圆锥式

53. 刚性双转键离合器有工作键和(　　)。

(A)辅助键 (B)副键 (C)定位键 (D)连接键

54. 常用于剪切机的制动器为(　　)。

(A)带式制动器 (B)圆盘摩擦式制动器

(C)闸瓦式制动器 (D)胀式制动器

55. 离合器装配时，必须保证两半离合器的(　　)。

(A)平行度 (B)垂直度 (C)同轴度 (D)对称度

56. 交流短行程制动电磁铁的工作方式为(　　)。

(A)推动式 (B)拉动式 (C)旋转式 (D)牵引式

57. 制动电磁铁一般与(　　)配合使用，以达到准确停车的目的。

(A)闸瓦制动器 (B)连锁机构 (C)电磁离合器 (D)储能机构

58. 分水滤气器是为了得到(　　)的压缩空气，所必需的一种基本元件。

(A)有润滑 (B)洁净、干燥 (C)稳定的压力 (D)方向一定

59. 冲压加工与其他加工方法相比，(　　)是其优点。

(A)低效低耗 (B)低效高耗 (C)高效高耗 (D)高效低耗

60. 沿封闭的轮廓线将工件从板材上分离出来的模具是(　　)。

(A)落料模 (B) 冲孔模 (C)切口模 (D)切断模

61. 沿封闭线将废料从工件上分离出来的模具称为(　　)。

(A)落料模 (B)冲孔模 (C)切边模 (D)切断模

62. 采用带状冲压材料，在同一模具上用几个不同的工位同时完成多道冲压工序的冷冲压模具称为(　　)。

(A)级进模 (B)复合模 (C)拉深模 (D)冲裁模

63. 冲裁时聚氨酯橡胶的压缩量不应太大，合理的取值是(　　)。

(A)10%～15% (B)15%～20% (C)20%～30% (D)30%～40%

64. 上模与下模使用导柱导向，原则上导柱固定在(　　)。

(A)下模 (B)上模 (C)凹模 (D)以上均可

65. 在滑块一次行程中，在模具同一位置上能同时完成两道或两道以上冲压工序的模具，

称为(　　)。

(A)复合模　(B)级进模　(C)拉深模　(D)成型模

66. 当采用阶梯冲裁时,尺寸小的凸模应(　　)。

(A)长一些　(B)短一些　(C)与尺寸大的一至　(D)长短尺寸交错

67. 阶梯冲裁时,取(　　)层的冲裁力作为确定压力机吨位的依据。

(A)最大　(B)最小　(C)最下　(D) 最上

68. 斜刃冲裁时,废料的弯曲在一定程度上会影响冲裁件的(　　),这在冲裁厚料时更严重。

(A)强度　(B)平整性　(C)韧性　(D)塑性

69. 斜刃剪切时剪切力大小与(　　)无关。

(A)被剪切材料的厚度　(B)被剪切材料的宽度

(C)被剪切材料的性质　(D)剪刃斜度

70. 在设计薄板冲裁模时,若计算出的冲裁力小于压机的吨位,最好采用(　　)方法冲裁。

(A)平刃口模具冲裁　(B)材料加热冲裁　(C)阶梯凸模冲裁　(D)斜刃口模具冲裁

71. 润滑油最主要、最直接的作用是(　　)。

(A)润滑　(B)冷却　(C)洗涤　(D)密封

72. 级进冲裁排样时,切断工序应该安排在(　　)工位。

(A)最后　(B)中间　(C)第一个　(D)以上均可

73. 为了提高材料的利用率,主要是要减少(　　)。

(A)设计废料　(B)结构废料　(C)工艺废料　(D)试模材料

74. 变形过程中应变有(　　)种可能的形式。

(A)3　(B)4　(C)6　(D)9

75. 变形过程中应力有(　　)种可能的形式。

(A)3　(B)4　(C)6　(D)9

76. 管状件弯曲时易发生变形,当弯曲(　　)以上管形工件时,均需考虑加填充物。

(A)5 mm　(B)10 mm　(C)15 mm　(D)20 mm

77. 拉弯加工是夹紧板料两端,在弯矩作用的同时还加以切向(　　)。

(A)拉力　(B)压力　(C)弯曲力　(D)预应力

78. 工件材料很脆或弯曲半径太小,冷弯时会产生(　　)。

(A)裂纹　(B)成型不好　(C)变薄　(D)角度过大

79. 弯曲件的弯曲半径与材料厚度的比值增大,回弹将(　　)。

(A)增大　(B)减少　(C)不变　(D)或大或小

80. 以 90°冲头进行 V 型折弯,工件的角度会(　　)。

(A)大于 90°　(B)等于 90°　(C)小于 90°　(D)不一定

81. 有凸缘筒形件拉深、其中(　　)对拉深系数影响最大。

(A)凸缘相对直径　(B)相对高度　(C)相对圆角半径　(D)拉深高度

82. 局部起伏成型的极限变形程度主要受材料的(　　)大小影响。

(A)抗拉强度　(B)屈服极限　(C)延伸率　(D)冲击韧性

83. 起伏成型的零件，不仅可以增强其(　　)，而且可做为表面装饰。

(A)硬度　(B)刚性　(C)厚度　(D)容积

84. 翻边是将工件的内孔边或外缘在模具的作用下，制出(　　)的直边的一种成型方式。

(A)有底边的　(B)竖直的或具有一定角度

(C)竖直的　(D)封闭的

85. 孔翻边时边缘不被拉裂所能达到的最大变形程度，称为(　　)系数。

(A)翻边　(B)极限翻边　(C)变形　(D)可控制翻边

86. 利用孔的翻法，可以代替(　　)制出无底的工件。

(A)局部成型　(B)挤压　(C)拉深　(D)冲裁

87. 内孔翻边系数为(　　)。

(A)$m=D/d$　(B)$m=d\times D$　(C)$m=d/D$　(D)$m=d/(D+d)$

88. 圆孔翻边时，采用先钻孔再翻边，可以(　　)。

(A)降低变形程度　(B)提高变形程度　(C)加大毛刺　(D) 增大翻边系数

89. 样板是(　　)量具。

(A)专用　(B)通用　(C)万能　(D)标准

90. 用于复杂工件或批量生产的工件在划线时作为依据的样板是(　　)。

(A)标准样板　(B)校对样板　(C)测量样板　(D)划线样板

91. 用来测量工件表面轮廓形状和尺寸的样板是(　　)。

(A)标准样板　(B)划线样板　(C)测量样板　(D)校对样板

92. 安装冲模前，应将滑块调到上死点，并转动调节螺杆，将连杆调到(　　)长度。

(A)最大　(B)中间　(C)最短　(D)以上都可以

93. 材料断裂噪声主要与(　　)有关。

(A)板料的机械性能　(B)凸模冲裁速度　(C)压力机自身振动　(D)润滑情况

94. 工件在夹具中定位时，所用支承点的数目多于六个，称为(　　)。

(A)完全定位　(B)不完全定位　(C)过定位　(D)多定位

95. 用压板压紧模具时，垫块的高度应(　　)压紧面。

(A)稍低于　(B)稍高于　(C)尽量低　(D)尽量高

96. 橡胶冲压，一般是在(　　)上进行。

(A)曲柄压力机　(B)摩擦压力机　(C)液压机折弯机　(D)校平机校直机

97. 利用橡胶代替凹模(或凸模)进行冲裁的方法叫做(　　)。

(A)级进冲裁　(B)挤后成型　(C)复合冲压　(D)橡胶冲裁

98. 复合模具的(　　)对于薄冲件能达到平整要求。

(A)反装　(B)倒装　(C)正装　(D)任意装

99. 冲孔落料倒装复合模一般有(　　)卸料装置。

(A)1 个　(B)2 个　(C)3 个　(D)4 个

100. 复合模具试模时调节打料装置应在(　　)时进行。

(A)回程开始　(B)回程中间　(C)回程终了　(D)工作中途

101. 多工位级进模适合于冲件尺寸较(　　)的零件。

(A)大　(B)小　(C)高　(D)低

102. 拉深前必不可少的工序是(　　)工序。
(A)酸洗　(B)校平　(C)去毛刺　(D)润滑
103. 拉深过程中必不可少的工序是(　　)工序。
(A)热处理　(B)去毛刺　(C)润滑　(D)校平
104. 吊运模具时,吊运的重量不准(　　)天车的起重量。
(A)小于　(B)超过　(C)等于　(D)小于或等于
105. 用天车吊运模具时,吊运前应先(　　),当确认模具挂牢稳定后,才能正式起吊。
(A)试吊　(B)快速试车　(C)检查天车　(D)请示领导
106. 常用直径为 3/8 in 的棕绳的允许拉力为(　　)。
(A)100 kgf　(B)120 kgf　(C)140 kgf　(D)200 kgf
107. 常用 6 股 19 丝的直径为 3/8 in 的普通钢丝绳的允许拉力为(　　)。
(A)1 000 kgf　(B)1 500 kgf　(C)2 000 kgf　(D)2 500 kgf
108. 常用 6 股 19 丝的直径为 3/4 in 的普通钢丝绳的允许拉力为(　　)。
(A)3 000 kgf　(B)3 500 kgf　(C)3 800 kgf　(D)4 000 kgf
109. 力的基本单位是(　　)。
(A)kgf(千克力)　(B)dyn(达因)
(C)tf(吨力)　(D)N(牛顿)
110. 力 1 N(牛顿)=(　　)dyn(达因)。
(A)10^3　(B)10^4　(C)10^5　(D)10^6
111. 压力的基本单位是(　　)。
(A)Pa　(B)kgf/cm^2　(C) kgf/mm^2　(D)汞柱
112. 1 MP=(　　)kgf/mm^2。
(A)10^2　(B)10^{-1}　(C)10　(D)10^{-2}
113. 功、能的基本单位是(　　)。
(A)erg(尔格)　(B)kW·h　(C)马力小时　(D)J(焦尔)
114. 1J(焦尔)=(　　)erg(尔格)。
(A)1×10^5　(B)1×10^7　(C)1×10^{10}　(D)1×10^8
115. 功率的基本单位是(　　)。
(A)PS(马力)　(B)W(瓦特)　(C)马力小时　(D)J(焦尔)
116. 在选择压力机时,一般只能用冲床公称压力的(　　)。
(A)50%　(B)60%　(C)80%　(D)100%
117. 强化模具表面,可采用(　　)。
(A)高温回火　(B)低温回火
(C)热喷涂　(D)提高表面光洁度
118. 冲裁模刃口形状为直线的,镶块的长度可适当大些,(　　)部分或易损部分应单独分块,尺寸尽量小。
(A)复杂　(B)容易　(C)简单　(D)曲线
119. 冲压模具导柱与下模座的配合一般采用(　　)。
(A)间隙配合　(B)过渡配合　(C)过盈配合　(D)低熔点合金浇铸

120. 设计带有导板和导柱的复合导向模具时，导板和导柱的关系是(　　)。

(A)导板先导入　　(B)导柱先导入

(C)两者同时导入　　(D)不用分先后

121. 当对孔的尺寸和位置的要求较高时，冲孔工序应放在所有的成型工序(　　)进行。

(A)之中　　(B)之后　　(C)之前　　(D)任意环节

122. 对冲压件尺寸精度的要求，允许的厚度变薄等，是确定工艺方案、工序数目和(　　)的重要依据。

(A)方法　　(B)材料　　(C)模具　　(D)顺序

123. 冲压模具形式的选择，主要取决于生产(　　)的大小。

(A)质量　　(B)规模　　(C)精度　　(D)批量

124. 当生产批量较大时，应该尽量用可以(　　)完成几种冲压工序的级进模或复合模，把多工序合并为一道冲压工序。

(A)两次　　(B)一次　　(C)三次　　(D)四次

125. 用划针划线时，针尖要紧靠(　　)的边沿。

(A)工件　　(B)导向工具　　(C)平板　　(D)轴线

126. 若两材料不同的零件拼在一起钻半圆孔，孔中心的样冲眼打在(　　)上。

(A)硬材料　　(B)软材料　　(C)接缝线中心　　(D)接缝线 1/2 处

127. 若只有一个工件需钻半圆孔，则最好采取(　　)的方法钻孔。

(A)使用模具　　(B)选比工件软的材料垫板拼钻

(C)选比工件软的材质垫板拼钻　　(D)选与工件同材质垫板拼钻

128. 管螺纹的牙型角度为(　　)。

(A)30°　　(B)45°　　(C)55°　　(D)60°

129. 当管螺纹是左旋时，需在尺寸规格之后加注(　　)。

(A)L　　(B)R　　(C)LH　　(D)RH

130. 粗牙普通螺纹的代号用牙型符号(　　)及公称直径表示。

(A)L　　(B)M　　(C)G　　(D)S

131. 与外螺纹牙顶或内螺纹牙底相重合的假想圆柱面的直径叫(　　)径。

(A)中　　(B)小　　(C)公称直径　　(D)大

132. 套螺纹时，圆杆直径的计算公式为：$d_{杆}=d-0.13P$，式中 d 指的是(　　)。

(A)螺纹中径　　(B)螺纹小径　　(C)螺纹大径　　(D)螺距

133. 梯型螺纹内螺纹小径 $D_1=$(　　)(d 为螺纹公称直径，P 为螺纹的螺距)。

(A)$d-0.95P$　　(B)$d-1.1P$　　(C)$d-P$　　(D)$d-0.85P$

134. 标准丝锥的前角为(　　)。

(A)5°～6°　　(B)6°～7°　　(C)8°～10°　　(D)12°～16°

135. 攻螺纹前的螺纹孔直径(　　)螺纹的小径。

(A)略小于　　(B)略大于　　(C)等于　　(D)小于

136. 攻螺纹时，丝锥位置达到垂直后，铰杠每扳转(　　)圈，就应将丝锥倒转 1/4 圈，断屑。

(A)1/2～1　　(B)1～2　　(C)2～3　　(D)3～4

137. 对于大中型冲模,当其零件重量超过(   )kg 时,应制出起重孔或起重螺孔。

(A)10　　(B)25　　(C)40　　(D)60

138. 螺纹联接采用弹簧垫圈防松的方式属于(   )防松。

(A)摩擦力　　(B)机械　　(C)冲击　　(D)黏接

139. 韧性代表材料在(   )前在单位体积内所能吸收的能量的大小。

(A)破断　　(B)变形　　(C)弯曲　　(D)扭曲

140. 金属材料的可焊性是通过(   )方法来确定。

(A)估算　　(B)计算　　(C)试验　　(D)比较

141. 低碳调质钢具有高强度和良好的塑性与(   ),可直接在调直状态下焊接。

(A)弹性　　(B)韧性　　(C)硬度　　(D)磁性

142. 奥氏体不锈钢比其他类型不锈钢具有良好的(   )。

(A) 铸造性　　(B)锻造性　　(C)焊接性　　(D)工艺性

143. 为了消除大型结构件的内应力,需在焊后进行(   )处理。

(A)时效　　(B)回火　　(C)正火　　(D)淬火

144. 结构件产生变形都是由于其(   )较差的缘故。

(A)强度　　(B)刚性　　(C)硬度　　(D)塑性

145. 冲裁件应合理的设计工件(   ),以节省材料,提高冲模使用寿命。

(A)大小　　(B)料厚　　(C)形状　　(D)尺寸

146. 切削加工件的精度与工件是否便于装卡以及装卡(   )有关。

(A)方式　　(B)次数　　(C)快慢　　(D)质量

147. 已知有批材料混料,材质分别是 Q235 和 45 钢的,在不损坏产品的前提下,最优检测方法是(   )。

(A)听撞击声音　　(B)检测硬度

(C)取少量粉末化验　　(D)火花鉴别

148. 磨削加工软金属时应选用(   )砂轮。

(A)硬　　(B)软　　(C)紧密　　(D)疏松

149. 砂轮机的托架和砂轮的距离应保持在(   )内。

(A)1 mm　　(B)2 mm　　(C)3 mm　　(D)4 mm

150. 模具刃口尺寸制造超差会使冲裁件(   )。

(A)尺寸精度降低　　(B)尺寸精度变化不大

(C)增大冲裁力　　(D)卸料困难

151. 正确选择测量方法的实质就是正确选择(   )。

(A)测量环境　　(B)测量人员

(C)量具和计量仪器　　(D)测量定位

152. 在量具量仪的选用原则中,计量器具的精度等级必须按(   )选用。

(A)装配要求　　(B)被测件的尺寸公差

(C)被测件的大小　　(D)被测件的形状

153. 正弦规用于检验精密工件和量规的(   )。

(A)角度　　(B)长度　　(C)宽度　　(D)高度

154. 螺纹塞规用于检验(　　)的内螺纹。

(A)普通螺纹　　(B)英制螺纹　　(C)锥管螺纹　　(D)锥螺纹

155. 刻度值 0.02 mm/1 000 mm 的水平仪,当水泡移动一个格时,其水平仪工作面倾斜(　　)。

(A)2″　　(B)4″　　(C)5″　　(D)6″

156. 游标卡尺的单位是(　　)。

(A)mm　　(B)cm　　(C)μm　　(D)dm

157. 游标卡尺的读数分整数和小数两部分,其整数部分在(　　)上读。

(A)直尺　　(B)主尺　　(C)副尺　　(D)米尺

158. 精度为 0.02 mm 的游标卡尺,当游标卡尺读数为 30.42 时,游标上的第(　　)格与主尺刻线对齐。

(A)30　　(B)21　　(C)42　　(D)49

159. 精度为 0.02 mm 的游标卡尺,主尺一小格与副尺上一小格的差为(　　)。

(A)1 mm　　(B)0.02 mm　　(C)0.01 mm　　(D)0.005 mm

160. 百分尺的分度值为(　　)。

(A)0.001 mm　　(B)0.1 mm～0.01 mm

(C)0.1 mm　　(D)0.01 mm

161. 如图 1 所示百分尺的读数为(　　)。

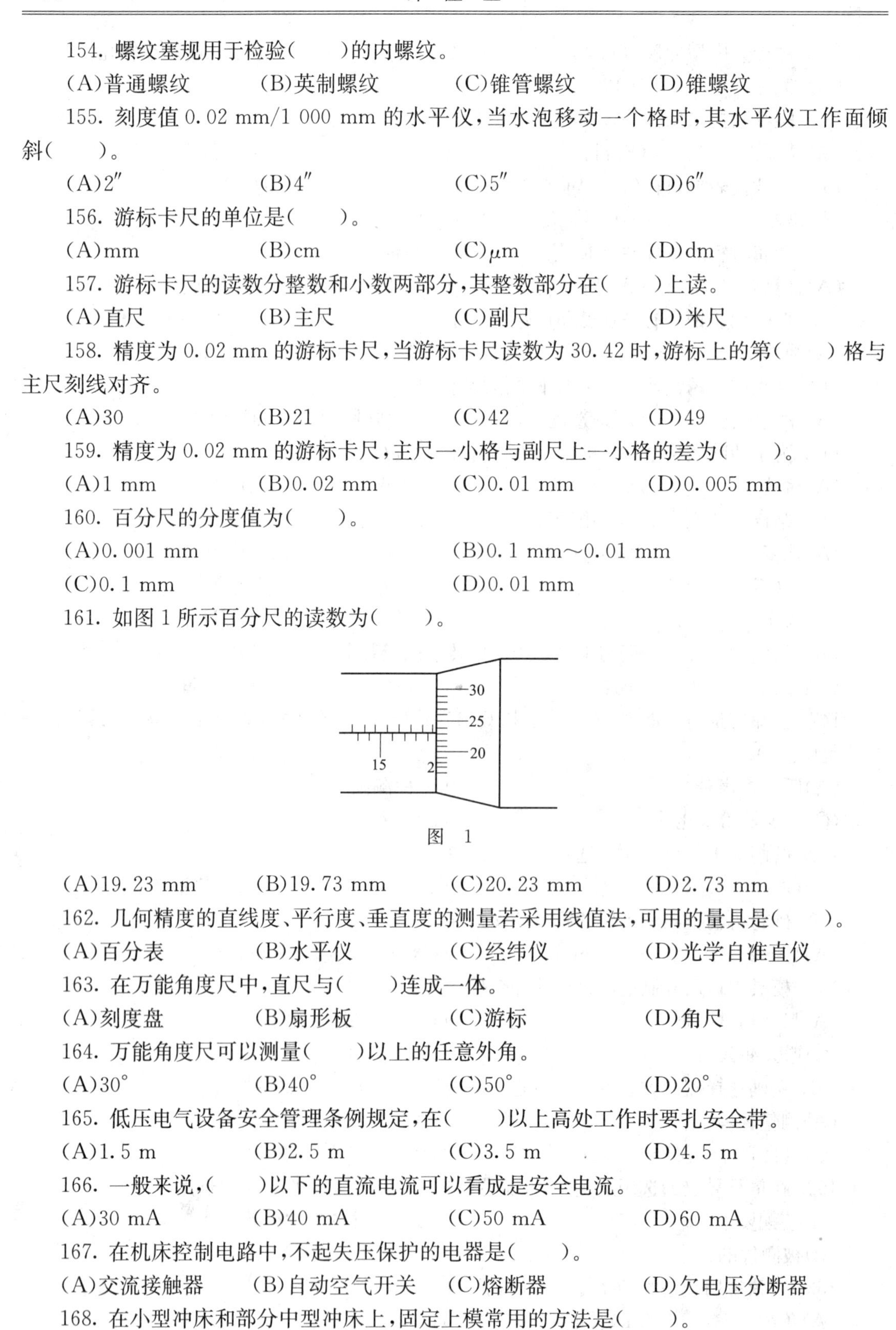

图 1

(A)19.23 mm　　(B)19.73 mm　　(C)20.23 mm　　(D)2.73 mm

162. 几何精度的直线度、平行度、垂直度的测量若采用线值法,可用的量具是(　　)。

(A)百分表　　(B)水平仪　　(C)经纬仪　　(D)光学自准直仪

163. 在万能角度尺中,直尺与(　　)连成一体。

(A)刻度盘　　(B)扇形板　　(C)游标　　(D)角尺

164. 万能角度尺可以测量(　　)以上的任意外角。

(A)30°　　(B)40°　　(C)50°　　(D)20°

165. 低压电气设备安全管理条例规定,在(　　)以上高处工作时要扎安全带。

(A)1.5 m　　(B)2.5 m　　(C)3.5 m　　(D)4.5 m

166. 一般来说,(　　)以下的直流电流可以看成是安全电流。

(A)30 mA　　(B)40 mA　　(C)50 mA　　(D)60 mA

167. 在机床控制电路中,不起失压保护的电器是(　　)。

(A)交流接触器　　(B)自动空气开关　　(C)熔断器　　(D)欠电压分断器

168. 在小型冲床和部分中型冲床上,固定上模常用的方法是(　　)。

(A)用压板、螺栓和螺母紧固上模　(B)用垫块、螺栓和螺母紧固上模
(C)用T型螺栓和螺母紧固上模　(D)用模柄插入冲床滑块孔中固定

169. 选择钢丝绳一定要有的是(　　)。
(A)股数　(B)根数　(C)表面光洁度　(D)安全系数

170. 狭义质量是(　　)。
(A)产品质量　(B)工作质量　(C)质量要求　(D)使用价值

三、多项选择题

1. 尺寸标注三要素是(　　)。
(A)尺寸数字　(B)尺寸线　(C)尺寸箭头　(D)尺寸界线

2. 下面内容属于零件图的技术要求范围的是(　　)。
(A)表面结构　(B)热处理　(C)检验方法　(D)形状公差

3. 几何作图中的尺寸包括(　　)。
(A)定型尺寸　(B)假想尺寸　(C)定位尺寸　(D)以上都是

4. 下面可作为划线工具的有(　　)。
(A)划针　(B)百分表　(C)高度游标卡尺　(D)V型铁

5. 如需在图样中简易的绘制焊缝时，可用(　　)表示。
(A)视图　(B)剖视图　(C)断面图　(D)轴侧图示意

6. 构成焊缝符号标注的基本要素是(　　)。
(A)焊缝尺寸　(B)焊缝基本符号　(C)补充符号　(D)指引线

7. 下面四项中(　　)属于装配图的内容。
(A)技术要求　(B)一组视图　(C)必要尺寸　(D)标题栏

8. 以下属于国标规定的机械制图可用缩小比例的有(　　)。
(A)1∶5.5　(B)1∶5　(C)1∶2　(D)1∶1.5

9. 机械制图是用图样确切表示机械的(　　)。
(A)工作原理　(B)结构形状　(C)尺寸大小　(D)技术要求

10. 下列尺寸公差精度等级关系正确的是(　　)。
(A)IT1 高于 IT2　(B)IT1 高于 IT01
(C)IT1 等于 IT01　(D)IT01 高于 IT1

11. 以下配合中，孔和轴之间可能存在间隙的是(　　)。
(A)过渡配合　(B)过盈配合　(C)间隙配合　(D)以上均可能

12. 国家标准对于配合规定的基准制包括(　　)。
(A)基孔制配合　(B)基线制配合
(C)基轴制配合　(D)基圆制配合

13. 过盈配合中孔的尺寸减去与其配合的轴的尺寸所得的代数值可能是(　　)。
(A)正值　(B)负值　(C)零　(D)正值或零

14. 孔和轴的主要配合形式有(　　)。
(A)过渡配合　(B)非标配合　(C)间隙配合　(D)过盈配合

15. 选择基孔制还是基轴制的依据有(　　)。

(A)工艺可行性　(B)检测可行性　(C)配合要求　(D)经济效益

16. 几何公差的类型主要有(　　)。

(A)形状公差　(B)方向公差　(C)位置公差　(D)跳动公差

17. 零件几何要素按其在形位公差中所处的地位分类包括(　　)。

(A)理想要素　(B)被测要素　(C)主测要素　(D)基准要素

18. 零件几何要素按存在状态包括(　　)。

(A)基准要素　(B)理想要素　(C)中心要素　(D)实际要素

19. 零件几何要素按几何特征分类包括(　　)。

(A)理想要素　(B)轮廓要素　(C)中心要素　(D)实际要素

20. 关于一般位置直线的投影,下列说法错误的是(　　)。

(A)只与一个轴垂直　(B)只与两个轴垂直

(C)与三个轴垂直　(D)与三个轴都不垂直

21. 正投影的投影关系有(　　)。

(A)高相等　(B)长对正　(C)高平齐　(D)宽相等

22. 一个圆在平面上的正投影有可能是一个(　　)。

(A)圆　(B)线段　(C)椭圆　(D)点

23. 下列几何体中(　　)属于平面体。

(A)棱柱　(B)棱锥　(C)圆柱　(D)正方体

24. 工艺基准按用途不同可包括(　　)。

(A)工序基准　(B)定位基准　(C)测量基准　(D)装配基准

25. 属于模具镶块用钢的是(　　)。

(A)Cr12　(B)CrWMn　(C)65 Mn　(D)45

26. 下列属于黑色金属的有(　　)。

(A)铸铁　(B)钨钢　(C)锰钢　(D)铝镁合金

27. 我们钢铁产品可执行的标准包括(　　)。

(A)车间标准　(B)地方标准　(C)行业标准　(D)国家标准

28. 下列关于钢的说法错误的是(　　)。

(A)碳素钢不含有其他合金元素

(B)中碳钢的含碳量为0.6%～1.7%

(C)中碳钢能大量用于制造各种机械零件

(D)钢的主要成份是碳

29. 冷冲压生产常用的材料有(　　)。

(A)黑色金属　(B)有色金属　(C)塑料　(D)非金属材料

30. 下列关于奥氏体不锈钢06Cr19Ni10说法正确的是(　　)。

(A)含碳约0.6%　(B)含碳约0.06%

(C)含铬约19%　(D)含铬约1.9%

31. 有色金属是指除(　　)以外的所有金属及其合金。

(A)铁　(B)铝　(C)锰　(D)铬

32. 关于ZG230-450,下列说法正确的是(　　)。

(A)抗拉强度为 230 MPa　　(B)屈服强度为 230 MPa
(C)抗拉强度为 450 MPa　　(D)屈服强度为 450 MPa

33. 淬火的目的是使钢得到(　　)组织，从而提高钢的硬度和耐磨性。
(A)奥氏体　(B)贝氏体　(C)屈氏体　(D)马氏体

34. 淬火处理容易出现的问题有(　　)。
(A)产生裂纹　(B)硬度过高　(C)表面有腐蚀　(D)出现软点

35. 模具材料热处理的常用工序有(　　)。
(A)正火　(B)退火　(C)调质　(D)渗碳

36. 影响金属材料塑性的主要因素有(　　)。
(A)材料的化学成分　(B)组织结构　(C)环境温度　(D)机械性能

37. 对毛坯进行软化热处理的目的主要是(　　)。
(A)提高塑性　(B)清除内应力　(C)降低硬度　(D)改变组织结构

38. 下列热处理工艺方法中(　　)可以降低材料的硬度。
(A)淬火　(B)退火　(C)回火　(D)正火

39. 下列物质中属于晶体的有(　　)。
(A)冰　(B)黄金　(C)玻璃　(D)水晶

40. 关于物体质量，下列说法正确的是(　　)。
(A)在国际单位制中，质量的单位是 g(克)
(B)物体的质量是其体积和密度的乘积
(C)通过位置的转换，物体的质量可以改变
(D)质量不等同于重量

41. 液压机与机械压力机相比有(　　)的特点。
(A)压力与速度可以无级调节　　(B)能在行程的任意位置发挥全压
(C)运动速度快，生产率高　　(D)比曲柄压力机简单灵活

42. 液压机的技术参数由(　　)来确定的。
(A)工作能力　(B)工艺用途　(C)结构类型　(D)自身质量

43. 光电保护装置的优点有(　　)。
(A)操作人员无障碍感　　(B)无约束感
(C)使用寿命长　　(D)生产效率低

44. 冲压安全技术措施的具体内容很多，下列说法正确的是(　　)。
(A)改进冲压作业方式
(B)改进工艺、模具，设置模具和设备的防护装置
(C)在模具上设置机械进出料机构，实现机械化和自动化
(D)增加工作时间

45. 下列设备型号属于机械压力机的有(　　)。
(A)J23-100　(B)Y32-100　(C)J32-200　(D)QC12A

46. YH32-315A 型压力机中可用于(　　)等压制成型工艺。
(A)翻边　(B)弯曲　(C)拉伸　(D)挤压

47. 液压系统组成部分一般包括(　　)。

(A)动力部分　(B)执行部分　(C)控制部分　(D)辅助装置

48. 由电动直接驱动的电动螺旋压力机具有(　　)的特点。

(A)结构紧凑　(B)维护简便　(C)能耗高　(D)效率高

49. 曲柄压力机分为曲轴压力机和偏心压力机,其中偏心压力机具有(　　)的特点。

(A)压力在全行程中均衡　(B)闭合高度可调

(C)行程可调　(D)有过载保护

50. 下列关于曲柄压力机描述正确的是(　　)。

(A)终端位置能够准确确定　(B)离下死点越远,所产生的压力越小

(C)不能调节压力　(D)能够保压

51. 关于电磁离合器,下列说法正确的有(　　)。

(A)电磁离合器有干式的,也有湿式的

(B)电磁离合器和电磁铁原理是一样的

(C)电磁离合器的工作方式只有通电结合一种

(D)电磁离合器的组装维护很困难

52. 带传动中带的类型有(　　)。

(A)V 型带　(B)平形带　(C)特殊带　(D)同步齿形带

53. 气源三联体通常包括(　　)。

(A)储风缸　(B)分水滤气器　(C)减压阀　(D)油雾器

54. 冲压加工的特点有(　　)。

(A)节材　(B)节能　(C)成本低　(D)生产效率高

55. 冲压加工中所使用的毛坯有(　　)。

(A)钢锭　(B)型材　(C)板材　(D)板材制品

56. 冲压加工的主要发展方向是(　　)。

(A)不断提高冲压产品的质量和精度

(B)大力推广冲压加工机械化和自动化,并保证操作安全

(C)努力提高冲模生产制造技术,力求降低冲压件成本

(D)提高冲压加工文明程度和安全卫生管理水平

57. 剪切加工是冲压加工的一种,它不属于(　　)工序。

(A)弯曲　(B)拉深　(C)变形　(D)分离

58. 根据工序组合的不同,冷冲模可分为:单工序模及(　　)。

(A)冲裁模　(B)级进模　(C)拉深模　(D)复合模

59. 下列模具属于冷冲模的是(　　)。

(A)冲裁模　(B)弯曲模　(C)锻模　(D)拉深模

60. 由于冲裁变形的特点,冲裁断面一般都具有(　　)。

(A)圆角带　(B)光亮带　(C)断裂带　(D)毛刺带

61. 选用适当的冲裁模,一般应考虑(　　)。

(A)模具的使用寿命　(B)冲压件的材质

(C)冲压件的产量　(D)冲裁模具的相当成本

62. 下列对刚性卸料装置描述正确的是(　　)。

(A)适用于质量要求较高的冲裁件或薄板冲裁
(B)适用于厚板冲裁
(C)卸料力较大,不可调节
(D)平直度要求不很高的冲裁件

63. 以下对弹性卸料装置描述正确的是(　　)。
(A)卸料力很大　(B)卸料平稳　(C)冲件质量较高　(D)卸料力小

64. 弹性卸料板可具备的功能有(　　)。
(A)压料　(B)卸料　(C)顶料　(D)导料

65. 下列关于卸料装置说法正确的是(　　)。
(A)使用刚性卸料装置操作比较安全
(B)设备打料一般都属于刚性卸料装置
(C)弹性卸料装置卸料力可以调节
(D)弹性卸料装置结构容易受模具结构的影响

66. 以下可用作弹性卸料介质的有(　　)。
(A)橡胶　(B)弹簧　(C)尼龙板　(D)聚氨脂板

67. 聚氨酯橡胶的用途有(　　)。
(A)减振　(B)传递压力　(C)顶料　(D)作为工作型面

68. 复合模的特点有(　　)。
(A)结构紧凑　(B)生产率高　(C)工件精度高　(D)装配要求低

69. 使用级进模的特点有(　　)。
(A)适用于大批量小型工件的生产　(B)常加工精度要求极高的零件
(C)易于自动化　(D)生产率比单工序模高

70. 级进模在送料时,侧刃的作用是(　　)。
(A)导正　(B)定位　(C)定距　(D)弯曲

71. 斜刃冲裁与平刃冲裁相比,优点有(　　)。
(A)模具制造简单　(B)冲裁力小
(C)冲件外形复杂　(D)噪声小

72. 下列可以减小冲裁力的措施有(　　)。
(A)阶梯冲裁　(B)斜刃冲裁　(C)加热冲裁　(D)更换冲床

73. 斜刃冲裁的特点有(　　)。
(A)刃口修磨简单　(B)降低噪声
(C)减小冲裁力　(D)提高工件塑性

74. 在冲裁过程中,有时发现废料或工件回升可能与(　　)有关。
(A)凹模刃口工作部分过长　(B)刃口成反锥度
(C)润滑太多　(D)凸凹模刃口锋利

75. 以下属于冲裁件缺陷的是(　　)。
(A)断面毛刺过大　(B)冲裁件断面粗糙
(C)冲裁件翘曲、扭曲　(D)尺寸精度超差

76. 减小冲裁件中毛刺过大的措施有(　　)。

(A)调整凸凹模刃口间隙　　(B)修磨凸凹模刃口

(C)使用合适的润滑油　　(D)增加冲裁力

77. 冲裁模凸凹模间隙大,会出现的情况有(　　)。

(A)冲裁力大　(B)冲裁力小　(C)模具磨损大　(D)模具磨损小

78. 确定冲裁间隙主要考虑的因素有(　　)。

(A)工件尺寸精度　　(B)工件断面质量

(C)模具寿命　　(D)工件尺寸

79. 选择合理的冲裁排样可以(　　)。

(A)提高材料的利用率　　(B)提高工件质量

(C)降低生产成本　　(D)提高生产率

80. 按有无废料产生分类,排样的方式包括(　　)。

(A)废料排样　(B)有废料排样　(C)少废料排样　(D)无废料排样

81. 按排样形式分类,下列属于合理冲裁排样方法的是(　　)。

(A)直排　(B)斜排　(C)交叉排　(D)混合排

82. 排样时零件之间以及零件与条料之间留下的余料叫搭边,它主要用于补偿定位误差,保证零件尺寸精度;以下与搭边值大小有关的因素是(　　)。

(A)材料的机械性能　　(B)冲裁速度

(C)材料厚度　　(D)冲裁件外形

83. 冲裁搭边的作用有(　　)。

(A)补偿定位误差和剪板误差

(B)增加材料利用率

(C)增加条料刚度,方便条料送进,提高劳动生产率

(D)避免冲裁时条料边缘的毛刺被拉入模具间隙

84. 冲裁过程中要想减少工艺废料,可以采取的措施有(　　)。

(A)设计合理的排样方案　　(B)选择合理的板料规格

(C)使用合理的裁板方式　　(D)选择合理的工序顺序

85. 冲压板材在贮存、吊运及加工过程中容易产生(　　)现象,应根据不同的情况制定相应措施来预防。

(A)锈蚀　(B)油污　(C)腐蚀　(D)划伤

86. 材料在发生塑性变形后,会(　　)。

(A)增加强度　(B)增加刚度　(C)使组织变软　(D)有残余应力存在

87. 在冲压工艺中,属于变形基本工序的是(　　)。

(A)弯曲　(B)拉深　(C)翻边　(D)落料

88. 下列属于变形工序的是(　　)。

(A)旋压　(B)胀形　(C)落料　(D)弯曲

89. 弯曲工序可以以(　　)为原料进行加工。

(A)板材　(B)棒材　(C)管材　(D)型材

90. 弯曲件的中性层位置和(　　)有关。

(A)材料种类　(B)弯曲半径　(C)材料长度　(D)材料厚度

91. 板材压弯时,其最小弯曲半径与(　　)有关。

(A)材料表面质量　　(B)弯曲角大小

(C)弯曲线方向　　(D)压弯力大小

92. 回弹是弯曲加工时需要考虑的主要问题之一,以下能减小弯曲时回弹的措施是(　　)。

(A)提高弯曲加工速度

(B)改进零件结构,如在弯曲部位加筋

(C)采用校正弯曲代替自由弯曲

(D)增大弯曲成型力

93. 下列是利用回弹现象的有(　　)。

(A)橡胶卸料　　(B)弹簧称称重物　　(C)板料滚圆　　(D)板材拉深

94. 弯曲件质量问题主要有回弹及(　　)等。其中以回弹问题最常见。

(A)裂纹　　(B)翘曲　　(C)尺寸偏移　　(D)孔偏移

95. 弯曲件出现外表面压痕现象及料厚弯薄可能与(　　)有关。

(A)模具间隙过小　　(B)凹模圆角半径太小

(C)弯曲件半径小　　(D)凹模表面粗糙

96. 拉深时,要求拉深件的材料应具有(　　)。

(A)小的板厚方向性系数　　(B)低的屈强比

(C)良好塑性　　(D)高的屈强比

97. 拉深筋的作用是增大或调节拉深时坯料各部分的变形阻力,控制材料流入,提高稳定性,增大工件的刚度,避免(　　)。

(A)变薄　　(B)起皱　　(C)破裂　　(D)拉伤

98. 在拉深模中,凸模、凹模之间有一定间隙 Z,关于其值与毛坯厚度 t 关系,下列说法错误的是(　　)。

(A)Z 略大于或等于 t　　(B)Z 略小于或等于 t

(C)Z 远大于 t　　(D)Z 远小于 t

99. 解决常见的覆盖件拉深变形起皱的办法是(　　)。

(A)减少压边力　　(B)减少工艺补充材料

(C)设置拉深筋　　(D)增加工艺补充材料

100. 拉深过程中的辅助工序有(　　)。

(A)中间退火　　(B)润滑　　(C)酸洗　　(D)淬火

101. 在不变薄拉深中,毛坯与拉深工件之间遵循的原则有(　　)。

(A)面积相等原则　　(B)形状相似原则

(C)质量相等原则　　(D)体积相等原则

102. 在成型过程中,容易引起零件表面有痕迹和划痕的原因有(　　)。

(A)镶块接缝太小　　(B)工艺补充不足

(C)毛坯表面有划伤　　(D)压料面的光洁度不够

103. 根据工件边缘的性质和应力状态不同,翻边包括(　　)。

(A)压缩翻边　　(B)孔翻边　　(C)胀形翻边　　(D)外缘翻边

104. 以下工序不属于伸长类变形的是(　　)。
(A)内孔翻边　(B)缩口　(C)胀形　(D)弯曲内侧变形
105. 属于胀形工艺特点的有(　　)。
(A)塑性变形区仅局限于一个固定的变形范围内
(B)一般情况下,变形区的工件不会产生失衡或起皱
(C)材料塑性越好,延伸率越大,则胀形的极限变形程度越大
(D)材料处于双向压应力状态
106. 在压力机上安装与调整模具,是一件很重要的工作,它将直接影响到(　　)。
(A)工件质量　(B)生产安全　(C)检测结果　(D)设备电源
107. 在冲裁过程中以下可以降低噪声的方法有(　　)。
(A)斜刃冲裁　(B)增加冲裁力
(C)降低材料刚度　(D)增加压料力
108. 橡胶模的特点有(　　)。
(A)制造方便　(B)结构简单　(C)成本低　(D)适合厚料冲压
109. 工件通过拉弯成型可以(　　)。
(A)减小回弹　(B)防皱折　(C)提高刚度　(D)防止工件变薄
110. 复合模按凸凹模安装的位置分类包括(　　)。
(A)横向复合模　(B)正装式复合模
(C)纵向复合模　(D)倒装式复合模
111. 与倒装复合模相比,正装复合模的特点是(　　)。
(A)凸凹模在上模　(B)除料、除件装置的数量为三套
(C)可冲工件的孔边距较大　(D)工件的平整性较好
112. 级进模在送料时,侧刃的作用是(　　)。
(A)导正　(B)定位　(C)定距　(D)弯曲
113. 由于级进模的生产效率高,便于操作,但轮廓尺寸大,制造复杂,成本高,所以一般适用于(　　)冲压件的生产。
(A)大批量　(B)小批量　(C)大型　(D)中小型
114. 冲裁级进模的特点有(　　)。
(A)结构复杂　(B)节省模具材料
(C)生产效率高　(D)模具外形大
115. 拉深过程中会产生一些变形特点,以下属于拉深变形特点的是(　　)。
(A)起皱　(B)拉裂
(C)厚度与硬度的变化　(D)毛刺
116. 在冲压作业过程中使用润滑剂对模具及坯料特定部位润滑的目的是(　　)。
(A)延长模具使用寿命　(B)提高工件质量
(C)减少摩擦面的阻力和磨损　(D)降低设备消耗
117. 拉深过程中应该润滑的部位是(　　)。
(A)压料板与坯料的接触面　(B)凹模与坯料的接触面
(C)凸模与坯料的接触面　(D)凸模与凹模的接触面

118. 在冲压中小型工件时,以下可以用作取料和放料工具的有(　　)。
(A)弹性夹钳　(B)钩子　(C)真空吸盘　(D)电磁吸盘
119. 下列属于力的单位的是(　　)。
(A)W(瓦)　(B)dyn(达因)　(C)N(牛顿)　(D)kg(千克)
120. 可以表示压力单位的有(　　)。
(A)Pa　(B)kgf/cm^3　(C)kgf/cm^2　(D)汞柱
121. 模具镶块采用分块拼接的目的是(　　)。
(A)便于锻造及热处理　(B)便于切削加工
(C)节省费用　(D)便于维修更换
122. 凸模设计的三原则是(　　)。
(A)易于更换　(B)精确定位　(C)防止拔出　(D)防止转动
123. 上下模导向的基本方式有(　　)。
(A)导柱　(B)导板　(C)导块　(D)箱式背靠块
124. 冲裁模的台阶式凸模安装部分(固定部分)与凸模固定板的孔的配合可以采用(　　)。
(A)H7/m6　(B)H7/n6　(C)H7/a6　(D)H7/r6
125. 对冲压件尺寸精度的要求,允许的厚度变薄等,是确定(　　)的重要依据。
(A)工作方法　(B)工艺方案　(C)工序数目　(D)工序顺序
126. 确定冲压件的最佳工艺方案内容包括(　　)。
(A)冲压性质　(B)冲压次数和冲压顺序
(C)冲压工序的组合方式　(D)其他辅助工序
127. 模具维护的目的有(　　)。
(A)提高生产效率　(B)降低设备功率
(C)保证产品质量　(D)减少管理成本
128. 划线的作用有(　　)。
(A)计算加工成本　(B)确定加工位置
(C)确定加工余量　(D)通过借料方法实现"补料"
129. 与麻花钻相比,群钻具有的优点有(　　)。
(A)高生产率　(B)高精度　(C)适应性较窄　(D)使用寿命长
130. 钻削小孔时钻头在半封闭状态下工作,切削液很难输入切削区,因而(　　)。
(A)切削温度高　(B)磨损较快
(C)钻头使用寿命短　(D)孔径尺寸稳定性好
131. 钻小孔的操作技能要求是(　　)。
(A)选择高转速钻床　(B)刃磨麻花钻模作导向钻孔
(C)用中心孔或钻模作导向钻孔　(D)注意退槽排屑
132. 下列螺纹中,不属于传动螺纹的是(　　)。
(A)梯形螺纹　(B)管螺纹　(C)粗牙普通螺纹　(D)细牙普通螺纹
133. 下列属于按牙型分类的螺纹是(　　)。
(A)锯齿型螺纹　(B)三角型螺纹　(C)梯型螺纹　(D)管螺纹

134. 螺纹的完整标记除了有螺纹代号，还应包括(　　)。
(A)长度代号　(B)公差代号　(C)旋合长度代号　(D)螺距代号
135. 下列工具中，用于手工攻螺纹的工具有(　　)。
(A)平锉　(B)铰杠　(C)保险夹头　(D)丝锥
136. 下列工具中，用于手工套螺纹的工具有(　　)。
(A)平锉　(B)板牙　(C)板牙架　(D)丝锥
137. 螺纹联接的基本类型有(　　)。
(A)螺栓联接　(B)螺钉联接
(C)双头螺柱联接　(D)紧定螺钉联接
138. 螺纹联接的防松按工作原理分主要有(　　)。
(A)振动防松　(B)机械防松　(C)永久止动　(D)摩擦防松
139. 以下属于金属材料机械性能的是(　　)。
(A)硬度　(B)强度　(C)塑性　(D)韧性
140. 金属的工艺性能按工艺方法不同可分为成型性能、可锻性及(　　)。
(A)铸造性能　(B)可焊性　(C)可切削加工性　(D)耐蚀性
141. 金属焊接方法很多，主要的三大类焊接为(　　)。
(A)气焊　(B)熔焊　(C)压焊　(D)钎焊
142. 中碳钢的焊接性能较差，焊接接头的(　　)均较低。
(A)塑性　(B)韧性　(C)硬度　(D)强度
143. 冲裁件应合理的设计工件形状，主要是(　　)。
(A)减少设备消耗　(B)节省材料
(C)提高冲模使用寿命　(D)减小冲裁力
144. 零件几何参数主要是指加工后零件表面的(　　)。
(A)实际尺寸　(B)误差　(C)形状　(D)位置
145. 下面关于使用砂轮的方法中，说法错误的是(　　)。
(A)使用砂轮必须佩戴护目镜或其他面部防护用品
(B)操作时，砂轮和被打磨的材料接触面越大越好
(C)操作时砂轮防护罩不允许拆除
(D)由于打磨时易受热，操作过程中可适当加水冷却
146. 下列量具中可以直接测量长度的有(　　)。
(A)卡钳　(B)钢尺　(C)塞尺　(D)游标卡尺
147. 下列关于水平仪说法正确的是(　　)。
(A)水平仪里的气泡随着温度的升高变长
(B)水平仪里的气泡随着温度的升高变短
(C)水平仪中的气泡向哪边移动，说明哪边高
(D)水平仪中的气泡向哪边移动，说明哪边低
148. 矫正时可能用到的检测工具有(　　)。
(A)直尺　(B)百分表　(C)塞尺　(D)游标卡尺
149. 关于百分尺上(触感)棘轮的作用，下列说法错误的是(　　)。

(A)按一定数值调整表　　(B)限制测量力

(C)标正百分尺　　(D)补偿热膨胀

150. 按规格分下列属于百分尺的测量范围的有(　　)。

(A)0～25 mm　　(B)0～50 mm　　(C)25 mm～50 mm　　(D)75 mm～100 mm

151. 角度的单位有(　　)。

(A)度　　(B)分　　(C)秒　　(D)毫秒

152. 根据测量结果的方式不同,测量包括(　　)。

(A)间接测量　　(B)接触测量　　(C)估算测量　　(D)直接测量

153. 我国规定的安全电压额定值的等级有 6 V、12 V 及(　　)。

(A)36 V　　(B)42 V　　(C)48 V　　(D)24 V

154. 电路设备起火,不能用(　　)灭火。

(A)干粉灭火器　　(B)泡沫灭火器　　(C)水　　(D)酸碱灭火器

155."润滑"五定是定人、定点及(　　)。

(A)定期　　(B)定质　　(C)定机　　(D)定量

156. 以下属于压力机上润滑作用的有(　　)。

(A)减小摩擦面间的阻力　　(B)减小金属表面之间的磨损

(C)冲洗摩擦面间固体杂质　　(D)使压力机均匀受热

157. 冲床曲轴轴承发热的处理方式有(　　)。

(A)添加润滑油　　(B)重磨轴颈　　(C)刮研铜瓦　　(D)添加冷却系统

158. 冲压工常用工具包括(　　)的工具。

(A)紧固模具　　(B)调整冲床　　(C)取料和放料　　(D)检测

159. 冲压小型件时,可用于取料和放料的工具有(　　)。

(A)扳手　　(B)真空吸盘　　(C)手锤　　(D)弹性钳子

160. 以下属于冲压工常用夹具的是(　　)。

(A)压板　　(B)六角螺栓　　(C)电磁吸盘　　(D)垫块

四、判 断 题

1. 选择尺寸基准,可以不考虑零件在机器中的位置功用,应按便于测量而定。(　　)

2. 图样上的尺寸要标注得符合国家标准的规定。(　　)

3. 零件图的技术要求标注要明确、清楚;文字要简明、确切。(　　)

4. 在剖视图中,齿根线用细实线表示。(　　)

5. 对划线的基本要求是线条清晰匀称,尺寸准确。(　　)

6. 划线基准是以两个互相垂直的平面为基准。(　　)

7. 焊接图可以将焊缝部位放大表示,并标注有关的尺寸。(　　)

8. 符号 5 表示角焊缝焊脚尺寸为 5 mm。(　　)

9. 装配图中当零件厚度小于 2 mm 时,可以用涂黑代替剖面线。(　　)

10. 在同一幅图中,同类图线的宽度应基本一致,图线的颜色深浅应基本一致。(　　)

11. 靠近零线的那个偏差称为标准公差。(　　)

12. 对基本尺寸相同的零件,可按其公差大小来评定其尺寸精度的高低。(　　)

13. 标准公差共分为IT1-IT18共18级。(　　)

14. 在生产中，公差带的数量过多，既不利于标准化应用，也不利于生产。因此对所选用的公差带与配合作了必要的限制。(　　)

15. 具有间隙(包括最小间隙等于零)的配合叫过渡配合。(　　)

16. 允许间隙和过盈的变动量称为配合公差。(　　)

17. 标准规定的基轴制是上偏差为零。(　　)

18. "⌖"是形位公差位置度的符号。(　　)

19. 当直线A平行于投影面，它的投影长度等于A的真实长度，这种性质称为收缩性。(　　)

20. 平面曲线在视图中是否反映实长，由该曲线所在的位置决定。(　　)

21. 平面垂直于投影面，其投影积聚成一点。(　　)

22. 主视图为自后方投影所得到的图形。(　　)

23. 构成零件几何特征的点、线、面称为基准。(　　)

24. 作为基准的点、线、面都应该是具体存在的。(　　)

25. 碳素工具钢多用于制造各种加工工具(刀具、模具)及量具，含碳量一般在0.65%～1.35%。(　　)

26. 高碳钢是含碳量大于2.11%的铁碳合金。(　　)

27. ZG 310-570比ZG 200-400的强度极限和屈服极限高而塑性和冲击韧性低。(　　)

28. 一些特种钢材可以通过淬火获得铁磁性、耐蚀性等特殊的物理、化学性能。(　　)

29. 金属材料在抵抗冲击载荷作用下而不破坏的性能称为强度。(　　)

30. 在外力作用下，金属材料在断裂前发生塑性变形的能力称为塑性。(　　)

31. 常用的硬度指标有布氏硬度和洛氏硬度等。(　　)

32. 晶体有一定的熔点，而非晶体没有固定的熔点。(　　)

33. 质量的基本单位是千克，金属材料质量的计算公式为面积乘以密度。(　　)

34. 使用弹性卸料装置时，卸料力的大小对冲裁时的冲压力大小没有影响。(　　)

35. 卸料力的大小是理论冲裁力大小乘以一个卸料系数所得的值。(　　)

36. 冲裁过程中，冲裁力曲线所包围的面积称为冲裁功，它是选择机械压力机的重要参数之一。(　　)

37. 为了确定弯曲前毛坯的形状和大小，需要计算弯曲件的展开尺寸。(　　)

38. 液压机是利用油液作为介质来传递能量的，水则不行。(　　)

39. 液压机在工作过程中压力大小与行程无关。(　　)

40. 光电安全装置属于压力机安全启动装置之一。(　　)

41. J23-100型压力机可从前方和左右两侧送料。机身倾斜后，冲压件或废料可借其自重沿斜面滑下。(　　)

42. J23-100型压力机滑块一般都是在机身导轨内滑动。(　　)

43. J23-100型压力机的平衡器的主要目的是平衡曲轴重量，增强机床运转平稳性。(　　)

44. 螺旋压力机无固定的下死点,对较大的模锻件,可以多次打击成型。(　　)

45. 螺旋传动机构中,丝杠的磨损通常比螺母磨损迅速。(　　)

46. 螺旋压力机主要是依靠飞轮等旋转部分的能量完成工作。(　　)

47. 双盘摩擦压力机滑块只能停在下死点,没有中间位置,没有寸动。(　　)

48. 摩擦螺旋压力机,通常称为双盘摩擦压力机,它是一种通用锻压设备。(　　)

49. 曲柄压力机上飞轮的作用是将电动机空程运转时的能量吸收储存起来,在冲压时释放出来,起到储存和释放能量的作用。(　　)

50. 离合器的作用是实现工作机构与传动系统的接合与分离;制动器的作用是在离合器断开时使滑块迅速停止在所需要的位置上。(　　)

51. 冲压设备制动器的作用是在离合器断开时使滑块迅速停止在所需要的位置上。(　　)

52. 偏心轮带式制动器的周期性是靠制动轮对曲柄支承中心的偏心来实现的。(　　)

53. 曲柄压力机上采用的离合器有刚性离合器和摩擦式离合器。(　　)

54. 曲柄压力机都采用摩擦式离合器。(　　)

55. 浮动镶块式摩擦离合器一制动器结构比较简单,但不容易更换摩擦块。(　　)

56. 离合器的装配相求是接合、分离动作灵敏,能传递足够的转矩,工作平稳。(　　)

57. 额定电压相同的交流电、直流电电磁铁可以互相交换使用。(　　)

58. 分水滤气器的入口必须连接正确,否则不能形成调整旋转气流,将杂质分离出来。(　　)

59. 冲压加工因其独特的优点,它在航空、汽车、电机、电器、精密仪器仪表等工业生产中占有重要地位。(　　)

60. 在进行冲裁模刃口尺寸计算时,落料首先确定凸模尺寸。(　　)

61. 在冲裁模的加工下,能得到形状复杂,强度高而质量小的零件。(　　)

62. 卸料装置的作用是将冲裁后卡箍在凸模上或凸凹模上的工件或废料卸掉,保证下次冲压正常进行。(　　)

63. 刚性卸料装置是靠卸料板与工件(或废料)的硬性碰撞来实现卸料的。(　　)

64. 冷冲模的刚性卸料装置一般装在凹模上,弹性卸料装置一定装在上模。(　　)

65. 聚胺脂弹性元件不可作为冷冲压模的卸料,缓冲零件。(　　)

66. 利用聚氨酯作凸模,凹模或凸凹模的模具称聚氨酯冲模。(　　)

67. 聚氨酯橡胶冲裁最适宜在液压机和摩擦压力机上进行。(　　)

68. 无导向简单模的特点是结构简单,质量较小尺寸较小,制造容易,成本低廉。(　　)

69. 凡是有凸凹模的模具就是复合模。(　　)

70. 复合模中凸凹模刃口的断面形状与工件完全一致。(　　)

71. 复合模的冲压精度比级进模低。(　　)

72. 阶梯冲裁主要用于有多个凸模而其位置又较对称的模具上。(　　)

73. 斜刃冲裁刃口倾斜程度越大,冲裁力越大。(　　)

74. 冲裁时落料的工件不平是凹模刃口平面不平。(　　)

75. 冲裁不锈钢板时,用的润滑油与拉深不锈钢板时用的润滑油相同。(　　)

76. 冲裁模刃部磨损,会使冲裁件扭曲增大。(　　)

77. 在冲裁中，只要凸、凹模间隙取值得当，冲压件就可以不产生毛刺。（　　）

78. 增大凸、凹模间隙可以增大冲裁件断面光亮带的范围，减小断裂带面积。（　　）

79. 工件外形越复杂、圆角半径越小，则冲裁搭边值越大。（　　）

80. 为了提高材料利用率，可以充分利用结构废料生产小件。（　　）

81. 不锈钢材料及其配件在落地放置时可以采用木方或木块垫起，也可以用碳钢垫放。（　　）

82. 落料和弯曲都属于分离工序，而拉深、翻边属于变形工序。（　　）

83. 冲裁件在冲裁过程中也发生了塑性变形，因此可以认为冲裁也属于变形工序。（　　）

84. 成型工序多数是在冲裁、弯曲、拉深、冷挤压之后进行。（　　）

85. 对于弯曲件，金属的塑性低，则不会产生裂纹。（　　）

86. 管状件在弯曲中和板料弯曲一样，其外壁受拉应力，内壁受压应力。（　　）

87. 用模具弯曲工件时，凸凹模工作部分尺寸是决定所弯工件精度的重要因素之一。（　　）

88. 弯曲模具工作部分可以用硬质合金制造。（　　）

89. 拉弯同弯曲一样不能减少回弹。（　　）

90. 拉弯模具只需要一个凸模就能成型。（　　）

91. 拉弯是将坯料放在专用拉弯机的胎模上进行的。（　　）

92. 材料的塑性越好，其最小弯曲半径越小。（　　）

93. V 型折弯模具，折弯半径越小，回弹量越小。（　　）

94. 常用的拉深方法，拉深坯料面积与成型后的面积不相等。（　　）

95. 拉深凸模上开通气孔的目的是为了减轻模具的重量。（　　）

96. 宽凸缘拉深在第一次拉深时，首先拉深成工件要求的凸缘直径，而在以后各次拉深中凸缘直径保持不变。（　　）

97. 反拉深是将首次拉深以后的半成品，再放在凹模上进行拉深。（　　）

98. 反拉深引起的材料硬化程度要比正拉深要高。（　　）

99. 翻边只有内孔翻边。（　　）

100. 内孔翻边中，如果变形程度较大可以选用先拉深后冲底孔再翻边。（　　）

101. 在相同的翻边系数下，材料越薄翻边时越不容易破裂。（　　）

102. 压缩类翻边可以分为压缩类平面翻边和压缩类曲面翻边。（　　）

103. 胀形时，工件的变形区内的材料处于两向受压的应力状态。（　　）

104. 由于胀形时坯料处于双向受拉的应力状态，所以变形区的材料不会产生破裂。（　　）

105. 矫正已加工过的平面薄钢板件或有色金属工件，应用木锤、铜锤、橡胶锤。（　　）

106. 一般的冲裁模具安装于冲床上时，是先固定下模再固定上模。（　　）

107. 冲压生产中的噪声主要是由压力机工作时产生的，其中以冲裁时噪声最强。（　　）

108. 噪声的高低和机床的转速高低有关。（　　）

109. 使用活扳手紧固螺钉或螺母时，只要回转空间允许，固定钳口和活动钳口都可以用来承受主要作用力。（　　）

110. 拉弯有一次拉弯和两次拉弯方法。(　　)

111. 复合模的落料凹模装在上模上为正装式复合模。(　　)

112. 导正销多用于级进模具中。(　　)

113. 多工位级进模的特点有高效率、高精度、高寿命的特点。(　　)

114. 拉深件底部基本保持原来形状,而侧壁发生了很大变化。(　　)

115. 拉深凹模的圆角半径工作表面不光滑,不会造成拉深件侧壁的划伤。(　　)

116. 拉深时为了减小材料流动的阻力,有利于提高极限变形程度,因此,常常在凸模与毛坯的接触面上加润滑油。(　　)

117. 在生产大型工件时,允许使用多台天车同时作业进行上下料。(　　)

118. 捆缚有尖锐棱角的模具时,必须用衬垫加以保护,以防止损坏钢丝绳或棕绳。(　　)

119. 常用 6 股 19 丝的直径为 1/2 in 的普通钢丝绳的允许拉力为 1 100 kgf。(　　)

120. 1 Pa 的含义是 1 mm^2 承受的 1 N 的力。(　　)

121. 一额定功率为 300 kW 的设备满负荷运行 2 h,理论上它将消耗 600 度电。(　　)

122. 曲柄压力机的公称压力是指滑块离下死点前某一特定距离或曲柄旋转到离下死点前某一特定角度时的压力。(　　)

123. 液压机的公称压力是指活动横梁离开工作台某一特定距离所能达到的压力。(　　)

124. 模具凸、凹镶块拼合面一般放在同一位置,便于组装。(　　)

125. 模具上导柱、导套的配合一般采用过盈配合。(　　)

126. 当冲压件需要数道冲压工序加工时,必须解决操作中的定位问题,这是保证冲压件尺寸精度的基本条件。(　　)

127. 在设计冲压工艺过程时,应该考虑到所定冲压工艺方案与模具结构之间的关系。(　　)

128. 简单形状的划线称为平面划线,复杂形状的划线称为立体划线。(　　)

129. 大型工件划线时,如果没有长的钢直尺,可用拉线代替,没有大的直角尺则可用线坠代替。(　　)

130. 划线时,都应从划线基准开始。(　　)

131. 钻小孔时,为了增加钻头的强度,防止钻头折断,故钻孔时转速要低一些。(　　)

132. 一般对于直径大于 5 mm 的钻头应磨横刃。(　　)

133. 螺纹按使用场合和功能不同,可以分为紧固螺纹、管螺纹、传动螺纹和专用螺纹等。(　　)

134. 顺时针旋转时旋入的螺纹,称为左旋螺纹。(　　)

135. M12 以下的丝锥切削用量多采用锥形分配,一套丝锥中每支丝锥的大径、中径、小径都相等,只是切削部分的锥角和切削长度不等。(　　)

136. 刃磨丝锥要常用水冷却,避免丝锥刃口温度过高。(　　)

137. 有规定预紧力的螺纹联接必须用专门的方法来保证准确的预紧力。(　　)

138. 螺纹装配中,通过控制螺母拧紧时旋转的角度来控制预紧力的方法称为控制力矩法。(　　)

139. 黑色金属的机械性能与含碳量有很大关系，含碳量越高塑性越好。(　　)

140. 金属材料在板平面内各方向机械性能不同称为各向异性。(　　)

141. 提高金属的表面光洁度可以提高其疲劳强度。(　　)

142. 提高表面光洁度，可以增加零件的耐腐蚀性。(　　)

143. 碳钢一般均能锻造，低碳钢可锻性最好，中碳钢次之，高碳钢则较差。(　　)

144. 20钢优质碳素结构钢，含碳量低而塑性好，可焊性也好可用来制作螺钉、螺母、垫圈等零件。(　　)

145. 不同金属的可焊性有很大差异，不能通过改变工艺条件加以调节。(　　)

146. 焊接低合金高强度钢时，最容易出现的裂纹是热裂纹。(　　)

147. 焊接结构的重要特点之一是它的整体性。(　　)

148. 焊接接头应保证具有足够的强度和刚度，保证一定的使用寿命。(　　)

149. 弯曲件形状应尽量对称，以免冲压时受力不均、错位而影响预定尺寸。(　　)

150. 切削加工对零件结构工艺性的要求是加工时便于进刀和退刀。(　　)

151. R_a、R_y、R_z 都是表面结构的高度评定参数代号。(　　)

152. 如砂轮机在使用时有明显的跳动，应及时停机进行维修。(　　)

153. 冲裁模刃口磨损，只是降低了冲裁件的平直度，在断面上不会产生很大的毛刺。(　　)

154. 接触测量是指测量时，量具或仪器的触端直接与被测工件表面接触。(　　)

155. 水平仪的气泡是随着温度升高而变长，随着温度的降低而变短的。(　　)

156. 水平仪可以检查直线度。(　　)

157. 常用水平仪检验构件表面的水平度。如果气泡居中，说明该构件表面处于水平位置；气泡偏左，说明左边低；气泡偏右，说明右边低。(　　)

158. 使用水平仪时，要保证水平仪工作面和工件表面的清洁，以防止脏物影响测量的准确性。(　　)

159. 游标卡尺是中等精度的检测量具。(　　)

160. 高度游标卡尺不但能测量工件高度，还可以进行划线。(　　)

161. 游标卡尺主、副尺刻线的相差是随着副尺格数增多而减小。(　　)

162. 百分尺能测量毛坯件。(　　)

163. 深度百分尺是特种百分尺的一种。(　　)

164. 螺纹千分尺只能测量低精度的螺纹。(　　)

165. 使用百分尺测量工件时，测量力的大小完全任凭经验控制。(　　)

166. 百分尺固定后可当卡规用来测量工件通止。(　　)

167. 百分尺是利用螺纹原理制成的一种量具。(　　)

168. 检测时只需将被测量面擦试干净即可。(　　)

169. 万能角度尺可以测量小于40°的内角。(　　)

170. 影响测量结果还有环境因素。(　　)

171. 温度对测量有影响。(　　)

172. 局部照明使用的手提灯的电压常用24 V。(　　)

173. 48 V电压常用于机床灯。(　　)

174. 长期永久性用电设备不准拉临时线,要按规程配线。(　　)

175. 电动机在起动时,发出嗡嗡声,这是由于电动机缺相,运转至电流最大而引起的,应立即切断电源。(　　)

176. 曲柄压力机的润滑分为集中润滑和分散润滑两种。(　　)

177. 每日操作机器前,应检查润滑系统。(　　)

178. 冲压件检测工具的选用与检测要求必须按工艺规程执行。(　　)

179. 冲压小型工件时,严禁用手直接伸入上、下模间,而必须用工具。(　　)

180. 机床导轨是机床各运动部件做相对运动的导向面,是保证刀具和工件相对运动精度的关键。(　　)

181. 为了提高冲压作业的安全性,必须提供必要的安全防护措施,对操作实行保护。(　　)

182. 模具的标准化,在于降低其维修及制造费用。(　　)

五、简 答 题

1. 什么是零件图?

2. 选择零件视图应注意哪些原则?

3. 绘制不穿通的螺孔时应采用什么画法?

4. 公差带选用的原则是什么?

5. 尺寸基准可分为哪几种?

6. 互换性应具备什么条件?

7. 什么是公差原则?

8. 什么是形位公差的要素?

9. 什么是投影面垂直线?

10. 在碳素钢中,碳的含量对钢有哪些影响?

11. 什么叫屈强比?请写出其关系式。

12. 有一块钢板,材质为Q235,尺寸为5×300×1 000(单位 mm),请计算此钢板的质量。(已知材料的密度为ρ=7.85 g/cm^3)

13. 有一块橡胶尺寸为10×80×1 000(单位 mm),计算此材料的质量。(已知材料的密度为1.2 g/cm^3)

14. 在材料为05号的钢板上用平刃冲裁法,要冲一个直径为20 mm的圆孔,板料厚度为3 mm,求理论冲裁力和实际冲裁力是多大?(材料抗剪强度=200 N/mm^2)

15. 冲裁件形状为矩形,长为200 mm,宽为150 mm,厚度为2 mm,请计算该产品实际冲裁力大小。(材料的抗剪强度τ_0=248 MPa)

16. 计算如图2所示的冲裁力的大小,计算精度保留小数点1位。(材料的抗剪强度τ_0=248 MPa)

17. 已知材料为15钢,实际冲裁力为409 448 N,求卸料力是多少?(卸料力系数取0.04)

18. 冲裁件形状为矩形,长为100 mm,宽为300 mm,厚度为2 mm,请计算冲裁该产品卸料力$P_{卸}$的大小。(材料的抗剪强度τ_0=248 MPa、卸料力系数取$K_{卸}$=0.04)

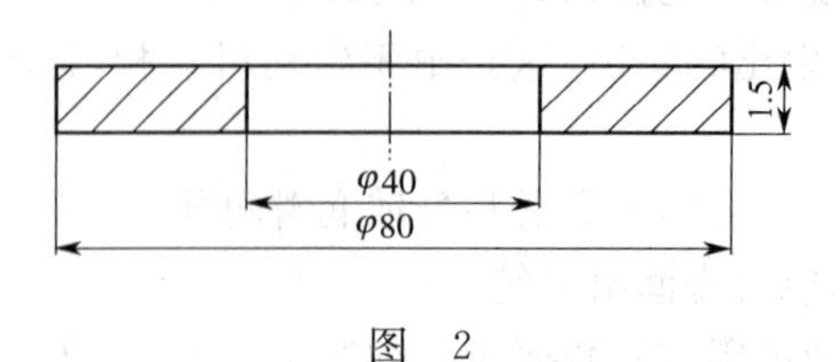

图 2

19. 在一张 t=10 mm 厚的钢板上冲孔，实际需要的冲裁力为 300 000 N，计算冲孔时的冲裁功是多少？（冲裁功系数取 0.63）

20. 在一张 t=12 mm 的钢板上要冲直径为 65 mm 的孔，计算冲孔时的冲裁功是多少？（冲裁功系数 m 取 0.63，抗拉强度 σ_b=470 MPa）

21. 有一圆环，外圆半径为 R=20 mm，内圆半径为 r=10 mm，求此环形面积。

22. 有一半球形物体，半径 R=50 mm，求零件球面所在的面积是多少？

23. 有一扇形图，半径为 10 mm，圆心角为 135°，求此扇形面积。

24. 有一半球面形零件，半球面半径 R=12 mm，求零件体积是多少？

25. 压力机安全起动装置的作用？

26. 简述螺旋压力机分为哪几类。

27. 简述曲柄压力机有哪些机构。

28. 曲柄压力机按连杆数目可分为哪几种？

29. 气动控制的优点是什么？

30. 摩擦离合器和制动器的注意事项是什么？

31. 曲柄压力机上采用的制动器有哪几种？

32. 冷冲压的优点有哪些？

33. 冲裁模按工序性质分有哪些类型？

34. 简述冲模使用刚卸料装置的优点和缺点。

35. 什么是聚氨酯，它有什么特点？

36. 模具采用导柱，导向的优点有哪些？

37. 级进模的定距方式有哪几种？

38. 试写出斜刃剪切力计算公式。

39. 冲裁过程中发生啃模的原因有哪些？

40. 试说出最少五种变形工序。

41. 弯曲方法主要有哪几种？

42. 为什么弯曲件形状应对称？

43. 根据常见弯曲工件形状弯曲模可分为几类？

44. 拉弯的基本原理是什么？

45. 为什么拉弯要采取先预拉的方法？

46. 叙述材料的机械性能对最小弯曲半径的影响。

47. 叙述材料的热处理状态对最小弯曲半径的影响。

48. 减少回弹的措施有哪些?。

49. 弯曲件的圆角半径过大对弯曲件的影响?。

50. 弯曲件的弯边长度为什么不易过小?
51. 叙述弯曲时翘曲产生的原因。
52. 叙述弯曲时剖面畸变现象产生的原因。
53. 叙述工件弯曲角的大小对质量的影响。
54. 什么是不变薄拉深?
55. 影响极限翻孔系数的主要因素有哪四点?
56. 简答模具校正常用的模具有哪几种。
57. 拉深模中压边圈的作用是什么?
58. 解释什么是导套。
59. 螺纹联接的优点是什么?
60. 什么是金属材料的机械性能,主要有哪几种指标?
61. 焊接电流的大小对焊缝质量的影响是什么?
62. 冲裁模刃口出现圆角的原因,如何解决?
63. 刻度值为 0.02 mm/1 000 mm 的水平仪,长度为 200 mm,水平仪测量面的两端在 200 mm 上的高度差是多少?
64. 百分尺主要由哪几部分组成的?
65. 简答百分表的工作原理是什么。
66. 百分表装夹注意事项是什么?
67. 冲床曲轴流出的润滑油中有青铜末是什么原因,怎样处理?
68. 按夹具的通用特性分类夹具可分为几类?
69. 简述什么是夹具。
70. 冲床为什么要采用双手按钮方式操作?

六、综 合 题

1. 简答通过装配图能使我们了解什么内容?
2. 画如图 3 所示全图中缺线。

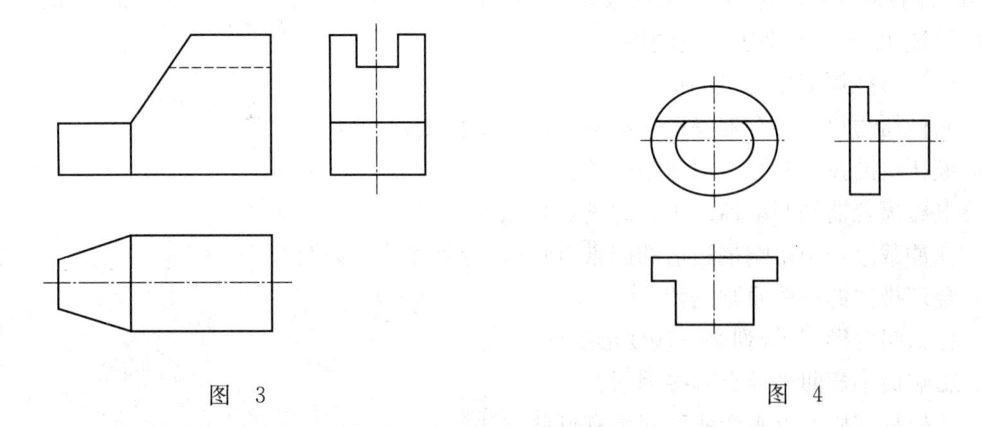

图 3　　　　图 4

3. 补画如图 4 所示组合几何体的俯视图。
4. 补画如图 5 所示组合体主视图的表面交线。

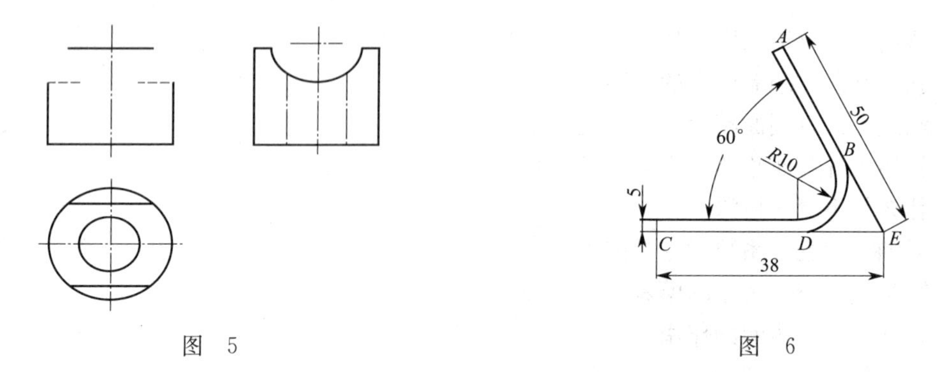

图 5　　图 6

5. 用抗剪强度和抗拉强度分别写出计算理论和实际平刃冲裁力的公式。

6. 计算如图 6 所示工件的毛料展开长度。(已知中性层位移系数 $X=0.38$，$\cot 30^\circ=1.732$)

7. 有一 U 型弯曲件如图 7 所示，两直边均为 100 mm，弯曲半径 $R=50$ mm，材料厚度 $t=4$ mm，计算展开长度是多少？(系数取 $X=0.5$)

8. 有一槽形弯曲工件如图 8 所示，两直边各长 100 mm，横边长 120 mm，两弯曲角半径 $R=10$ mm，件厚 2.5 mm，求此件展开长度是多少？(系数取 $X=0.42$)

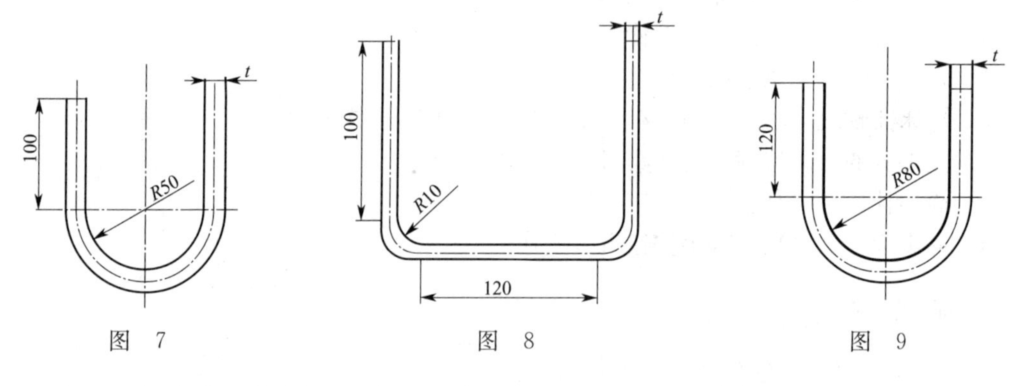

图 7　　图 8　　图 9

9. 有一 U 型弯曲工件如图 9 所示，两直边均为 120 mm，弯曲半径 $R=80$ mm，材料厚度 $t=4$ mm，计算展开长度是多少？(系数取 X=0.5)

10. 简述 J23－100 型压力机的用途。

11. 简述摩擦螺旋压力机的构造。

12. 曲柄压力机的离合器易产生故障的原因是什么，如何排除故障？

13. 液压机的技术参数一般包括哪些？

14. 电磁离合器和制动器的工作原理是什么？

15. 在冲裁过程中影响搭边值的因素有哪些，分别作简要说明？

16. 合理排样的一般原则是什么？

17. 什么叫变形工序，列举一些变形工序。

18. 影响最小弯曲半径有哪些因素？

19. 从模具结构上克服弯曲件回弹有哪些方法？

20. 叙述弯曲件端面鼓起或不平产生的原因。

21. 什么叫翻边，翻边如何分类？

22. 什么叫胀形,常见的胀形方式有哪几种?
23. 校平工艺的特点是什么?
24. 模具在使用前的准备工作有哪些?
25. 拉弯与压弯、滚弯有什么不同?
26. 拉深变形可划分为哪五个区域?
27. 起重钢丝绳的特点是什么?
28. 模具导向装置的一般要求是什么?
29. 选择模具结构时的注意事项有哪些?
30. 测量方法有哪些?
31. 叙述 1/20 mm 游标卡尺的读数原理。
32. 叙述百分尺的读数原理?
33. 曲柄压力机的电气装置易产生故障的原因有有哪些,如何排除?
34. 润滑在压力机使用过程中的作用是什么?
35. 冲压加工极易造成事故的四种危险是什么?

冲压工(中级工)答案

一、填 空 题

1. 封闭	2. 实际	3. 文字	4. 尺寸
5. 立体	6. 设计基准	7. 焊接尺寸	8. 相同角焊缝 4 条
9. 双面	10. 工作位置	11. 装配	12. 第一角
13. 实际	14. 上偏差	15. 公差	16. 配合
17. 配合公差	18. 工艺装备	19. 公差带	20. 基准孔
21. h	22. 孔	23. 轴	24. ◎
25. 全跳动	26. 斜度	27. 三	28. 回转体
29. 自然	30. 工艺	31. 有色金属	32. 0.45%
33. 屈服	34. 硬度	35. 低	36. 变脆
37. 硬度	38. 10^{-8}	39. 异性	40. 132
41. 越小	42. 冲压	43. 帕斯卡	44. Y
45. 开式	46. 机械	47. 液压	48. 3 150
49. 闭式	50. 双盘	51. 曲柄连杆	52. 四
53. 放大	54. 皮带	55. 制动器	56. 超过上死点
57. 密切配合	58. 湿式	59. 动力杠杆	60. 大于
61. 油雾器	62. 分离	63. 塑性	64. 单工序
65. 冲裁模	66. 坯料	67. 侧向推力	68. 安全性
69. 弹性	70. 小	71. 20	72. 复合模
73. 倒装	74. 定位	75. 弹性	76. 大
77. 斜刃	78. 降低	79. 凹模	80. 反锥度
81. 排样	82. 小	83. 降低	84. 防护
85. 钢丝绳	86. 油污	87. 塑性	88. 塑性变形
89. 扭曲	90. 各不相同	91. 纤维	92. 简单
93. 弯曲半径	94. 倒成圆角	95. 失稳	96. 弹性变形
97. 闭合高度	98. 退火	99. 专用	100. 液压
101. 缺陷	102. 凸模	103. 塑性变形	104. 凹模
105. 拉深	106. 变薄	107. 拉裂	108. 切向
109. 压缩	110. 切向	111. 刚性	112. 整形
113. 校平	114. 比较	115. 设备	116. 靠近模具
117. 少于六点	118. 薄板料	119. 软薄料	120. 轴线
121. 防滑	122. 调转过来	123. 凹模	124. 重心

125. 破断	126. 10^3	127. 100	128. 10^6
129. 压力机	130. 曲柄压力机	131. 平面坯料	132. 相同
133. 制造成本	134. 设计基准	135. 盲	136. 60°
137. 一律	138. 螺距	139. 小	140. 抵抗
141. 可焊性	142. 气体	143. 预热	144. 符合
145. 表面	146. 偏离	147. 凹槽	148. 环规
149. 直线度	150. 水平	151. 数码管	152. 相对运动
153. 万能量具	154. 100	155. Ⅰ型和Ⅱ型	156. 游标
157. 相对	158. 必须	159. 噪声	160. 直流
161. 刃口啃坏	162. 工厂季检查	163. 手持工具	164. 整改措施
165. 标准化	166. 全部活动	167. ISO	168. 支持技术类
169. 规范性标准	170. 安全第一，预防为主		

二、单项选择题

1. A	2. B	3. A	4. A	5. C	6. D	7. C	8. D	9. D
10. C	11. A	12. C	13. C	14. B	15. A	16. A	17. B	18. D
19. D	20. B	21. D	22. D	23. C	24. B	25. C	26. A	27. A
28. B	29. C	30. B	31. D	32. C	33. A	34. A	35. B	36. A
37. A	38. C	39. A	40. C	41. B	42. C	43. C	44. C	45. B
46. D	47. C	48. B	49. C	50. B	51. C	52. B	53. B	54. A
55. C	56. C	57. A	58. B	59. D	60. A	61. B	62. A	63. C
64. A	65. A	66. B	67. A	68. B	69. B	70. A	71. A	72. A
73. C	74. A	75. D	76. B	77. A	78. A	79. A	80. A	81. A
82. C	83. B	84. B	85. B	86. C	87. C	88. B	89. A	90. D
91. C	92. C	93. A	94. C	95. B	96. B	97. D	98. C	99. B
100. C	101. B	102. B	103. C	104. B	105. A	106. B	107. A	108. C
109. D	110. C	111. A	112. B	113. D	114. B	115. B	116. C	117. C
118. A	119. C	120. A	121. B	122. D	123. D	124. B	125. B	126. A
127. D	128. C	129. C	130. B	131. D	132. C	133. C	134. C	135. B
136. A	137. B	138. A	139. A	140. C	141. B	142. C	143. A	144. B
145. C	146. D	147. D	148. A	149. C	150. A	151. C	152. B	153. A
154. A	155. B	156. A	157. B	158. B	159. B	160. D	161. B	162. A
163. A	164. B	165. B	166. C	167. C	168. D	169. D	170. A	

三、多项选择题

1. ABD	2. ABD	3. AC	4. ACD	5. ABCD	6. BD	7. ABCD
8. BCD	9. ABCD	10. AD	11. AC	12. AC	13. BC	14. ACD
15. ABCD	16. ABCD	17. BD	18. BD	19. BC	20. ABC	21. BCD
22. ABC	23. ABD	24. ABCD	25. AB	26. AC	27. BCD	28. BD

29. ABD	30. BC	31. ACD	32. BC	33. BD	34. ACD	35. ABCD
36. ABCD	37. ABC	38. BCD	39. ABD	40. BD	41. AB	42. BC
43. ABC	44. ABC	45. AC	46. ABCD	47. ABCD	48. ABD	49. BC
50. ABC	51. AB	52. ABCD	53. BCD	54. ABCD	55. BCD	56. ABCD
57. ABC	58. BD	59. ABD	60. ABCD	61. ABCD	62. BCD	63. BCD
64. ABC	65. ABCD	66. ABD	67. ABC	68. ABC	69. ACD	70. BC
71. BD	72. ABC	73. BC	74. ABC	75. ABCD	76. AB	77. BD
78. ABC	79. ABCD	80. BCD	81. ABD	82. ACD	83. ACD	84. ABCD
85. ABCD	86. ABD	87. ABC	88. ABD	89. ABCD	90. BD	91. ABC
92. BC	93. AB	94. ABCD	95. ABD	96. ABC	97. BC	98. BCD
99. CD	100. ABC	101. ACD	102. BCD	103. BD	104. BD	105. ABC
106. AB	107. AC	108. ABC	109. ABC	110. BD	111. ABD	112. BC
113. AD	114. ACD	115. ABC	116. ABC	117. AB	118. ABCD	119. BC
120. ACD	121. ABCD	122. BCD	123. ABCD	124. AB	125. BCD	126. ABCD
127. ACD	128. BCD	129. ABD	130. ABC	131. ABCD	132. BCD	133. ABC
134. BC	135. BD	136. BC	137. ABCD	138. BCD	139. ABCD	140. ABC
141. BCD	142. ABD	143. BC	144. ACD	145. BD	146. BD	147. BC
148. ABC	149. ACD	150. ACD	151. ABC	152. AD	153. ABD	154. BCD
155. ABD	156. ABC	157. ABC	158. ABC	159. BD	160. ABD	

四、判 断 题

1. ×	2. √	3. √	4. ×	5. √	6. √	7. √	8. √	9. √
10. √	11. ×	12. √	13. ×	14. √	15. ×	16. √	17. √	18. √
19. ×	20. √	21. ×	22. ×	23. ×	24. ×	25. √	26. ×	27. √
28. √	29. ×	30. √	31. √	32. √	33. ×	34. ×	35. ×	36. √
37. √	38. ×	39. √	40. √	41. √	42. √	43. √	44. √	45. √
46. √	47. ×	48. √	49. √	50. √	51. √	52. √	53. √	54. ×
55. ×	56. √	57. ×	58. √	59. √	60. ×	61. √	62. √	63. √
64. √	65. ×	66. √	67. √	68. √	69. ×	70. ×	71. ×	72. √
73. ×	74. ×	75. √	76. √	77. ×	78. ×	79. √	80. √	81. ×
82. ×	83. ×	84. √	85. ×	86. √	87. √	88. √	89. ×	90. √
91. √	92. √	93. √	94. ×	95. ×	96. √	97. ×	98. ×	99. ×
100. √	101. ×	102. √	103. ×	104. ×	105. √	106. ×	107. √	108. ×
109. ×	110. √	111. ×	112. √	113. √	114. √	115. ×	116. ×	117. √
118. √	119. ×	120. ×	121. √	122. √	123. ×	124. ×	125. ×	126. √
127. ×	128. ×	129. √	130. √	131. ×	132. √	133. √	134. ×	135. √
136. ×	137. √	138. √	139. ×	140. √	141. √	142. √	143. √	144. √
145. ×	146. ×	147. √	148. √	149. √	150. √	151. √	152. √	153. ×
154. √	155. ×	156. √	157. ×	158. √	159. √	160. √	161. ×	162. ×

163. √ 164. √ 165. × 166. × 167. √ 168. × 169. × 170. √ 171. √
172. √ 173. × 174. √ 175. √ 176. √ 177. √ 178. √ 179. √ 180. √
181. √ 182. √

五、简 答 题

1. 答:表示零件结构(1分)、大小(1分)及技术要求(1分)的图样(2分)。

2. 答:(1)形状特征原则(2分);(2)加工位置原则(2分);(3)工作位置原则(1分)。

3. 答:绘制不穿通的螺孔时,一般应将钻孔深度(2分)与螺纹部分的深度(2分)分别画出(1分)。

4. 答:(1)采用优先配合及优先公差带(2分);(2)采用常用配合及常用公差带(1分);(3)采用一般公差带(1分);(4)必要时可按国标规定的标准公差与基本偏差自行组合孔、轴公差带及配合(1分)。

5. 答:尺寸基准可分为两种(1分),即:(1)设计基准(2分);(2)工艺基准(2分)。

6. 答:应具备两个条件(1分):(1)不需挑选,不用修理就能装配上(2分)。(2)装配后能满足使用要求(2分)。

7. 答:处理尺寸公差(2分)与形位公差(2分)之间关系的原则称为公差原则(1分)。

8. 答:在形位公差中,对于构成零件形状的点、线、面统称为要素(5分)。

9. 答:垂直于一个投影面(2分),同时与另外两个投影面都平行的直线(2分),称为投影面垂直线(1分)。

10. 答:一般情况下,碳素钢中碳的质量分数越大,则钢的硬度越大(1分),强度也越高(1分),但塑性(1分)、可加工性(1分)、焊接性越差(1分)。

11. 答:(1)材料的屈强比是指材料的屈服极限与强度极限的比值(2分)。

(2)即:材料的屈强比$=\sigma_s/\sigma_b$(2分)

σ_s—材料的屈服极限(N/mm^2)(0.5分)

σ_b—材料的强度极限(N/mm^2)(0.5分)

12. 解:$m=\rho V$(1分)

$=7.85\times5\times300\times1\,000/1\,000$(2分)

$=11.775$ kg(1分)

答:此材料的质量为11.775 kg。(1分)

13. 解:$m=\rho V$(1分)

$=1.2\times10\times80\times1\,000/1\,000$(2分)

$=0.96$ kg(1分)

答:此材料的质量为0.96 kg。(1分)

14. 解:理论冲裁力为:

$P_0=Lt\tau_0$(1分)

$=\pi Dt\tau_0=3.14\times20\times3\times200=37\,680$(N)(2分)

实际冲裁力为:

$P=KP_0=1.3\times 37\ 680=48\ 984$(N)(1 分)

答:理论冲裁力为 37 680 N,实际冲裁力为 48 984 N(1 分)

15. 解:$L=2\times(200+150)=700$ mm(1 分)

$P=1.3Lt\tau_0$(1 分)

$=1.3\times 700\times 2\times 248=451\ 360$ N(2 分)

答:冲裁力大小为 451 360 N(1 分)。

16. 解:$L=L_1+L_2=\pi D+\pi d=\pi(40+80)=376.8$ mm (1 分)

$P=1.3Lt\tau_0$(1 分)

$=1.3\times 376.8\times 1.5\times 248$ N/mm^2$=182\ 220.5$ N(2 分)

答:冲裁力大小为 182 220.5 N(1 分)。

17. 解:卸料力:$P_{卸}=KP$(2 分)

$P_{卸}=0.04\times 409\ 448=16\ 377.92$ N(2 分)

答:卸料力大小为 16 377.92 N(1 分)。

18. 解:$L=2\times(100+250)=700$ mm

$P=1.3Lt\tau_0$(2 分)

$=1.3\times 700\times 2\times 248=451\ 360$ N(1 分)

$P_{卸}=K_{卸}P=0.04\times 451\ 360=18\ 054.4$ N(1 分)

答:卸力大小为 18 054.4 N(1 分)。

19. 解:$W=mPt/1\ 000$(1 分)

$=0.63\times 300\ 000\times 10/1\ 000$(2 分)

$=1\ 890$ J(1 分)

答:冲裁功是 1 890 J(1 分)。

20. 解:$\sigma_b=470$ MPa$=470$ N/mm^2

$W=mPt/1\ 000$(1 分)

$=mLt^2\sigma_b/1\ 000$

$=0.63\times 3.14\times 65\times 12^2\times 470/1\ 000$(2 分)

$=8\ 702.5$ J(1 分)

答:冲裁功是 8 702.5 J(1 分)。

21. 解:$S=\pi(R^2-r^2)$(2 分)

$=3.14\times(20^2-10^2)=942$ mm^2(2 分)

答:此环形面积是 942 mm^2(1 分)。

22. 解:$S=2\pi R^2$(2 分)

$=2\times 3.14\times 50^2=15\ 700$(mm^2)(2 分)

答:此零件球面面积是 15 700 mm^2(1 分)。

23. 解:$S=n\pi R^2/360$(2 分)

$=135\times 3.14\times 10^2/360=117.75$(mm^2)(2 分)

答:此扇形面积是 117.75 mm^2(1 分)。

24. 解:$V=2\pi R^3/3$(2 分)

$=2\times 3.14\times 12^3/3=3\ 617.28$(mm^3)(2 分)

答:此零件体积是 3 617.28 mm^3(1 分)。

25. 答:(1)当操作工人的肢体进行危验区时,压力机的离合器,不能合上(或使滑块不能下行)(3 分);(2)只有当操作工人完全退出危险区后,压力机才能起动工作(2 分)。

26. 答:螺旋压力机分为四类:(1 分)(1)摩擦螺旋压力机(1 分);(2)液压螺旋压力机(1 分);(3)电动螺旋压力机(1 分);(4)离合器式螺旋压力机(1 分)。

27. 答:曲柄压力机主要有:(1)工作机构(1 分);(2)传动机构(1 分);(3)操纵系统(1 分);(4)能源系统(1 分);(5)支承部件(1 分)。

28. 答:可分三种为:(0.5 分)(1)单点压力机(1.5 分);(2)双点压力机(1.5 分);(3)四点压力机(1.5 分)。

29. 答:具有动作迅速、(1 分)反应灵敏、(1 分)维护简单、(1 分)使用安全(1 分)和易于集中或远距离控制等优点(1 分)。

30. 答:(1)摩擦离合器和各种制动器的摩擦面应保持清洁,不得沾油(2 分);(2)应及时调整间隙,避免过量磨损(2 分);(3)离合器换用新摩擦片(块)后,要适当减少单次行程次数(1 分)。

31. 答:有三种(0.5 分),分别是:(1)带式制动器(1.5 分);(2)闸瓦式制动器(1.5 分);(3)圆盘式制动器(1.5 分)。

32. 答:优点有:(1)生产效率高(1 分);(2)操作简便(1 分);(3)制造批量生产时成本低、互换性好(2 分);(4)材料利用率高(1 分)。

33. 答:(1)落料模;(2)冲孔模;(3)切断模;(4)切口模;(5)剖切模;(6)切边模;(7)整修模;(8)精冲模。(答对 5 个即可得 5 分)

34. 答:(1)优点有:①模具结构简单(1 分);②用手送料时人手不易进入危险区,比较安全(1 分)。

(2)缺点有:①废料容易上翘(1 分);②卸料时反向翻转,对凸模刃口侧面的磨损严重(1 分);③凹模刃口附近有异物时不易发现(1 分)。

35. 答:聚氨酯是一种介于橡胶和塑料之间的弹性材料(2 分)。它具有强度高、弹性好,抗撕裂性好、耐磨、耐油、耐老化等优点(2 分),并具良好的机械加工性能(1 分)。

36. 答:(1)导柱、导套导向可靠,容易保证凸凹模之间的间隙值(2 分);(2)并且冲模安装也比较容易,不须重新调整凸、凹模间隙(3 分)。

37. 定距方式有三种:(0.5 分)(1)挡料销定距(1.5 分);(2)侧刃定距(1.5 分);(3)自动送料器定距(1.5 分)。

38. 答:斜刃剪切可按下式计算:

$P_0=0.5t^2\tau_0/\text{tg}\alpha$(3 分)

式中:P_0——理论剪切力(N)(0.5 分)

t——被剪材料厚度(mm)(0.5 分)

τ_0——材料的抗剪强度(N/mm^2)(0.5 分)

α——剪刃倾斜角度(0.5 分)。

39. 答:主要有 4 个方面:(1 分)(1)模具导向差,间隙不均匀(1 分);(2)模具装配质量差(1 分);(3)设备导向精度低(1 分);(4)冲裁时,发生重复冲或叠冲(1 分)。

40. 答:变形工序的模具有:弯曲、拉深、起伏成型、胀形、翻边、缩口、旋压、校形等(答对 5 个即可得 5 分)。

41. 答:主要有三种:(1 分)(1)压弯(1 分);(2)滚弯(1 分);(3)拉弯(1 分)。这三种方法中压弯是主要的。此外还有(4)折弯;(5)扭弯;(6)手工弯曲等多种方法(1 分)。

42. 答:弯曲件形状应对称,弯曲半径左、右应一致:(1)以保证弯曲时板料的平衡(3 分);(2)防止产生滑动(2 分)。

43. 答:可分为(1)V 型弯曲模;(2)U 型弯曲模;(3)Z 型弯曲模;(4)四角形弯曲模;(5)卷边模;(6)卷圆模以及其他弯曲模。(一点一分,答对 5 个即可得满分)

44. 答:拉弯的基本原理是在坯料弯曲的同时加以切向拉力(2 分),改变坯料剖面内的应力分布情况,使之趋于一致(2 分),以达到减少回弹,提高工件成型准确的目的(1 分)。

45. 答:因为若先弯后拉,当坯料沿拉弯模弯曲后,由于摩擦的作用,后加的拉力也难均匀地传递到坯料的所有断面(3 分),所以采用先拉后弯,最后补拉的复合方案(2 分)。

46. 答:(1)塑性好的材料,外区纤维允许变形程度就大,许可的最小弯曲半径就小(3 分);(2)塑性差的材料,最小弯曲半径就要相应大些(2 分)。

47. 答:由于工件经冷变形后有加工硬化现象(1 分),若未经退火就进行弯曲,则最小弯曲半径就应大些(2 分),若经退火后进行弯曲,则最小弯曲半径可小些(2 分)。

48. 答:有:(1)补偿法(1 分);(2)加压校正法(1 分);(3)拉弯法(1 分);(4)改进工件的结构设计(2 分)。

49. 答:弯曲件的圆角半径过大,受到回弹的影响,弯曲角度与圆角半径都不易保证(5 分)。

50. 答:当弯边长度较小时,弯边在模具上支持的长度过小,不容易形成足够的弯矩,很难得到形状准确的零件(5 分)。

51. 答:当板料弯曲件细而长时,沿着折弯线方向工件的刚度小(2 分),宽向应变将得到发展——外区收缩、内区延伸(2 分),结果使折弯线凹曲,造成工件的纵向翘曲(1 分)。

52. 答:弯曲件剖面畸变现象是弯曲时,距离中性层愈远的材料变形阻力愈大(2 分),为了减少变形阻力,材料有向中性层靠近的趋向,于是造成了剖面的畸变(3 分)。

53. 答:(1)弯曲角如果大于 90°,对最小弯曲半径影响不是很大(2 分);(2)如弯曲角小于 90°时,则由于外区纤维拉伸加剧,最小弯曲半径就应增大(3 分)。

54. 答:拉深后所得到的工件的壁厚与坯料厚度基本保持不变。是不变薄拉深(5 分)。

55. 答:(1)材料的性能(1 分);(2)预制孔的相对直径 d/t(2 分);(3)预制孔的加工方法(1 分);(4)翻孔的加工方法(1 分)。

56. 答:有两种(1 分),分别是光平模(2 分)和齿型模(2 分)。

57. 答:防止坯料在拉深变形过程中,产生起皱现象(5 分)。

58. 答:(1)导套是为上、下模座相对运动提供精密导向的管状零件,多数固定在上模座内(3 分);(2)与固定在下模座的导柱配合使用(2 分)。

59. 答:螺纹联接具有(1)结构简单(1 分);(2)联接可靠(1 分);(3)装拆方便(1 分);(4)易于大量生产等优点,应用非常广泛(2 分)。

60. 答:(1)金属材料的机械性能是指金属材料抵抗各种载荷的能力(2 分);(2)机械性能主要有弹性、塑性、强度、刚度、硬度、韧性和疲劳强度等(答出 3 个即可得满分 3 分)。

61. 答:(1)电流过大易造成焊缝咬边,烧穿等缺陷,同时金属组织也会因过热而发生变化(3 分);(2)电流过小也易造成夹渣、未焊透等缺陷,降低了焊接接头的机械性能(2 分)。

62. 答:冲裁模刃口出现圆角的主要原因有(1)淬火硬度低(2 分);(2)刃口材料不好,致使刃口容易磨损(2 分)。

解决刃口出现圆角的办法:是在能保证继续使用的情况下,再进行热处理或更换新件(1 分)。

63. 解:(0.02/1 000)×200(2 分)

=0.004(mm)(2 分)

答:在 200 mm 的高度差为 0.004 mm(1 分)。

64. 答:百分尺由:(1)尺架(1 分);(2)测砧(1 分);(3)测微装置(1 分);(4)测力装置(1 分);(5)销紧装置等(1 分)。

65. 答:百分表的工作原理,是将测杆的直线位移(1 分),经过齿条、齿轮传动(2 分),转变为指针的角位移(2 分)。

66. 答:(1)百分表要装夹牢固,夹紧力适当(2 分);(2)并检查测杆是否灵活(2 分);(3)夹紧后,不可再转动百分表(1 分)。

67. 答:(1)产生的原因是润滑油耗尽、油槽路堵塞(2 分);(2)处理:检查润滑油流动情况,清洁油路、油槽及轴瓦(3 分)。

68. 答:五类:(1)通用夹具(1 分);(2)专用夹具(1 分);(3)可调夹具(1 分);(4)组合夹具(1 分);(5)自动线夹具(1 分)。

69. 答:机械制造过程中用来固定加工对象(2 分),使之占有正确的位置(1 分),以接受施工或检测的装置(2 分)。

70. 答:为了保护操作者的人身安全(2 分),迫使操作者在操作设备时双手不能有多余动作,以免造成误操作(3 分)。

六、综 合 题

1. 答:通过看装配过程使我们了解:(1)装配体的名称、规格、性能、功用和工作原理(4 分);(2)了解其组成零件的相互位置,装配关系及传动路线(3 分);(3)每个零件的作用及主要零件的结构形状以及使用方法,拆装顺序等(3 分)。

2. 答:图中缺线如图 1 所示。(左视图中一条线 2 分,共 4 分,俯视图中水平方向一条线 2 分,共 4 分;竖直方向全对得 2 分。凡错、漏、多一条线,各扣 2 分。)

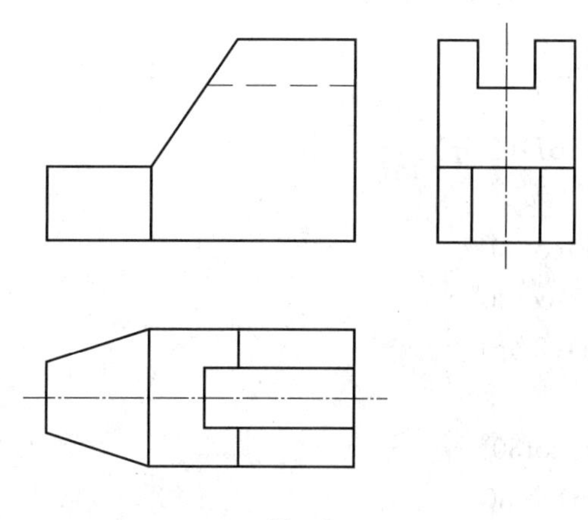

图 1

3. 答:俯视图如图 2 所示。(虚线画对得 3 分,凡错、漏、多画扣 3 分;剩下的画对一条线得 1 分。凡错、漏、多一条线,各扣 1 分。)

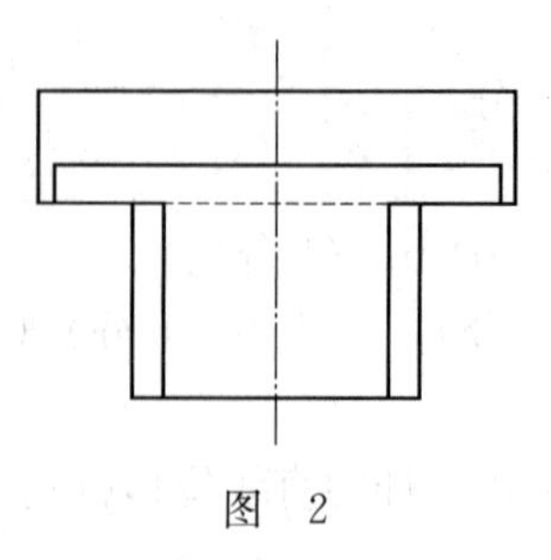

图 2

4. 答:表面交线如图 3 所示。(共五条线,每条线 2 分,凡错、漏、多一条线,各扣 2 分。)

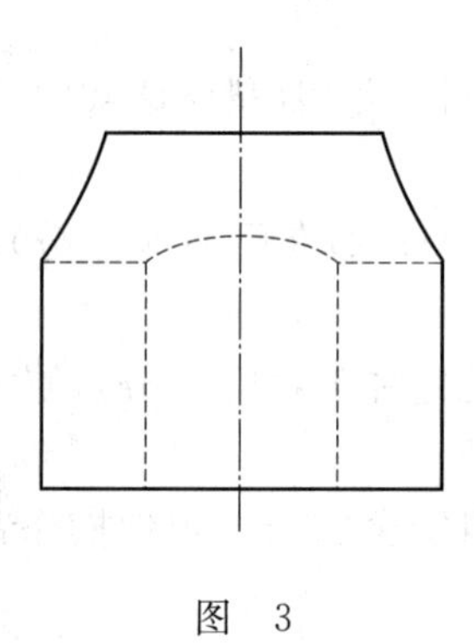

图 3

5. 答:按抗剪强度计算理论冲裁力的公式:$P_0=Lt\tau_0$(2 分)

P_0——理论冲裁力(N)(0.5 分)

t——材料厚度(mm)(0.5 分)

L——冲裁件周长(mm)(0.5 分)

τ_0——材料的抗剪强度 N/mm^2(0.5 分)

实际冲裁力:$P=P_0K=Lt\tau_0K$　　修正系数一般为 1.3(3 分)

按抗拉强度计算实际冲裁力 $P=tL\sigma_b$(2 分)

P——实际冲裁力(0.5 分)

σ_b——抗拉强度(0.5 分)

6. 解:$L=AB+CD+\overset{\frown}{BD}$(2 分)

$AB=AE-BE$

$=50-(R+t)\cot30°$

$=50-(10+5)\cot30°$

$=24.02$(mm)(2 分)

$CD=CE-DE$

$=38-(R+t)\cot30°$

$=38-(10+5)\cot30°$

$=12.02$(mm)(2 分)

$BD=(\pi-\pi/3)(R+Xt)$

$=2\times3.14/3\times(10+0.38\times5)$

$=24.91(mm)$(2 分)

$L=24.02+12.02+24.91$

$=60.95(mm)$(1 分)

答:毛料展开长度为 60.95 mm(1 分)。

7. $L=a+b+\pi(R+Xt)$ (4 分)

$=100+100+3.14(50+0.5\times4)$ (3 分)

$=363.28$ mm(2 分)

答:展开长度为 363.28 mm(1 分)。

8. 解:根据公式:$L=a+b+c+\pi(R+Xt)$ (4 分)

$=100+120+100+3.14(10+0.42\times2.5)$ (3 分)

$=354.7(mm)$ (2 分)

答:此零件展开长是 354.7 mm(1 分)。

9. 解:根据公式:$L=a+b+\pi(R+Xt)$ (4 分)

$=120+120+3.14(80+0.5\times4)$ (3 分)

$=497.48(mm)$ (2 分)

答:此零件展开长是 497.48 mm(1 分)。

10. 答:(1)该机是板料冲压生产用设备(2 分);(2)主要用于落料、冲孔、弯曲、浅拉深等冷冲压工序(2 分);(3)冲压产品时,送料可以从压力机前方、左右两侧方向进行(2 分);(4)当用手动送料时,滑块能作单次冲压;若安装自动送料装置时,滑块亦可进行连续冲压(2 分);(5)床身可以倾斜,便于把冲压成品及废料借其自重沿面滑下(2 分)。

11. 答:(1)压力机有通过螺母的螺杆,螺母固定在机架上,螺杆上固定着飞轮,下端用轴承与压力面滑块相连(3 分);(2)主轴上装有两个圆轮,它由电动机带动旋转,用操纵杆可使主轴沿轴向做一些移动,这样可使其中一个圆轮与飞轮的边缘靠紧而带动飞轮旋转(4 分);(3)因此飞轮可以获得不同方向的转动,亦即螺杆获得不同方向的旋转,滑块即在导轨中产生上下运动(3 分)。

12. 答:(1)曲柄压力机的离合器易产生故障的原因是转键拉簧断裂或拉簧太松,转键外部断裂(4 分);(2)故障性质是脚踏开关后,离合器不起作用(3 分);(3)排除方法是更换拉簧,更换新的转键(3 分)。

13. 答:液压机的技术参数一般包括:(1)公称压力;(2)最大净空距;(3)最大行程;(4)工作台尺寸;(5)回程力;(6)滑块速度;(7)允许最大偏心距;(8)顶出器公称压力及行程;(9)工作液压力。(答出 5 个即得满分)

14. 答:(1)电磁离合器,是靠磁通和作用使离合器摩擦面接合,制动器松开,产生摩擦力传递扭矩(5 分);(2)由弹簧力使离合器摩擦面松开、制动器摩擦面接合而制动的方法来控制曲轴运动(5 分)。

15. 答:影响因素有:(1)材料的力学性,硬材料的搭边值要小些,软材料、脆材料的塔边值要大些(2 分);(2)材料的厚度,材料越厚,搭边值越大(2 分);(3)冲裁件的外形与尺寸,零件外形越复杂,圆角半径越小,搭边值越大(2 分);(4)冲裁件的送料及挡料方式,手工送料,有侧压装置的搭边值可一小些，用侧刃定距比用挡料销定距的搭边值小一些（2 分）；（5）冲裁过程中所使用的卸料方式，弹性卸料比刚性卸料的搭边值小一些（2 分）。

16. 答：（1）充分考虑提高材料的利用率（3 分）；（2）保证工件的质量（2 分）；（3）考虑采用的加工工艺方法（2 分）；（4）考虑加工设备和装备的许可条件（3 分）。

17. 答：（1）变形工序是使冲压毛坯在不产生破坏的前提下发生塑性变形，以获得所要求的形状、尺寸和精度的冲压加工方法（5 分）；（2）变形工序包括弯曲、拉深、起伏成型、翻边、缩口、胀形、整形、冷挤压、旋压等（5 分）。

18. 答：主要有：（1）材料的机械性能与热处理状态（2 分）；（2）材料的几何形状及尺寸的影响（2 分）；（3）工件弯曲角的大小（2 分）；（4）弯曲线方向（2 分）；（5）板料表面与侧面的质量影响。

19. 答：（1）对回弹较大的材料，当弯曲半径较大（$R>t$）时，可在凸、凹模上作出补偿回弹角，以克服弯曲后的回弹，再将凹模的顶件器做成弧形面以补偿圆角部分的回弹（5 分）；（2）对一般性材料，其回弹角小于 5°，且工件厚度较小时，可将凹模或凸模作成负角，而凹、凸模间的间隙作成最小材料厚度，以克服弯曲后的回弹（5 分）。

20. 答：由于弯曲，材料外表面的部位在圆周方向受拉，产生收缩变形（4 分），内表面部位在圆周方向受压，产生外侧变厚，伸长变形（4 分），因而沿弯曲线方向出现翘曲和端面上产生鼓起现象（2 分）。

21. 答：（1）翻边是使平面或曲面的板坯料沿一定的曲线翻成竖直的或一定角度边缘的成型方法（4 分）。（2）翻边的分类方法如下：①按翻转曲线封闭与否，可分为内孔翻边和外缘翻边两种（3 分）；②按变形性质分类，可分为伸长类翻边和压缩类翻边（3 分）。

22. 答：在外力作用下，使板料的局部材料厚度减小而表面积增大，以得到所需几何形状和尺寸的工件的加工方法称为胀形（3 分）。常见的胀形方式有以下几种：（1）圆筒形坯件或管坯上成型凸肚或起伏波纹（2 分）；（2）平板毛坯上的起伏成型（2 分）；（3）加强筋或图案文字及标记的局部成型（2 分）；（4）与弯曲结合一起的较大区域范围的拉胀以及与拉深结合在一起的拉胀复合成型等（1 分）。

23. 答：（1）校平工序变形量都很小，而且都多为局部变形（4 分）；（2）校平零件精度要求高，因此要求模具成型精度相应的要求提高（3 分）；（3）校平时，都需要冲床滑块在下死点位置（3 分）。

24. 答：（1）对照工艺文件，检查所使用的模具是否正确，规格、型号是否与工艺文件统一（2 分）；（2）检查所使用设备是否合理。能掌握模具的使用性能（2 分）；（3）检查所使用的模具是否完好，使用的材料是否合适（2 分）；（4）检查模具的安装是否正确。各紧固部位是否有松动现象（2 分）；（5）开机前。工作台上、模具上的杂物清除干净，以防止开机后损坏模具具或出现不安全隐患（2 分）。

25. 答：压弯和滚弯都属于单向弯曲，即弯曲时断面上内区受压，外区受拉，中性层不变的应力状态（4 分），拉弯过程是沿着弯曲方向加拉力，外区拉应力加大，内区出现压应力（3 分），但很快减少，随后也开始受拉，最后使拉应力过屈服点保持拉弯形状（3 分）。

26. 答：（1）凸缘平面部分（2 分）；（2）凸缘圆角部分（2 分）；（3）筒壁部分（2 分）；（4）底部圆角部分（2 分）；（5）筒底部分（2 分）。

27. 答：（1）起重钢丝绳的特点是强度高和韧性大，卷绕性好，自重轻，承载能力大（2 分）；（2）高速运行时噪声小，承受冲击载荷能力强，工作时平稳不易变形（3 分）；（3）发生破坏时各绳股钢丝的断裂是逐渐进行的，一般很少发生整根钢丝绳断裂(2 分)；(4)钢丝绳自由端不会发生扭转，在卷筒上接触面较大，抗压强度高，总破断力大，使用寿命较长(3 分)。

28. 答：(1)模具的导向装置要保证上模、下模的准确运动(2 分)；(2)使凸模与凹模之间保持均匀间隙(3 分)；(3)要求工作可靠，导向精度好，有一定的互换性(2 分)；(4)导向装置已基本标准化，并能实现产品化，如导柱、导套、等即属于这类零件(3 分)。

29. 答：(1)尽量采用机械化、自动化送料、出料(2 分)；(2)运动部件可能伤人的位置应设置防护罩(2 分)；(3)模具中的压料圈、卸料板、斜楔滑板等弹性运动件要设置防护装置，防止弹出伤人(2 分)；(4)防止紧固部位出现松动(1 分)；(5)保证操作者的视野开阔，便于送料和定料(2 分)；(6)危险部位采用醒目的警戒色涂漆，以便引起操作者注意(1 分)。

30. 答：(1)直接测量(1 分)；(2)间接测量(1 分)；(3)绝对测量(1 分)；(4)相对测量(1 分)；(5)接触测量(1 分)；(6)非接触测量(1 分)；(7)单向测量(1 分)；(8)综合测量(1 分)；(9)被动测量(1 分)；(10)主动测量(1 分)。

31. 答：1/20 mm 游标卡尺，主尺每格 1 mm，当两爪合并时，副尺上的 20 格刚好与主尺上的 19 mm 对正(4 分)。副尺每格＝19 mm/20＝0.95 mm(3 分)。主尺与副尺角格相差＝1－0.95＝0.05 mm(3 分)。

32. 答：在百分尺的固定套筒上刻有轴向中线，作为微分筒的读数基准线(2 分)，在中线两侧，刻有两排刻线，刻线间距均为 1 mm，上下两排相互错开 0.5 mm(2 分)。测微螺杆的螺距为 0.5 mm，与螺杆固定在一起的微分筒的外圆上有 50 等分的刻度(2 分)。当微分筒转一周时，螺杆的轴向位移为 0.5 mm，(2 分)如微分筒只转一格时则螺杆的轴向位移为 0.5/50＝0.01 mm(2 分)

33. 答：(1)易产生的故障是按钮开关损坏，线路中断，故障性质是手按电钮，电动机不转动(5 分)；(2)排除方法是检查按钮触点是否良好，更换新按钮，检查供电线路(5 分)。

34. 答：(1)压力机在使用时，各种活动部位都需要添加润滑剂，以保持压力机良好的润滑，使压力机能正常运转及工作(2 分)；(2)润滑的主要作用是减少摩擦面之间的摩擦阻力和金属表面之间的磨损(2 分)；(3)起到冲洗摩擦面间固体杂质的作用(2 分)；(4)冷却摩擦表面，防止局部过热(2 分)；(5)正确的润滑对保持设备精度、延长压力机使用寿命有关键作用(2 分)。

35. 答：(1)由于操作者的疏忽大意，在滑块下降时，身体的一部分进入了模具的危险界限而引起的事故(3 分)；(2)由于模具结构上的缺点而引起的事故(2 分)；(3)由于模具安装、搬运操作不当而引起的事故(2 分)；(4)由于冲压机械及安全装置等发生故障或破损而引起的事故(3 分)。

冲压工(高级工)习题

一、填 空 题

1. 用正投影法在轴测投影面上画出的轴测图,称为(　　)轴测图。
2. 轴测图因其直观易读,常被采用作技术文件的(　　)图样。
3. 轴测投影图简称为(　　)。
4. 图样机件要素的线性尺寸与实际机件相应要素的线性尺寸之比叫(　　)。
5. 常在轴端或孔口做成锥台,称为倒角,是为了去除轴端和孔端的锐边、毛刺便于(　　)。
6. 装配图两零件的接触面和配合面只画(　　)线。
7. 根据实物,通过测量,绘制出实物图样的过程称为(　　)。
8. 焊缝标注方法一般有两种,即符号法和(　　)法。
9. 焊接过程中大多要加工坡口,坡口的作用主要是增大(　　),提高焊缝截面的有效厚度。
10. 圆锥体的展开一般常用(　　)法。
11. 曲面体是由曲面或曲面和(　　)所围成的几何体。
12. 碳素钢按用途分可分为碳素工具钢和碳素(　　)钢。
13. 金属材料的性能一般分为工艺性能和(　　)两大类。
14. 根据冶炼时脱氧程度的不同,钢材可分为沸腾钢、(　　)和半镇静钢。
15. 15 钢其数字表示含碳量是(　　)。
16. 钴基合金焊条堆焊,不但可以维修模具,也可以强化模具表面,提高(　　),提高模具寿命。
17. 任何热处理过程都包括加热、保温和(　　)三个阶段。
18. 按种类分 5CrMnMo 属于(　　)工具钢。
19. 金属结晶过程是形核和(　　)的过程。
20. 金属的同素异构转变是在(　　)下进行的。
21. 同素异形体的特点是指组成元素的晶体结构不同,元素(　　)。
22. 机械零件产生疲劳现象的原因是材料表面或(　　)有缺陷。
23. 金属塑性变形的实质是金属晶粒内部发生了(　　)和孪生。
24. 金属或合金在外力作用下,都能或多或少地发生变形,当外力撤除或消失后该物体不能恢复原状的一种物理现象叫作(　　)。
25. 冷塑性变形对金属性能的主要影响是造成金属的(　　)。
26. 一般情况下,金属强度越高,则其塑性越(　　)。
27. 利用探伤器检验金属工件内部缺陷(如隐蔽的裂纹、砂眼、杂质等)的一种方法称为(　　)。
28. 板材轧制根据金属状态分为热轧和(　　)。

29. 因为没有经过退火处理，冷轧钢板的硬度高，机械加工性能(　　)。

30. Q215、Q235 中的 Q 是表示材料的(　　)极限。

31. 08F 钢中的 F 代表(　　)钢。

32. 选择合格的板料是指根据冲压工艺对材料的要求选择满足产品(　　)和冲压工艺性能的材料。

33. 在板材多次拉深过程中，为了缓解加工硬化现象，一般要增加中间(　　)工序。

34. 酸洗是将钢板与酸液接触，通过(　　)反应，除去板材表面的氧化皮和锈蚀物。

35. 板材磷化后一般还要经过(　　)洗以除去表面残留的处理液。

36. 钢材自然损耗最主要的因素是(　　)，因此在日常工作中要特别注意加以防护。

37. 对于型材及管材件的质量计算，我们一般先查出其单位长度的质量，再乘以它们的(　　)。

38. 对于螺旋弹簧来说，其受压缩(或伸长)的长度与其受力的大小成(　　)。

39. 一个轴的尺寸是 $\phi30_{-0.036}^{-0.010}$ mm，其最大极限尺寸是(　　)mm。

40. 一个轴的尺寸是 $\phi50_{-0.049}^{-0.030}$ mm，其公差为(　　)mm。

41. 一般压力机的导轨应用最普遍是(　　)导轨。

42. 剪切加工是(　　)工序加工方法的一种。

43. 剪板机按传动方式分类有机械传动剪板机和(　　)传动剪板机。

44. 剪切机标定的加工材料厚度一般是按所加工材料 $\sigma_b<500\times10^6$ Pa 设计的对于 $\sigma_b>500\times10^6$ Pa 的材料，必须进行(　　)，确定材料的加工厚度。

45. 剪板机的技术参数，表示剪板机的(　　)。

46. 按作用力方向区分，液压机有立式和(　　)两种。

47. 液压机是利用(　　)流体静压原理制造的。

48. 液压系统中的压力取决于负载，执行元件的运动速度取决于(　　)。

49. 液压泵是能量转换装置，它是液压系统中的(　　)元件。

50. 液压泵的总效率为机械效率和(　　)效率的乘积。

51. 液压马达的功能与液压泵相反，它在液压系统中属于(　　)元件。

52. 当液压泵的进、出口压力差为零时，泵输出的流量即为(　　)流量。

53. 液压缸的泄漏主要是压力差和(　　)造成的。

54. 液压缸是将液压能转变为(　　)能的、做直线往复运动(或摆动运动)的液压执行元件。

55. 调速阀是用(　　)和定差减压阀串联而成的。

56. Y28-450A 双动薄板液压机为(　　)式结构。

57. Y28-450A 型压力机中的 Y 表示是(　　)机。

58. Y28-450A 型双动薄板液压机的拉伸滑块压力为(　　)t。

59. 气垫是压力机上的一种(　　)，是缓冲器的一种形式。

60. 把不平整的零件放入模具内压平的工序叫(　　)。

61. 合理的工艺规程应使模具的寿命高，而(　　)较低。

62. 冲压件的具体加工是由冲压(　　)进行指导和控制的。

63. 编冷冲压工艺规程时，首先要分析(　　)，分析工艺性是否合理。

64. 生产准备周期(　　)，成本低是编制工艺规程的原则。

65. 带孔弯曲件中孔的位置靠近弯曲中心线时，应先进行(　　)工序。

66. 在选择工艺方案时，最后成型或冲裁不能引起(　　)的变形。

67. 精密冲裁是实现高精度、高质量冲裁的(　　)的方法之一。

68. 精冲时凸模刃口磨损，变钝会使(　　)过大。

69. 相同条件下，对同一工件，用精密冲裁方法，其冲裁力比普通冲裁的冲裁力(　　)。

70. 精冲时冲裁变形区的材料处于(　　)压应力状态，并且由于采用了极小的间隙，冲裁件精度可达 IT8～IT6 级。

71. 无废料排样法适用对于(　　)要求不高的工件。

72. 冲裁废料一般有两种，一种是结构废料，别一种是(　　)废料。

73. 采用无废料排样进行冲裁，材料利用率最高，容易(　　)模具使用寿命。

74. 在拉深过程中，因为毛坯金属内部的相互作用，使各个金属小单元体之间产生了(　　)。

75. 在拉深过程中，在径向产生拉伸应力，在切向产生(　　)应力。

76. 拉深所用压力机的总压力应大于(　　)、压边力之和。

77. 拉深间隙越小，其所需拉深力越(　　)。

78. 拉深时，间隙过小，工件表面很容易(　　)。

79. 拉深间隙大时，则形成筒件(　　)的形状。

80. 拉深后零件圆筒形部分直径与拉深前毛坯直径的比值叫做(　　)。

81. 5CrMnMo 属于(　　)模具钢，一般可制作热成型模具。

82. 拉深模采用压边装置的主要作用是防止工件(　　)。

83. 对于翻边件来说，翻边量越大，产品质量越(　　)。

84. 根据工件边缘的性质和应力状态不同，翻边可分为内孔翻边和(　　)翻边。

85. 压缩类翻边容易出现的问题有(　　)和回弹。

86. 翻边工艺主要是使工件有较强的(　　)和合理的空间形状。

87. 常说的热压工艺三要素是指热压压力、热压温度和热压(　　)。

88. 同样的材质压形，使用热压模所取的间隙比冷压模大，这是因为材料具有(　　)的物理性质。

89. 金属材料经冷挤压加工零件内部组织(　　)。

90. 冷挤压后的材料发生了(　　)，因此挤压后硬度大大加强。

91. 普通旋压的基本方式有拉深旋压、缩径旋压和(　　)。

92. 检查弯曲件的裂纹，不损伤产品的常用方法是(　　)。

93. 在量具中，(　　)量具是用作测量或检定标准的量具。如量块、多面棱体等。

94. 通用量具也称为(　　)量具，一般指量具厂统一制造的通用性量具。

95. 在模具上用手工上下料时，手持部位必须在安全装置或模具(　　)之外。

96. 考虑到设备工作稳定性，模具的闭合高度接近于压力机的(　　)装模高度比较好。

97. 新模具投产前必须经过(　　)验收，合格后才允许投产使用。

98. 试模过程中所使用的设备必须符合(　　)规定。

99. 拉弯中的预拉方法可以减少内侧边弯曲时受压(　　)的可能性。

100. 复合模顶杆应能使顶板有效地顶出工作，但又不能太(　　)太细，以至容易产生弯曲。

101. 级进模在送料时,侧刃的作用是定位和(　　)。

102. 从冲床上拆卸模具时,应该先松开固定(　　)的紧固零件。

103. 组合冲模和专用模具一样都是利用模具使板料或毛坯产生(　　)或变形。

104. 为了防止设备滑车,压坏组合单元,在使用组合冲模的过程中,应该使用(　　)装置。

105. 设计模具要拟定排样方案并计算材料(　　)

106. 构成冲模的零件种类主要分为工艺结构零件和(　　)结构零件。

107. 冲模导向零件主要有导柱及导套,按其结构形式可分为滑动和(　　)两种结构。

108. 模具使用过程中对毛坯定位一般采用(　　)点定位。

109. 在确定冲模凸凹模尺寸过程中,冲孔时,孔的尺寸决定了(　　)模刃口的尺寸。

110. 冲压件产品的图样上未标注公差的均属于(　　)公差。按 GB/T 1804—2000 标准确定。

111. 设计模具时,一般把冲压件的压力中心作为(　　)的压力中心位置。

112. 对于规则形状单凸模的冲裁模,压力中心就是冲裁刃边构成的平面图形的(　　)。

113. 模具图纸设计完毕,总图和零件图都要编号,并必须由专人进行(　　)。

114. 模具图的总图,一般要写出模具的有关事项和模具的标记以及选用(　　)型号或编号。

115. 经设计、(　　)后的图纸,在用于生产前,应有设计、审核等人的签名。

116. 确定工件在(　　)和经济上都较为合理的工艺方案是模具设计的重要步骤。

117. 模具图主视图的画法,常取模具处于闭合状态,且一般取(　　)画法。

118. 为了控制图幅的大小,设计模具图时一定要选好图样(　　)。

119. 加工工件时对工件的(　　)夹紧关系到工件的加工质量和生产效率。

120. 冲裁凸模截面直径与其工作部分长度之比不当,可能造成(　　)。

121. 模具图样是模具制造的根据。因此,除了图形和尺寸外,在图样上还必须写出生产过程的(　　)。

122. 常在轴端或孔口做成锥台,称为倒角,是为了去除轴端和孔端的锐边、毛刺便于(　　)。

123. 由于冲裁变形的特点,在冲裁件断面上具有明显的四个特征区,即圆角带、光亮带、断裂带和(　　)。

124. 冲裁间隙(　　)容易引起冲裁断面光亮带的增大。

125. 确定合理间隙值的方法有两种,即(　　)确定法和查表选取法。

126. 考虑到冲裁模在使用过程中的磨损情况,在制造新模具时,凸、凹模间采用(　　)合理间隙。

127. 冲裁模凸模脱落的主要原因是(　　)固定不牢。

128. 在冲模制造中,应用环氧树脂黏结剂,只需在固定的表面进行(　　),缩短了生产周期。

129. 在生产过程中,凡是改变生产对象的形状、尺寸、位置和性质等,使其成为成品或半成品的过程,称为(　　)。

130. 组成机械加工工艺过程的基本单元是(　　)。

131. 切削加工必须具备的三个基本条件是切削工具、工件和(　　)。

132. 机床按工作精度分类主要分为普通精度机床和(　　)机床。

133. 通用机床的型号有基本部分和(　　)部分组成。

134. 磨床的类别代号是(　　)。

135. 机床代号 X 表示(　　)。

136. 基本线条的划法包括:平行线、垂直线、角度线、等分圆周及(　　)线等。

137. 大批量同样工件划线时,应根据工件的尺寸、形状的要求,先制作(　　),以此为基准进行划线。

138. 冲压划线工具的选择是按划线(　　)的要求决定的。

139. 在一般情况下,优先采用(　　)制配合。

140. 在有明显经济效果的情况下采用(　　)制配合。

141. 采用(　　)制配合可减少定值刀具、量具的规格数量。

142. 加工基准按其功用可分为工艺基准和(　　)基准。

143. 机械加工过程中,在满足表面功能的情况下,尽量选用(　　)的粗糙度参数值。

144. 钻孔时添加切削液的主要目的是(　　)。

145. 镗削是在镗床、铣床、车床等机床上加工(　　)的一种方法。

146. 采用周铣法铣削平面,平面度的好坏主要取决于铣刀的(　　)。

147. 当铣刀旋转方向与工作台移动方向时相反时称为(　　)。

148. 用磨料、磨具切除工件上多余材料的加工方法称为(　　)加工,属于一种精密加工。

149. 润滑油的黏度随温度的变化称为油品的(　　)性能。

150. 粗加工钢件时,应该选择以(　　)为主的切削液。

151. 精加工钢件时,应该选择以(　　)为主的切削液。

152. 液压传动系统中,将液体的压力能转换为机械能的是(　　)元件。

153. 液体在管中流动时,存在(　　)和湍流两种流动状态。

154. 使用手工工具进行挫、磨、刮削时必须戴(　　)。

155. 錾削时,錾子不要握得太紧,握得太紧,手所受的振动就大,錾子要保持正确的(　　)角度。

156. 在使用风动砂轮机前应检查砂轮片或砂轮有无裂纹和破损,如有裂纹或破损应立即(　　)。

157. 冲模的修理方法一般要根据模具的操作程度来选择,一般来说,冲模的损伤主要有(　　)和裂损。

158. 用焊补方式修理冲模裂纹时,焊前应用砂轮片磨出(　　)。

159. 模具钳工所使用的工具一般有三种,即手工工具、切削工具及(　　)工具。

160. 拔销器又称作退销棒,作为钳工手工工具,它主要是在装、卸模具时用于取出和安装(　　)。

161. 根据不同的刮削表面,刮刀可分为平面刮刀和(　　)刮刀。

162. 研磨剂是由(　　)和研磨液调和而成的混合剂。

163. 在拉深中经常遇到的主要问题是破裂和(　　)。

164. 机械制造过程中用来固定加工对象,使之占有正确的位置,以接受施工或检测的装置叫做(　　),又称卡具。

165. 电火花加工所使用的电源为(　　)电源。

166. 线切割加工也是利用电火花放电使金属熔化或气化,被切割件一般连接电源的(　　)。

167. 快走丝线切割机床的工作液广泛采用的是(　　),其注入方式为喷入式。

168. 电火花线切割加工常用的夹具主要有磁性夹具和(　　)夹具。

169. 宏观和微观几何形状误差以及表面波纹三种误差属于(　　)误差。

170. 零件上两个或两个以上的点、线、面间的相互位置在加工后所形成的误差是(　　)误差。

171. 实际被测要素对理想被测要素的变动称为(　　)误差。

172. 位置误差包括定向误差、(　　)和跳动三种。

173. 块规使用一般不超过(　　)块。

174. 块规也叫量规,是使用量具的(　　)基准。

175. M306041 型是国内应用最为普遍的一种焊接检验尺,其结构主要是由主尺、滑尺和(　　)三个零件组成。

176. 抛丸是一种冷处理过程,分为抛丸清理和抛丸(　　)。

177. 一个完整的液压系统一般由五部分组成,即动力元件、(　　)、控制元件、辅助元件和液压油。

178. 液压辅件中的过滤器是滤去油中杂质,维护油液清洁,防止油液(　　)。

179. 机械冲床工作时其工作压力应该(　　)额定公称力。

180. 液压泵的卸荷有流量卸荷和(　　)卸荷两种方式。

181. 冲压设备润滑方式一般分为分散润滑和(　　)润滑两种方法。

182. 电路某处断开,不成通路的电路称为(　　)。

183. 在从事产品生产过程中,一直要把(　　)放在第一位。

184. 标准化是指制定标准,贯彻标准修定标准的(　　)过程。

185. 国际标准化组织的简称是(　　)。

186. 完整的产品质量标准包括技术标准和(　　)两个方面。

187. 精益生产的两大支柱是准时化和(　　)。

188. 精益生产就是用最少的(　　),最短的时间,持续性的实现最大的价值。

189. TPM 就是以(　　)为切入点,让企业点点滴滴追求合理化的过程。

190. QC 小组活动宗旨之一就是激发职工的积极性和(　　)性。

191. QC 活动有利于预防质量问题和(　　)质量。

二、单项选择题

1. 表达装配体结构的图样称为(　　)。

(A)装配图　(B)零件图　(C)组焊图　(D)部件图

2. 装配图中如相邻两零件不接触,如间隙过小,应(　　)画出。

(A)用一条线　(B)夸大　(C)用涂黑　(D)用文字说明

3. 通过测量得到的尺寸是(　　)。

(A)设计尺寸　(B)工艺尺寸　(C)实际尺寸　(D)基本尺寸

4. 铸件表面相交处应做成(　　)。

(A)圆角 (B)直角 (C)倒角 (D)斜度

5. 可以用平行线展开的件是(　　)。

(A)天圆地方 (B)棱台 (C)圆锥体 (D)圆柱体

6. 16Mn 钢属于(　　)。

(A)普通碳素结构钢 (B)优质碳素结构钢

(C)低合金结构钢 (D)合金结构钢

7. 优质碳素钢中硫、磷的含量不超过(　　)。

(A)0.02% (B)0.04% (C)0.06% (D)0.08%

8. 牌号为 09CuPTiRe 的是(　　)。

(A)合金钢 (B)高合金结构钢

(C)碳素结构钢 (D)低合金结构钢

9. 二氧化碳气体保护焊常用于(　　)焊接。

(A)低合金钢 (B)高合金钢 (C)有色金属 (D)不锈钢

10. 模具导柱常用的材料是(　　)。

(A)Q235 (B)20 钢 (C)T10 (D)60Si2Mn

11. 模具所用的弹簧通常采用(　　)钢。

(A)35 (B)Q215 (C)T8 (D)$60Si_2Mn$

12. 简称 65 铌的钢是(　　)。

(A)$6W_6Mo_5Cr_4V$ (B)$6Cr_4W_3Mo_2VNb$

(C)$6CrW_2Si$ (D)$W_6MoCr_4V_2$

13. 为了消除铸铁模板的内应力所造的精度变化,需要在加工前作(　　)处理。

(A)淬火 (B)回火 (C)时效 (D)渗碳

14. 金属结晶时的形核率和长大速度都随过冷度增大而(　　)。

(A)增大 (B)减小 (C)不变 (D)或大或小

15. a-Fe 是具有(　　)晶格的铁。

(A)体心立方 (B)面心立方 (C)密排立方 (D)曲面体

16. 点缺陷可使金属材料抵抗塑性变形的能力提高,从而使金属(　　)提高。

(A)塑性 (B)强度 (C)韧性 (D)弹性

17. 一般情况下,滑移面和滑移方向越多,说明金属的(　　)越好。

(A)强度 (B)塑性 (C)硬度 (D)韧性

18. 冷作硬化使材料(　　)降低。

(A)塑性 (B)硬度 (C)强度 (D)厚度

19. 冷塑性变形会使金属的某些物理、化学性能发生变化,如电阻(　　)、耐蚀性降低等。

(A)降低 (B)增大 (C)最低 (D)最高

20. 金属的冷加工和热加工是以(　　)温度来划分的。

(A)结晶 (B)某一高温 (C)某一低温 (D)再结晶

21. 正确的热加工可以消除铸态金属的组织缺陷,使金属的(　　)得到提高。

(A)机械性能 (B)加工性能 (C)焊接性能 (D)锻造性能

22. 弯曲件在变形区的切向外侧部分(　　)。

(A)受拉应力　　(B)受压应力　　(C)受剪应力　　(D)不受力

23. T10A 中的 A 表示(　　)等级。

(A)重量　　(B)碳含量　　(C)质量　　(D)杂质含量

24. 便于运输,工艺性好,可以提高材料利用率的金属材料类型是(　　)。

(A)板料　　(B)条料　　(C)块料　　(D)卷料

25. 09CuPTiRe 钢的抗拉强度要比 Q235 钢的抗拉强度(　　)。

(A)一样　　(B)稍低　　(C)稍高　　(D)有时高有时低

26. 对板材进行磷化的目的是(　　)。

(A)除锈　　(B)除油　　(C)形成保护膜　　(D)植绒

27. 板材预处理程序中,酸洗和磷化经常结合进行,它们的顺序是(　　)。

(A)磷化-水洗-酸洗-水洗　　(B)水洗-磷化-酸洗-水洗

(C)酸洗-水洗-磷化-水洗　　(D)水洗-酸洗-磷化-水洗

28. 在一根弹簧的许用伸长量范围内,用了 80 N 的力使弹簧伸长了 5 mm,那么用 120 N 的力,它将伸长(　　)。

(A)6 mm　　(B)7.5 mm　　(C)9 mm　　(D)条件不足,无法计算

29. 国际单位制中,质量的单位是(　　)。

(A)g(克)　　(B)kg(千克)　　(C)mg(毫克)　　(D)t(吨)

30. 有圆角半径的弯曲件展开长度计算公式为 $L=$(　　)(α 为弯曲部分角度,r 为坯料内层弯曲半径,t 为料厚,k 为系数)。

(A)$\frac{\pi\alpha}{180°}$　　(B)$\frac{\pi\alpha}{180°}(r+kt)$　　(C)$r+kt$　　(D)$\frac{\pi\alpha kt}{360°}$

31. 曲柄压力机八面调节导轨比四面调节导轨导向精度(　　)。

(A)高　　(B)低　　(C)一样　　(D)不能相比

32. 决定运动精度的是压力机的(　　)。

(A)塑性　　(B)硬度　　(C)刚度　　(D)疲劳

33. 四个导轨均能单独调节的滑块机构,能提高压力机的精度,但(　　)。

(A)组装简单　　(B)调节困难　　(C)使用困难　　(D)制造困难

34. 剪切机是用汉语拼音字母(　　)表示。

(A)J　　(B)Y　　(C)Q　　(D)W

35. 液压系统的动力元件是(　　)。

(A)电动机　　(B)液压泵　　(C)液压缸　　(D)液压阀

36. 校平、弯曲、整形等类的冲压,压力机应具有较高的(　　)。

(A)精度　　(B)速度　　(C)刚度　　(D)压力

37. 当环境温度较高时,宜选用黏度等级(　　)的液压油。

(A)较低　　(B)较高　　(C)高低都行　　(D)高低都不行

38. 能储存液体压力能量,并在需要时释放出来供给液压系统的储能元件是(　　)。

(A)油箱　　(B)过滤器　　(C)蓄能器　　(D)压力计

39. 液压缸差动连接工作时,缸的(　　)。

(A)运动速度增加了　　(B)压力增大了

(C)运动速度减小了　　(D)压力减小了

40. 液压系统中减压阀处的压力损失是属于(　　)。

(A)沿程压力损失　　(B)局部压力损失

(C)两种都是　　(D)两种都不是

41. 在液压系统中用于调节进入元件中液体流量的阀是(　　)。

(A)溢流阀　　(B)单向阀　　(C)调节阀　　(D)换向阀

42. 当冲压液压系统、控制系统(　　)时,应立即停车修理。

(A)失灵　　(B)发热　　(C)迟缓　　(D)变化

43. 应经常检查液压机管道液压系统的(　　)情况,如发现漏油,应及时修理。

(A)密封　　(B)工作　　(C)运行　　(D)停车

44. 当发现液压机液压管道中有即使是很小的裂纹,均应该(　　)修理。

(A)立即　　(B)运行　　(C)停车　　(D)焊接

45. Y28-450A 双动薄板液压机机身由上横梁,左、右立柱及底座四大件用四条(　　)连接起来的。

(A)连杆锁紧　　(B)拉紧螺栓　　(C)拉筋　　(D)光杠

46. Y28-450A 双动薄板液压机机身的立柱中装有压力调节装置、压力表以及电气(　　)。

(A)装置　　(B)仪表　　(C)控制设备　　(D)操作盘

47. Y28-450A 型双动薄板液压机中的 A 表示(　　)。

(A)优质　　(B)变型顺序号　　(C)改进顺序号　　(D)没有实际意义

48. 气垫是拉深作业中较理想的压边装置,因而又称为(　　)垫。

(A)冲裁　　(B)弯曲　　(C)胀形　　(D)拉深

49. 单活塞式气垫的压边力因受(　　)的限制不能太大。

(A)电压　　(B)气源压力　　(C)油压　　(D)工件大小

50. 滚制圆筒件过程中,出现圆筒两端面曲率不等,原因是(　　)。

(A)板料素线与辊轴中心不平行　　(B)可调辊轴与其他辊轴不平行

(C)辊轴受力过大而出现弯曲　　(D)可调辊轴与其他辊轴间距太小

51. 薄料工件模具校平一般采用(　　)进行。

(A)校形模　　(B)拉深模　　(C)光面平板模　　(D)齿型模

52. 冲压生产中各工序所用设备的型号和规格是(　　)规定的。

(A)设备管理　　(B)工艺规程　　(C)生产需要　　(D)工厂及车间领导

53. 冲压生产中原材料牌号、规格、毛坯尺寸及排样图是由(　　)规定的。

(A)产品设计　　(B)物资管理　　(C)工艺规程　　(D)车间成本

54. 确定工时定额及计算单位成本是根据(　　)规定的。

(A)产品设计图　　(B)产品或零件的实际加工

(C)有关人员的核算　　(D)工艺规程

55. 精密冲裁比采用其他的加工方法,其成本(　　),并且自动化程度高。

(A)显著增高　　(B)显著降低　　(C)基本相同　　(D)略有增高

56. 凸、凹模间隙(　　)会使精冲毛刺过大。

(A)过小　　(B)合理　　(C)均匀　　(D)凸模进入凹模太浅

57. 负间隙精冲属于半精冲,又称光洁冲裁,其特点是凸模直径(　　)凹模形孔直径。
(A)大于　(B)小于　(C)等于　(D)等于或略小于
58. 精冲件的材料要有较高的(　　)指标,才能获得最好的精冲效果。
(A)弹性　(B)塑性　(C)韧性　(D)硬度
59. 和合几何,它是讨论这样一种(　　),即它们中的每一个能和其同形无缝隙地拼合起来,这种图形称为"和合图形"。
(A)曲面图形　(B)平面图形　(C)立体图形　(D)三维图形
60. 结构废料主要是由工件的(　　)决定的。
(A)尺寸　(B)表面质量　(C)断面质量　(D)形状
61. 无废料、少废料冲裁可以节省(　　)的消耗。
(A)电力　(B)原材料　(C)模具　(D)工时
62. 弯曲件剖面的畸变现象,是因为径向(　　)所引起的。
(A)拉应力　(B)压应力　(C)剪应力　(D)扭曲力
63. 相对弯曲半径 R/t 表示(　　)。
(A)材料的弯曲变形极限　(B)零件的弯曲变形程度
(C)零件的结构工艺好坏　(D)弯曲难易程度
64. 最小相对弯曲半径 R_{min}/t 表示(　　)。
(A)材料的弯曲变形极限　(B)零件的弯曲变形程度
(C)零件的结构工艺好坏　(D)弯曲难易程度
65. 某一弯曲件弯曲半径 $R=20$ mm,材料厚度 $t=10$ mm,中性层移动系数 $k=0.45$,则中性层位置在(　　)处。
(A)$R=25$ mm　(B)$R=24.45$ mm　(C)$R=20.45$ mm　(D)$R=24.5$ mm
66. 拉深前的扇形单元,拉深后变为(　　)。
(A)扇形单元　(B)椭圆形单元　(C)矩形单位　(D)环形单位
67. 变薄拉深拉深力与普通拉深相比(　　)。
(A)较大　(B)较小　(C)不变　(D)根据工件形状确定
68. 拉深模采用压边装置的主要目的是(　　)。
(A)防止起皱　(B)支承坯料　(C)坯料定位　(D)防止变薄
69. 反拉深一般适用于(　　)圆筒形零件。
(A)小型　(B)中型　(C)大型　(D)大中型
70. 反拉深时,凸模从毛坯(　　)反向压下,并使毛坯表面翻转,内表面成为外表面。
(A)侧面　(B)底部　(C)顶部　(D)中部
71. 当工件总的拉深系数小于第一次最小极限拉深系数时,则该工件(　　)。
(A)可以一次拉深成型　(B)必须多次拉深
(C)可以不用压边圈拉深　(D)必须进行退火,降低变形强度后才拉深
72. 抛物线型零件成型是拉深和(　　)两种变形方式的复合。
(A)冲裁　(B)弯曲　(C)翻边　(D)胀形
73. 对于半球形件的拉深,其拉深系数与零件直径大小无关,等于(　　)。
(A)0.71　(B)0.75　(C)0.78　(D)0.65

74. 盒形件拉深时，毛坯尺寸过大，会引起危险断面的(　　)增加，对提高变形程度的减少工序不利。

(A)切应力　(B)压应力　(C)拉应力　(D)径应力

75. 拉深模压边圈上的弹簧柱塞一般安装在(　　)位置上。

(A)拉深筋　(B)分模线外 20 mm　(C)拉深筋外　(D)毛坯边缘

76. 拉深过程中用(　　)时，压边力基本上不随上模的行程而变化，而且调整方便。

(A)弹性压边　(B)刚性压边　(C)锥面压边　(D)气垫

77. 非圆孔的平面翻边时，在远离边缘或直线部分而且曲率半径最小的部位上切向拉应力和切向伸长变形(　　)。

(A)最小　(B)增大　(C)最大　(D)为零

78. 伸长类内凹的外缘翻边，其变形特点近似于圆孔翻边，变形区表现为(　　)，边缘容易拉裂。

(A)切向受压　(B)切向拉伸　(C)径向受压　(D)径向拉伸

79. 压缩类曲面翻边时，毛坯变形区在(　　)压应力作用下产生失稳起皱。

(A)径向　(B)横向　(C)竖直　(D)切向

80. 实质上压缩类平面翻边的应力状态和变形特点和(　　)是完全相同的。

(A)拉深　(B)冲孔　(C)胀形　(D)缩口

81. 为了保证产品质量，热压温度应控制在一定范围内，一般低碳钢及耐侯钢的热压温度通常为(　　)。

(A)500～550 ℃　(B)700～750 ℃

(C)900～950 ℃　(D)1 100～1 150 ℃

82. 加热弯曲时，温度收缩量应取板厚的(　　)范围内。

(A)0.1%～0.5%　(B)0.3%～0.6%　(C)0.5%～0.75%　(D)8%～10%

83. 采用冷挤压加工，材料利用率可达(　　)。

(A)40%～50%　(B)50%～60%　(C)60%～80%　(D)70%～100%

84. 冷挤压加工见的表面光洁度可达(　　)以上。

(A)R_a25 μm　(B)R_a12.5 μm　(C)R_a6.3 μm　(D)R_a3.2 μm

85. 冷挤压是金属压力加工中一种(　　)加工。

(A)多切削　(B)少、无切削　(C)非切削　(D)压型

86. 在冷挤压过程中工件内部组织，具有连续的纤维流向，因而提高了材料的(　　)。

(A)抗拉强度　(B)抗压强度　(C)抗疲劳强度　(D)抗剪强度

87. 反挤压可以制造(　　)。

(A)实心零件　(B)实心和空心零件

(C)空心零件　(D)复合形状零件

88. 设备修理前必须制定(　　)。

(A)准备措施　(B)安全措施　(C)预防措施　(D)控制措施

89. 在安装和调整冲模的一般步骤中，首先应检查(　　)是否正常。

(A)模具安装　(B)工具准备　(C)润滑系统　(D)冲床运转

90. 下列关于模具闭合高度说法正确的是(　　)。

(A)模具在最低工作位置时,上模板下平面与下模板下平面间的距离
(B)模具在最低工作位置时,上模板下平面与下模板上平面间的距离
(C)模具在最低工作位置时,上模板上平面与下模板下平面间的距离
(D)模具在最低工作位置时,上模板上平面与下模板上平面间的距离

91. 装模调整杆的长度以(   )为依据。
(A)模具闭合高度　　(B)压力机闭合高度
(C)压力机行程　　(D)压力机最大工作高度

92. 试模前,首先要对模具进行一次(   ),检查无误后,才能安装于压力机上。
(A)检测　　(B)调试　　(C)全面检查　　(D)试压

93. 拆除模具定位会产生的影响是(   )。
(A)影响零件准确定位　　(B)提高零件质量
(C)有利于操作　　(D)提高效率

94. 拉弯加工适用于(   )工件的加工。
(A)较短的　　(B)长度较大　　(C)板料较厚的　　(D)平板

95. 对拉弯工件进行应力释放时(   )。
(A)可用人力敲击　　(B)可用大锤敲打
(C)可用木锤敲打　　(D)不能敲打

96. 在压力机的(   )行程中同时完成多道工序的冲裁称为复合冲裁。
(A)一次　　(B)二次　　(C)多次　　(D)三次

97. 对于复合冲裁模的冲件质量,要求冲件断面(   ),不允许有夹层及局部脱落和裂纹现象。
(A)光滑　　(B)无毛刺　　(C)无缺陷　　(D)应均匀

98. 复合模孔形不正确,表明凸凹模(   )偏移,应注意调整。
(A)装配　　(B)相对位置　　(C)安装　　(D)自身

99. 复合模冲裁时凹模被胀裂,可能原因是凹模孔(   )。
(A)尺寸小　　(B)有倒锥　　(C)漏料不通畅　　(D)材料有夹层

100. 在固定双动拉深模时,最先固定的是(   )。
(A)凹模　　(B)凸模　　(C)压边圈　　(D)不分先后

101. 拉深模凸、凹模间隙过大时,容易使工件筒壁(   ),出现口大底小的锥形工件。
(A)拉伤　　(B)变薄　　(C)拉裂　　(D)起皱

102. 拉深件的底部周边形成鼓囊或胀大主要是(   )引起的。
(A)凸凹模间隙过大　　(B)凸凹模间隙过小
(C)凹模表面粗糙　　(D)凸模上无通气孔

103. 在保管冲裁模时,在凸模与凹模的(   )部位以及导柱面上,应涂一层防锈油,以防其长时间不用而生锈。
(A)接触面　　(B)刃口　　(C)侧面　　(D)周边

104. 吊钩一定要严格按规定使用,在起吊中,吊钩的起重量(   )。
(A)只能为规定负荷的40%　　(B)不能超过规定负荷
(C)可超过规定负荷的10%　　(D)可超过规定负荷的50%

105. 用两台起重机同时起吊一个重物时，最大起重量一般不超过两台起重机总吊重量的(　　)。

(A)80%　(B)85%　(C)90%　(D)95%

106. 常用 6 股 19 丝的直径为 1/2 in 的普通钢丝绳的破断拉力为(　　)。

(A)8 500 kgf　(B)9 000 kgf　(C)9 500 kgf　(D)10 000 kgf

107. 钢丝绳磨损超过表面钢丝直径的(　　)以上，应禁止使用。

(A)30%　(B)40%　(C)50%　(D)90%

108. 功、能的国际基本单位是(　　)。

(A)erg(尔格)　(B)kW·h(千瓦小时)

(C)马力小时　(D)J(焦尔)

109. 1kW·h=(　　)J(焦尔)。

(A)3.6×10^{13}　(B)3.6×10^{8}　(C)3.6×10^{6}　(D)3.6×10^{9}

110. 1PS(马力)=(　　)kgf·m/s(千克力米每秒)。

(A)85　(B)70　(C)80　(D)75

111. 温度的国际基本单位是(　　)。

(A)K　(B)℃　(C)℉　(D)°R

112. 1℃(摄氏温度)=(　　)K(开尔文温度)。

(A)284.15　(B)264.15　(C)254.15　(D) 274.15

113. 1K(开尔文温度)=(　　)°R(兰氏温度)。

(A)$\frac{6}{9}t$　(B)$\frac{5}{9}t$　(C)$\frac{5}{8}t$　(D)$\frac{8}{9}t$

114. 冲压模具的数量种类设计要求是按(　　)进行设计的。

(A)工艺方案　(B)产品图样　(C)生产需要　(D)设备情况

115. 对于形状复杂的拉深件，先冲压出(　　)而后拉深外部形状。

(A)内部形状　(B)中间部分　(C)边缘　(D)直径小的部分

116. 轴肩处常采用圆角过渡是为了(　　)。

(A)去毛刺　(B)退出刀具　(C)便于磨削　(D)避免应力集中

117. 选择定位基准时，应尽可能使定位基准与(　　)相重合。

(A)安装定位　(B)操作方便　(C)设计基准　(D)零件较宽的面

118. 下列元件在机械组装中起定位作用的零件是(　　)。

(A)螺栓　(B)销钉　(C)螺钉　(D)铆钉

119. 圆形、方形尺寸为 18～30 mm 的凹模偏差 $\delta_{凹}$ 为(　　)。

(A)+0.025 mm　(B)+0.1 mm　(C)+0.08 mm　(D)+0.04 mm

120. 圆形、方形尺寸为 18～30 mm 的凸模偏差 $\delta_{凸}$ 为(　　)。

(A)−0.025 mm　(B)−0.020 mm　(C)−0.04 mm　(D)−0.06 mm

121. 冲裁模的凸凹模工作部分的粗糙度通常为(　　)。

(A)$R_a 12.5\ \mu m$　(B)$R_a 1.6\ \mu m$　(C)$R_a 6.3\ \mu m$　(D)$R_a 25\ \mu m$

122. 拉深模的凸凹模工作部分的粗糙度通常为(　　)。

(A)$R_a 0.8\ \mu m$　(B)$R_a 3.2\ \mu m$　(C)$R_a 6.3\ \mu m$　(D)$R_a 12.5\ \mu m$

123. 冲模设计图审核中应该有:有无遗漏配合精度、配合(　　)等内容。

(A)方式　(B)等级　(C)种类　(D)符号

124. 冲模设计图审核中应有:装配图上的各零件(　　)是适当;装配位置是否明确;零件是否已全部标出;必要的说明是否明确等内容。

(A)强度　(B)精度　(C)排列　(D)尺寸

125. 冲压件的模具设计任务书通常是由(　　)提出的。

(A)模具操作人员　(B)冲压件设计人员

(C)模具设计人员　(D)冲压件使用人员

126. 模具图的主视图采用的是(　　)位置。

(A)工作　(B)组装　(C)测量　(D)相互配合

127. 模具总图(装配图)的俯视图(或仰视图)一般是将模具的上部分(或下部分)(　　),这是模具图的一种习惯画法。

(A)展开　(B)旋转　(C)移位　(D)拿掉

128. 为了使模具图的某些结构,看得更清楚,表达的更完善,才将(　　)画出来。

(A)主视图　(B)侧视图和局部视图

(C)俯视图和仰视图　(C)后视图

129. 模具图的总图中常将工件画出来,一般画在(　　)部位。

(A)左上角　(B)右上角　(C)左下角　(D)右下角

130. 对于落料模、复合模、级进模,还要绘出工件的(　　)图,复杂的工件图一般单独绘制在一张图纸上。

(A)排样图　(B)上工序半成品图　(C)下工序工件图　(D)检查图

131. 装配工艺规程编制内容中应有规定模具件和(　　)装配顺序的步骤。

(A)部件　(B)模架　(C)导向　(D)标准件

132. 装配工艺规程编制内容中应有:对所有装配(　　)和零部件,规定出既能保证装配精度又是最合理的、最经济的装配方法。

(A)凸模　(B)凹模　(C)模架　(D)单元

133. 编制装配工艺规程,要确定和选择工艺装备和装配设备、工具与装配(　　),如低熔点合金及各类黏结剂等。

(A)专用工具　(B)辅助材料　(C)专用夹具　(D)专用量具

134. 编制装配工艺规程,要读懂及分析装配图样,掌握模具结构特点、(　　),确定装配方式、方法。

(A)结构形式　(B)难易程度　(C)面积大小　(D)动作原理

135. 试验模具是对模具和工件进行(　　)考查与检测。

(A)综合性　(B)模具结构性能　(C)工件质量　(D)设备的

136. 检查上下模座的平行度,将上下模座对合,中间放上垫块放在平台上,用(　　)检查。

(A)钢板尺　(B)千分尺　(C)百分表　(D)高度游标卡尺

137. 建立质量责任制,是工业企业中建立经济责任制的(　　)环节。

(A)首要　(B)一般　(C)统一　(D)次要

138. 装配精度完全依赖于零件制造精度的装配方法是(　　)。

(A)完全互换法　　(B)选配法　　(C)修配法　　(D)调整法

139. 装配时常常采用楔条夹具,楔条斜面角应小于摩擦角,一般情况下采用(　　)。

(A)3°～5°　　(B)5°～10°　　(C)10°～15°　　(D)15°～20°

140. 目前大型复杂的结构件制造,普遍采用的是(　　)。

(A)调整装配法　　(B)选配法　　(C)部件装配法　　(D)互模装配法

141. 凸凹模的间隙制作超差时,会导致落料件(　　)。

(A)毛刺增大　　(B)卸料不顺利　　(C)工件不平　　(D)凸凹模相咬

142. 安装模具时模具闭合后凸模进入凹模面的深度是依靠调节压力机的(　　)来实现的。

(A)垫板　　(B)连杆长度　　(C)模具　　(D)设备

143. 调整侧向平衡块的间隙是(　　)。

(A)等于 1/2 导柱导套部隙　　(B)是导柱导套间隙

(C)无间隙　　(D)5%的板厚

144. 对于铸铁件,装配后的螺钉拧紧部分的长度,即连接长度应不小于螺钉直径的(　　)。

(A)1.5 倍　　(B)1 倍　　(C)1.2 倍　　(D)2 倍

145. 装配后的螺钉必须拧紧,不许有任何(　　)。

(A)移动现象　　(B)松动现象　　(C)窜动现象　　(D)振动现象

146. 对于钢件及铸钢件,装配后的螺钉拧紧部分的长度,即联接长度应不小于螺钉直径的(　　)。

(A)1.5 倍　　(B)1 倍　　(C)0.5 倍　　(D)2 倍

147. 对产品零件的形状和尺寸适当改变,能有利于排样和节约原材料,应向(　　)提出意见。

(A)工厂领导　　(B)工艺部门　　(C)产品设计部门　　(D)生产部门

148. 立式铣床主要特征是(　　)。

(A)主轴与工作台垂直　　(B)主轴与工作台平行

(C)主轴与工作台倾斜　　(D)龙门式

149. 用圆规在钢板上划圆、圆弧或分量尺寸时,为防止圆规脚尖的滑动,必须先(　　)。

(A)冲出样冲眼　　(B)清理表面　　(C)除油污　　(D)作标记

150. 对大型工件划垂直线应该采用(　　)划出。

(A)量角器　　(B)直角尺　　(C)作图法　　(D)目测法

151. 对于划较长的直线(大于 1 000 mm),很难用直尺一次划成,这时可将直线分段划出,但这样划出的直线不易正确,因此最好采用(　　)。

(A)连接直尺的方法划出　　(B)制作样板划出

(C)粉线一次弹出　　(D)投影法划出

152. 长方体工件定位,在导向基准面上应分布(　　)支承点,其平行于主要定位基面。

(A)一个　　(B)两个　　(C)三个　　(D)四个

153. 在零件图上用来确定其他点、线、面位置的基准称为(　　)基准。

(A)设计　　(B)划线　　(C)定位　　(D)修理

154. 利用刀具和工件作相对运动,从工件上切去多余的金属,以获得符合要求的零件,称为(　　)。

(A)冲压加工　(B)钳工加工　(C)金属切削加工　(D)挤压加工

155. 车刀主切削刃和副切削刃在基面上的投影之间的夹角叫(　　)角。

(A)切削　(B)刀尖　(C)主偏　(D)副偏

156. 影响钻孔表面光洁度的主要因素有(　　)。

(A)进给量　(B)切削速度　(C)钻头大小　(D)孔径大小

157. 用镗床进行加工时,它依靠镗刀旋转,工件(　　)进行镗削。

(A)移动　(B)旋转　(C)不动　(D)摆动

158. 相互垂直的孔系在镗床上加工时,可以先加工一个孔,然后将工作台回转(　　)再加工另一个孔。

(A)120°　(B)90°　(C)60°　(D)180°

159. 粗铣铸钢、铸铁时,铣削深度为(　　)。

(A)5～7 mm　(B)4～6 mm　(C)6～8 mm　(D)8～10 mm

160. 粗磨时,磨削余量大,要求的表面光洁度不很高,应选用粒度(　　)的磨料。

(A)较粗　(B)较小　(C)一般　(D)细小

161. 一般在磨削(　　)时,为减少砂轮的堵塞,选择粗磨粒的磨料。

(A)高碳钢　(B)合金钢　(C)硬金属　(D)软金属

162. 润滑油中使用最广泛的是(　　)。

(A)植物油　(B)动物油　(C)合成油　(D)矿物油

163. 液压泵出现发热异常原因为:内部漏损过大;滑动部分烧坏;轴承烧坏或(　　)容积小。

(A)油箱　(B)泵　(C)管路　(D)液压缸

164. 液压系统主要由油泵、(　　)、控制调节元件和辅助元件组成。

(A)调速阀　(B)油缸　(C)减压阀　(D)单向阀

165. 用来检验锥面的刮削基准的量具是(　　)。

(A)标准平板　(B)校准直尺　(C)角度直尺　(D)锥度量规

166. 轴承内孔的刮削精度除要求有一定数目的接触点还应根据情况考虑接触点的(　　)。

(A)合理分布　(B)大小情况　(C)软硬程度　(D)高低分布

167. 刮削后的检测通常是以一定面积内的研点数为标准来衡量,该面积大小为(　　)。

(A)15 mm×15 mm　(B)20 mm×20 mm

(C)25 mm×25 mm　(D)30 mm×30 mm

168. 研磨的作用是使零件加工表面获得很高的表面质量、尺寸精度和准确的(　　)形状。

(A)几何　(B)角度　(C)锥度　(D)斜度

169. 研磨的基本原理包含着物理和(　　)的综合作用。

(A)化学　(B)数学　(C)科学　(D)哲学

170. 在拉深筒形件或者盒形件时,在制品的壁部会产生细小的皱折,其主要的消除方法有(　　)。

(A)将凹模的圆角半径 R 适当减少　(B)减小拉深模的压边力

(C)修整凹模平面 (D)调整拉深间隙

171. 夹具的磨损可引起加工(　　)。

(A)废品 (B)误差 (C)不良品 (D)精度下降

172. 电火花成型加工中最常见的两种形式是电火花(　　)和电火花型腔加工。

(A)穿孔 (B)切槽 (C)切边 (D)切断

173. 在电火花加工中存在吸附效应,它主要影响(　　)。

(A)工件的可加工性 (B)生产率

(C)加工表面的变质层结构 (D)工具电极的损耗

174. 电火花加工时要对工作液进行过滤,常见的过滤方式有介质过滤和(　　)过滤。

(A)滤网 (B)滤片 (C)循环 (D)离心

175. 电火花线切割机床使用的脉冲电源输出的是(　　)。

(A)固定频率的单向直流脉冲 (B)固定频率的交变脉冲电源

(C)频率可变的单向直流脉冲 (D)频率可变的交变脉冲电源

176. 一工件长度尺寸的真值为 $L_0=20$ mm,测量时,所允许的测量误差为 $\Delta L=0.5$ mm,其测得值只能在(　　)范围内。

(A)19.25～20 mm (B)19.75～20.25 mm

(C)20～20.5 mm (D)19.5～20.5 mm

177. 处理测量误差中的系统误差是(　　)。

(A)重新测量或按一定规律予以剔除 (B)设法消除或修正测量结果

(C)减少并控制其误差对测量结果的影响 (D)不可避免,无法解决

178. 深度游标卡尺测量的最大范围是(　　)。

(A)0～200 mm (B)0～300 mm (C)0～500 mm (D)0～1 000 mm

179. 数显高度尺不可以碰到(　　)。

(A)酒精 (B)水 (C)防锈油 (D)清洁布

180. 发现精密量具有不正常现象时,应(　　)。

(A)进行报废 (B)及时送交计量检修部门

(C)继续使用 (D)自行修理

181. 千分尺两测量面将与工件接触时,要使用(　　),不要直接转动微分筒。

(A)螺杆 (B)千分尺 (C)测力装置 (D)固定套管

182. 压力机滑块下平面对工作台的平行度用(　　)检查。

(A)游标卡尺 (B)百分表 (C)正弦规 (D)量规

183. 一般液压设备油箱中油温在(　　)范围内较合适。

(A)20～40℃ (B)35～60℃

(C)40～70℃ (D)50～80℃

184. 从电网向工作机械的电动机供电的电路称为(　　)。

(A)动力电路 (B)控制电路 (C)信号电路 (D)保护电路

185. 绘制电气控制原理图中所有电器触头(　　)状态。

(A)都处在未通电 (B)都处在通电

(C)有通电的也有不通电的 (D)根据需要画出

186.《中华人民共和国标准化法》中规定:对于那些需要在全国范围内进行统一的技术要求,应当制定(　　)。

(A)国际标准　(B)国家标准　(C)部级标准　(D)企业标准

187. 技术标准是指对标准化对象的(　　)特征加以规定的那一类标准。

(A)质量　(B)产品　(C)方法　(D)技术

188. 全员参与的生产保全活动是以(　　)为中心,以追求生产系统综合效率极限化为目标。

(A)设备　(B)生产系统　(C)人员　(D)材料系统

189. QC 小组活动有高度的(　　)。

(A)凝聚力　(B)思想性　(C)民主性　(D)觉悟

190. QC 小组活动作用之一是有利于开发智力资源。发掘(　　),提高人的素质。

(A)人的潜能　(B)人才　(C)人的能力　(D)人的意识

三、多项选择题

1. 按投射方向对轴测投影面相对位置的不同,轴测图分为(　　)。

(A)正轴测图　(B)正二轴测图　(C)斜轴测图　(D)斜二轴测图

2. 根据不同的轴向伸缩系数,正轴测图可分为(　　)。

(A)正四轴测图　(B)正三轴测图

(C)正二轴测图　(D)正等轴测图

3. 下列关于轴测图说法正确的是(　　)。

(A)相互平行的两直线,其投影不一定平行

(B)只有正等轴测图三个轴向伸缩系数相等

(C)只有斜等轴测图三个轴向伸缩系数相等

(D)相互平行的两直线,其投影仍平行

4. 下列关于装配图中零件序号指引线说法正确的是(　　)。

(A)可以相互交叉　(B)可以曲折

(C)用粗实线表示　(D)用细实线表示

5. 下列属于装配图特殊画法的是(　　)。

(A)假想画法　(B)拆卸画法　(C)展开画法　(D)简化画法

6. 下关于装配图中零件序号,下列说法正确的是(　　)。

(A)装配中所有的零、部件都必须编写序号

(B)装配图只须对一般零件编写序号

(C)同一装配图中标注序号的形式必须都一致

(D)序号数字字高比该图中所注尺寸数字高度小一号

7. 画零件图的作用是(　　)。

(A)明确装配关系　(B)便于加工制造

(C)便于检验　(D)明确尺寸及形状

8. 零件图主视图的选择原则主要考虑的是(　　)。

(A)形状特征　(B)加工位置　(C)工作位置　(D)检测位置

9. 曲面展开图解法包括(　　)。
(A)平行四边形法　(B)三角线法　(C)放射线法　(D)平行线法
10. 下列曲面体中属于可展曲面体的有(　　)。
(A)圆锥　(B)圆台　(C)圆球　(D)圆柱
11. 金属材料一般分为三大类,分别是指(　　)。
(A)稀有金属　(B)黑色金属　(C)有色金属　(D)特种金属材料
12. 下列关于碳素钢工具的说法中,正确的是(　　)。
(A)此类钢的碳含量范围一般为 0.65%~1.35%
(B)热处理过程中稳定性好,不易变形或开裂
(C)生产成本较低,原材料来源方便
(D)回火抗力低,淬透性低
13. 下列关于钢材 Q450 说法正确的是(　　)。
(A)抗拉强度约为 450 MPa　(B)屈服极限约为 450 MPa
(C)是低合金高强度钢　(D)是碳素工具钢
14. 下列关于不锈钢说法正确的是(　　)。
(A)不锈钢中的主要合金元素是 Cr(铬)
(B)不锈钢含碳量越高,耐蚀性越强
(C)T4003 是铁素体不锈钢
(D)不锈钢容器适用于各种液体的装罐
15. 金属材料可焊性工艺条件主要包括的因素有(　　)。
(A)预热及热处理情况　(B)焊接方法
(C)焊接材料　(D)焊接规范
16. 对于大型焊接结构,下列说法正确的是(　　)。
(A)应尽量增加焊前预热　(B)应尽量减少焊前预热
(C)应尽量增加焊后热处理工序　(D)应尽量减少焊后热处理工序
17. T10 钢作为一种碳素工具钢,多用于生产(　　)。
(A)车体外观件　(B)模具凸凹模　(C)普通钻头　(D)锉刀
18. 下列属于冷作模具钢的有(　　)。
(A)Cr12MoV　(B)Q235　(C)08Al　(D)7CrSiMnMoV
19. 下列模具钢中,具有高淬透性的是(　　)。
(A)45 号钢　(B)Cr12MoV　(C)CrWMn　(D)7CrSiMnMoV
20. 关于模具钢 Cr12MoV,下列说法中正确的是(　　)。
(A)热处理后体积变化较大　(B)进行表面渗氮后性能更好
(C)有很高的淬透性　(D)可用于加工形状复杂的工件
21. 下列关于晶体与非晶体说法正确的是(　　)。
(A)晶体中原子排列是周期性规则有序的
(B)非晶体中原子排列是周期性规则有序的
(C)晶体有固定的熔点
(D)非晶体有固定的熔点

22. 下列说法错误的是(　　)。

(A)同素异构转变是在液态下进行的

(B)同素异构转变是在固态下进行的

(C)奥氏体向铁素体的转变是铁发生同素异构转变的结果

(D)纯铜与纯铝均有同素异构转变

23. 晶体的缺陷主要有(　　)。

(A)点缺陷　(B)线缺陷　(C)面缺陷　(D)体缺陷

24. 下列方式可以使金属产生塑性变形的有(　　)。

(A)冲压　(B)锻造　(C)轧制　(D)挤压

25. 工业生产中实际使用的金属大多是多晶体,多晶体是由晶粒组成的,下列关于组成多晶体的晶粒说法正确的有(　　)。

(A)形状是一样的　(B)形状不是一样的

(C)大小是一样的　(D)大小不是一样的

26. 通过塑性加工的方式获得的产品,与铸造方式相比优点有(　　)。

(A)力学性能提高　(B)晶粒细化显著

(C)生产率高　(D)内部缺陷少

27. 冷塑性变形使金属产生了加工硬化,它的表现是(　　)。

(A)强度提高　(B)韧性上升　(C)硬度提高　(D)塑性下降

28. 通过热塑性加工,可以使金属的(　　)。

(A)强度增加　(B)硬度增加　(C)塑性增加　(D)强度降低

29. 热塑性变形对金属组织和性能的影响有(　　)。

(A)晶粒增大　(B)细化晶粒

(C)形成纤维组织　(D)消除铸态金属的组织缺陷

30. 影响金属塑性和变形抗力的因素有(　　)。

(A)化学成分及组织　(B)变形温度

(C)变形速度　(D)应力状态

31. 金属探伤主要是检验金属制品内部缺陷,主要包括(　　)。

(A)锈蚀　(B)裂纹　(C)砂眼　(D)杂质

32. 以下用于金属探伤的方式有(　　)探伤。

(A)磁粉　(B)超声波　(C)X 射线　(D)伽玛射线

33. 板材轧制方式按轧件运动形式有(　　)。

(A)纵轧　(B)横轧　(C)混合轧　(D)斜轧

34. 相对于冷轧钢板,下列关于热轧钢板说法正确的是(　　)。

(A)成本高　(B)塑性高　(C)硬度高　(D)生产率高

35. 下列钢材牌号中能表明含碳量的有(　　)。

(A)Cr12MoV　(B)08F　(C)08Al　(D)Q195

36. 作为拉深材料,对其性能要求有(　　)。

(A)塑性差　(B)塑性强　(C)硬度高　(D)延伸率高

37. 冲压材料应具有的要求包括(　　)。

(A)有良好的使用性能　　(B)良好的冲压性能
(C)很强的硬度　　(D)表面质量要求高

38. 以下属于金属板材检验范围的有(　　)。
(A)外观检验　　(B)力学性能检验
(C)化学成分检验　　(D)内部组织检验

39. 对于材料力学性能的检验,能通过拉伸试验测得的有(　　)。
(A)伸长率　　(B)断面收缩率　　(C)屈服强度　　(D)抗拉强度

40. 自然环境条件下影响钢材锈蚀的因素有(　　)。
(A)湿度大　　(B)酸碱盐的作用　　(C)气温高　　(D)自身化学成分

41. 不锈钢材料及其配件在落地放置时,可采用的垫块材质有(　　)。
(A)碳钢　　(B)不锈钢　　(C)木块　　(D)尼龙

42. 下列配合标准正确的是(　　)。
(A)ϕ60H7/r6　　(B)ϕ60H8/k7　　(C)ϕ60h7/D8　　(D)ϕ60J7/f9

43. 剪板机按剪刃形式分类有(　　)。
(A)直刃剪机　　(B)机械剪机　　(C)型刃剪机　　(D)圆盘剪机

44. 衡量剪切件质量的指标有(　　)。
(A)垂直度　　(B)直线度　　(C)毛刺高度　　(D)尺寸

45. 下列属于冲压设备安全防护装置的有(　　)。
(A)安全电钮　　(B)防打连车装置
(C)防护罩　　(D)光电安全装置

46. 冲压作业车间安全检查的重点有(　　)。
(A)防护装置和措施的安全性及维护保养情况
(B)作业场所的环境及各种危险、有害因素
(C)作业人员安全教育培训
(D)冲压设备、模具的安全性

47. 油压机比水压机的使用范围越来越广泛,主要原因是油压机和水压机相比(　　)。
(A)能传递压强　　(B)防锈蚀强　　(C)润滑性能好　　(D)流动性好

48. 液压机主要由三部分组成,分别是(　　)。
(A)机械控制系统　　(B)液压控制系统　　(C)主机　　(D)动力系统

49. 按控制方式分类,液压设备包括(　　)液压设备。
(A)电控　　(B)机控　　(C)精密　　(D)手控

50. 液体常用的黏度表示方法有(　　)。
(A)动力黏度　　(B)运动黏度　　(C)条件黏度　　(D)载荷黏度

51. 液压系统中,常用的执行元件有(　　)。
(A)压力继电器　　(B)液压缸　　(C)液压泵　　(D)液压马达

52. 液压传动系统中,常用的压力控制阀是(　　)。
(A)溢流阀　　(B)减压阀　　(C)节流阀　　(D)顺序阀

53. 液压传动系统中,常用的方向控制阀是(　　)。
(A)溢流阀　　(B)单向阀　　(C)顺序阀　　(D)换向阀

54. 下列关于溢流阀说法错误的是(　　)。
(A)常态下阀口是常开的　　(B)进出油口都有压力
(C)阀芯随系统压力的变动而移动　　(D)一般连接在液压缸的回路上
55. 油压压料器产生压料力不足的是原因可能有(　　)。
(A)调节弹簧过松　　(B)单向阀密封差
(C)油路密封差　　(D)油路连接错误
56. 油压压料器产生压爪压料无力的可能原因有(　　)。
(A)工作油缸中有杂质　　(B)工作油缸间隙过大
(C)压料器密封失效　　(D)密封件失效
57. Y28-450A 型双动薄板液压机机身内装有拉伸滑块及压边滑块机构,还装有(　　)。
(A)退料机构　　(B)液压垫　　(C)主液压缸　　(D)压边液压缸
58. 关于 Y28-450A 型压力机,下列说法错误的是(　　)。
(A)总压力为 450t　　(B)是液压机
(C)是单动的　　(D)是开式压力机
59. 校平机是利用多辊工作原理,使板料在上、下校平辊之间(　　),达到校平的目的。
(A)变厚　　(B)变形　　(C)变薄　　(D)消除应力
60. 制订出一个好的工艺规程的作用有(　　)。
(A)节省成本开支　　(B)提高产品质量
(C)提高生产率　　(D)降低设备能耗
61. 冲压工艺文件一般以工艺过程卡的形式表示,其内容有(　　)。
(A)工序名称　　(B)工序图　　(C)选用设备　　(D)工序次数
62. 精密冲裁的特点有(　　)。
(A)高效　　(B)优质　　(C)应用广泛　　(D)低耗
63. 精冲模具结构与普通模具相比,特点有(　　)。
(A)刚性要求高　　(B)精度要求高
(C)导向精度高　　(D)选材要求高
64. 工艺废料主要是由(　　)决定的。
(A)表面质量　　(B)冲压方式　　(C)排样方式　　(D)断面质量
65. 冲裁过程中对材料进行合理的排样能够(　　)。
(A)提高材料利用率　　(B)方便冲裁操作
(C)保证工件质量　　(C)降低生产成本
66. 无废料、少废料排样的影响因素有(　　)。
(A)料厚　　(B)料源尺寸公差　　(C)工件形状　　(D)材料表面质量
67. 排样应保证冲裁件的质量,对于(　　)毛坯的落料,在排样时还应考虑板料的纤维方向。
(A)拉深件　　(B)弯曲件　　(C)胀形件　　(D)折弯件
68. 弯曲过程中常常出现的现象有(　　)。
(A)回弹　　(B)变形区域厚度减薄
(C)偏移　　(D)变形区域厚度增加

69. 在拉深过程中，决定材料是否起皱的因素是(　　)。
(A)材料的相对厚度$(t/D)\times 100$　　(B)材料的拉深变形程度
(C)材料所受的径向拉应力　　(D)材料所受的切向压应力
70. 拉深间隙越大，则易使(　　)。
(A)拉深力越大　　(B)工件筒壁弯曲
(C)工件筒壁较直　　(D)拉深力越小
71. 一般覆盖件的制造过程所要经过的基本工序有(　　)。
(A)修边　　(B)拉深　　(C)焊接　　(D)翻边
72. 反拉深与正拉深相比，其特点有(　　)。
(A)材料硬化程度低　　(B)残余应力小
(C)拉深力小　　(D)起皱机率小
73. 在确定锥形零件拉深方法时，主要考虑的参数有(　　)。
(A)相对高度　　(B)相对锥顶直径
(C)相对厚度　　(D)相对锥度直径
74. 在选用拉深模材料时，除了需要一定的硬度外，还必须有较高的(　　)。
(A)抗蚀性　　(B)耐磨性　　(C)抗黏附性能　　(D)强度
75. 为了减轻小批量不锈钢材料拉深时产生粘附和拉毛现象，拉深模具材料可以选用(　　)。
(A)T10A　　(B)铝青铜　　(C)球墨铸铁　　(D)Cr12MoV
76. 模具镶块的(　　)容易引不锈钢件在折弯及拉深过程中产生拉伤。
(A)耐磨性差　　(B)散热性差　　(C)表面光洁度低　　(D)含碳量低
77. 一般零件在拉深过程中容易出现起皱，下面选项中容易引起起皱的原因有(　　)。
(A)压边力不够　　(B)拉深筋太小或布置不当
(C)压料面配合不严　　(D)压边力过大
78. 在拉深过程中，容易出现破裂的原因有(　　)。
(A)压边力过大　　(B)压料面型面粗糙
(C)润滑油刷得太多　　(D)毛坯放偏
79. 圆孔翻边的变形程度可用翻边系数K来表示，$K=d/D$(其中d为翻孔前孔的直径，D为翻孔后孔的中径)，以下说法错误的是(　　)。
(A)在同等材料条件下，K值越大越利于保证翻孔质量
(B)在K值一定条件下，材料的应变硬化指数n值越大越容易保证翻孔质量
(C)在同等材料条件下，K值越小越利于保证翻孔质量
(D)在K值一定条件下，材料的应变硬化指数n值越小越容易保证翻孔质量
80. 圆孔翻边系数$K=d/D$，当翻边时孔边不破裂所能达到的最大变形程度，即最小的K值，称为极限翻边系数。在D一定时，下列说法正确的有(　　)。
(A)材料延伸率越大，则d可以越小
(B)材料延伸率越大，则d可以越大
(C)d能取得越小，则说明材料极限翻边系数越大
(D)d能取得越小，则说明材料极限翻边系数越小
81. 内孔翻边的变形过程实质上相当于(　　)的复合变形过程。

(A)胀形　(B)弯曲　(C)扩孔　(D)拉深

82. 与冷压模相比,使用热压成型的工艺可以(　　)。

(A)节省成本　(B)减小压型力

(C)减小圆角半径　(D)降低劳动强度

83. 热压模具材料应该具备的性能有(　　)。

(A)耐磨性　(B)热稳定性　(C)热硬性　(D)韧性

84. 使用热压模成型,可以减轻材料的(　　)现象。

(A)硬化　(B)翘形　(C)裂纹　(D)起皱

85. 材料经过冷挤压后下列性能提高的有(　　)。

(A)塑性　(B)强度　(C)硬度　(D)韧性

86. 冷挤压的优点有(　　)。

(A)塑性好、变形抗力大　(B)零件光洁度好

(C)生产效率高　(D)材料损耗低

87. 挤压按坯料温度范围分类有(　　)。

(A)冷挤压　(B)高温挤压　(C)热挤压　(D)温挤压

88. 下列对冷挤压材料的要求正确的有(　　)。

(A)硫磷含量少　(B)塑性差　(C)硬度低　(D)强度低

89. 旋压工艺的特点有(　　)。

(A)生产率高　(B)设备简单　(C)模具简单　(D)工装成本低

90. 按照旋压的变形特点分类,旋压工艺可分为(　　)。

(A)筒形件旋压　(B)普通旋压　(C)变薄旋压　(D)冷旋压

91. 旋压工艺可加工的零件可以有(　　)零件。

(A)盒形件　(B)半球形　(C)椭圆形　(D)抛物线形

92. 量具按用途可分为(　　)。

(A)专用量具　(B)特殊量具　(C)通用量具　(D)标准量具

93. 专用量具也称为非标量具,下列属于专用量具的有(　　)。

(A)量块　(B)钢丝绳卡尺　(C)塞尺　(D)角度尺

94. 下列属于生产现场安全保护措施的有(　　)。

(A)设置标志牌　(B)涂安全色

(B)规划安全通道　(D)装设压力机安全装置

95. 冲压作业车间安全检查的重点有(　　)。

(A)防护装置和措施的安全性及维护保养情况

(B)作业场所的环境及各种危险、有害因素

(C)作业人员安全教育培训

(D)冲压设备、模具的安全性

96. 当压力机的滑块处在下死点位置时,下列关于压力机装模高度说法正确的有(　　)。

(A)滑块底面到工作台垫板间的距离即为装模高度

(B)连杆最长时,滑块底面到工作台垫板间的距离即为最大装模高度

(C)连杆最长时,滑块底面到工作台垫板间的距离即为最小装模高度

(D)连杆最短时,滑块底面到工作台垫板间的距离即为最大装模高度

97. 模具制造完成后,经过生产单位的试模,可以体现出(　　)。

(A)零件冲压工艺可行性　　(B)模具设计的合理性

(C)模具加工质量　　(D)零件质量优劣

98. 冲压试模过程中除了产品质量还应该考虑的内容有(　　)。

(A)模具安装　　(B)设备检修　　(C)操作安全　　(D)模具检修

99. 冲压模具安装与调整的正确性直接危及到(　　)。

(A)操作工人安全　　(B)设备安全　　(C)模具安全　　(D)领导的安全

100. 下列情况需要调整模具结构的有(　　)。

(A)产品质量不符图样　　(B)上工序来料尺寸超差

(C)影响光控的使用　　(D)操作不方便

101. 对步距要求高的级进模,采用(　　)的定位方法。

(A)固定挡料销　　(B)侧刃　　(C)导正销　　(D)始用挡料销

102. 级进模送料不通畅,产生的原因是两导料板之间(　　)。

(A)尺寸过小　　(B)有间隙　　(C)尺寸过大　　(D)有斜度

103. 级进模冲裁常见的问题有冲件毛刺过大,产生的原因可能有(　　)。

(A)刃口硬度低　　(B)间隙不均　　(C)材料软　　(D)刃口不锋利

104. 拉深工件在圆角处有缩颈现象,下列方案正确的是(　　)。

(A)增大凸模圆角半径　　(B)减小凸模圆角半径

(C)增加润滑　　(D)增大凸凹模间隙

105. 对于单动拉深模的安装,下列说法正确的有(　　)。

(A)先固定下模,再固定上模　　(B)合模时凸、凹间应放上合适的间隙垫

(C)先固定上模,再固定下模　　(D)合模时凸、凹间不需要用间隙垫

106. 拉深模润滑的目的有(　　)。

(A)减小凹模与材料间的摩擦系数　　(B)降低拉深力

(C)降低材料的塑性　　(D)对模具起到保护作用

107. 冲裁凸凹模刃口磨损时,应停止使用,及时刃磨,否则会迅速扩大刃口的磨损深度,而引起(　　)。

(A)降低工件质量　　(B)降低模具寿命

(C)刃口崩裂　　(D)工件拉伤

108. 关于天车吊运,下列说法正确的是(　　)。

(A)吊运前应试吊　　(B)吊运重物的绳索越短越安全

(C)吊运应该从吊运通道通过　　(D)重物越重,允许条件下起重高度越低

109. 关于大型模具的吊运,下列说法正确的是(　　)。

(A)上下模应该整体吊运,避免合模困难

(B)与钢丝绳接触的部分有尖棱时,应用衬垫加以保护

(C)吊运模具对角挂钩最安全

(D)起吊时,起重要慢,制动要平衡

110. 组合冲模根据结构来分类,主要包括(　　)组合冲模。

(A)通用模架式　(B)弓形架式　(C)分解式　(D)积木式

111. 目前组合冲模在冲裁方面应用得较多,其主要特点有(　　)。

(A)互换性强　(B)能重复利用

(C)降低产品成本　(D)缩短模具制造周期

112. 冲模设计时要对冲压件进行工艺分析,确定(　　)。

(A)材料损耗　(B)加工方案　(C)工艺方案　(D)模具结构

113. 冲模的工艺结构零件包括(　　)。

(A)工作零件　(B)定位零件　(C)卸料零件　(D)导向零件

114. 冲裁过程中对毛坯进行定位的优点有(　　)。

(A)保证产品质量　(B)提高生产效率

(C)保证冲压安全　(D)保证材料利用率

115. 下列属于冲模定位零件的有(　　)。

(A)固定板　(B)导料销　(C)导尺　(D)挡料销

116. 考虑到模具在工作过程中的凸模和凹模的磨损,在制造新模具时,下列说法正确的是(　　)。

(A)凹模尺寸应趋向于落料件的最大极限尺寸

(B)凹模尺寸应趋向于落料件的最小极限尺寸

(C)凸模尺寸应趋向于冲孔件的最小极限尺寸

(D)凸模尺寸应趋向于冲孔件的最大极限尺寸

117. 表面光洁度对模具材料质量的影响有(　　)。

(A)影响零件间的配合精度　(B)影响零件的耐磨性

(C)影响耐疲劳强度　(D)影响零件的耐腐蚀性

118. 下列表面结构符号不属于磨削加工基准平面的是(　　)。

(A)R_a0.8 μm　(B)R_a3.2 μm　(C)R_a6.3 μm　(D)R_a12.5 μm

119. 以下属于模具审核内容的有(　　)。

(A)排样图的合理性　(B)定位机构的合理性

(C)送料机构的合理性　(D)卸料系统的合理性

120. 冲模设计图审核的内容应该包括(　　)。

(A)模具整体结构　(B)各零件的数量名称

(C)设备的状态　(D)标准件的型号数量

121. 模具设计任务书应包括的内容有(　　)。

(A)工件尺寸　(B)工件排样

(C)使用设备的型号　(D)使用设备的参数

122. 设计冲压模过程中设计者应该考虑的内容有(　　)。

(A)工人操作习惯　(B)设备参数

(C)冲压件定位方式　(D)模具的安全性

123. 设计冲裁模时应该计算的内容有(　　)。

(A)冲裁力　(B)冲裁功　(C)卸料力　(D)各部件尺寸关系

124. 模具零件图样中应包含零件的(　　)。

(A)尺寸 (B)材质 (C)数量 (D)图号

125. 装配工艺规程的作用有(　　)。

(A)保证装配质量 (B)提高装配效率

(C)减轻工人劳动强度 (D)降低生产成本

126. 下列属于装配工艺规程步骤的有(　　)。

(A)确定装配方法的组织形式 (B)确定装配顺序

(C)划分装配工序 (D)编制装配工艺文件

127. 要确保模具的生产质量,应该进行的工作有(　　)。

(A)控制模具材料质量 (B)制定合理的工艺流程

(C)制定合理的检验方式 (D)设计合理的模具结构

128. 下列条件容易出现安全问题的有(　　)。

(A)模具结构不合理 (B)设备状态不良

(C)多人操作动作不协调 (D)违规操作

129. 下列属于模具设计过程中的安全措施有(　　)。

(A)节省模具成本

(B)合理的倒角工艺

(C)要求配备合理的取料工具

(D)合理的工具让位槽

130. 关于装配精度及零件精度的关系,下列说法错误的是(　　)。

(A)零件精度是保证装配精度的基础 (B)装配精度完全取决于零件精度

(C)装配精度与零件精度无关 (D)零件精度就是装配精度

131. 装配图的读图方法,首先看(　　),并了解部件的名称。

(A)零件图 (B)明细表 (C)标题栏 (D)技术文件

132. 影响冲裁件断面质量的因素有(　　)。

(A)冲裁间隙 (B)刃口状态 (C)材料的力学性能 (D)冲裁速度

133. 冲裁间隙的大小对(　　)有影响。

(A)设备效率 (B)模具寿命 (C)冲裁力大小 (D)工件质量

134. 对于无导向模的间隙调整,可以在凹模刃口周边衬以(　　)进行调整。

(A)钢板 (B)紫铜皮 (C)硬纸板 (D)塑料板

135. 冲模凸凹模间隙的控制与调整方法有(　　)。

(A)垫片法 (B)透光法 (C)标准样件法 (D)镀层法

136. 下列属于工艺过程的是(　　)。

(A)铸造 (B)锻造 (C)冲压 (D)热处理

137. 金属切削机是用来对工件进行加工的机器,习惯上称为机床。下列机床中按加工性质分类的有(　　)。

(A)仪表机床 (B)车床 (C)镗床 (D)专用机床

138. 组成机床型号的内容有(　　)。

(A)希腊字母 (B)阿拉伯数字 (C)罗马数字 (D)汉语拼音字母

139. 关于机床型号意义,下列说法错误的是(　　)。

(A)C6132 是立式车床　(B)Z3040 最大钻孔直径是 30 mm
(C)T6112 是卧式镗床　(D)B2010A 是改进型龙门刨床

140. 在机械加工过程中,划线应用很广泛。划线包括(　　)。
(A)二维划线　(B)三维划线　(C)平面划线　(D)立体划线

141. 下列属于机械加工中划线要求的是(　　)。
(A)尺寸准确　(B)依靠划线确定零件最后尺寸
(C)线条清晰　(D)长宽高三方向线条互相垂直

142. 划线工具按用途分类包括(　　)。
(A)基准工具　(B)量具　(C)绘划工具　(D)辅助工具

143. 下列属于划线基准工具的有(　　)。
(A)垫铁　(B)V 型铁　(C)划线平台　(D)方箱

144. 大型工件划线的工艺要点包括(　　)。
(A)正确选择尺寸　(B)必须划出十字找正线
(C)正确选择工件安置基础　(D)正确借料

145. 畸形工件划线的工艺要点包括(　　)。
(A)必须使用方箱
(B)划线的尺寸基准应与工艺基准一致
(C)工件的安置基面应与设计基准一致
(D)往往借助于某些夹具或辅助工具来进行校正

146. 下列属于工艺基准的是(　　)。
(A)工序基准　(B)装配基准　(C)测量基准　(D)定位基准

147. 下列可用于钻销加工的机床是(　　)。
(A)车床　(B)镗床　(C)铣床　(D)磨床

148. 镗床上平行孔系的加工方法一般有(　　)。
(A)试切法　(B)找正法　(C)镗模法　(D)坐标法

149. 数控铣床是一种加工功能很强的机床,它具有的工艺手段有(　　)。
(A)车削　(B)钻削　(C)螺纹加工　(D)镗削

150. 根据工件被加工表面的形状和砂轮与工件之间的相对运动,磨削分为平面磨削、无心磨削及(　　)。
(A)端面磨削　(B)外圆磨削　(C)内圆磨削　(D)球面磨削

151. 常用的润滑剂状态有(　　)。
(A)固态　(B)液态　(C)气态　(D)半固态

152. 常用的切削液有(　　)。
(A)水溶液　(B)乳化液　(C)切削油　(D)甘油

153. 压力机上常用的各类润滑剂应具有的性质有(　　)。
(A)不能很轻易的清洗干净
(B)能形成有一定强度而不破裂的油膜层,用以担负相当压力
(C)不会损失润滑表面
(D)能很均匀地附着在润滑表面

154. 对于受损冲模部件，是选择进行修理还是更换，我们应该考虑的因素有(　　)。
(A)部件受损状态　(B)修理经济性
(C)修理周期　(D)零件生产进度
155. 下列属于模具钳工切削工具的有(　　)。
(A)拔销器　(B)油石　(C)风动砂轮机　(D)砂布
156. 刮削加工中常用的显示剂有(　　)。
(A)松节油　(B)红丹粉　(C)蓝油　(D)烟墨油
157. 刮削的主要作用有(　　)。
(A)精配配合型面　(B)形成美观刀花
(C)改善存油状态　(D)提高材料硬度
158. 关于刮削，下列说法正确的是(　　)。
(A)粗刮时，刮刀刃是斜线型　(B)粗刮时，刮刀刃是平直型
(C)精刮时要采用长刮法　(D)精刮时要采用点刮法
159. 下面是常用研磨工具的有(　　)。
(A)灰铸铁　(B)软钢　(C)硬质合金钢　(D)铜
160. 研磨液是配制研磨剂的材料，它的作用有(　　)。
(A)腐蚀　(B)润滑　(C)冷却　(D)调和磨料
161. 天然金刚石磨料适用于研磨的材料有(　　)。
(A)紫铜　(B)人造宝石　(C)玻璃　(D)低碳钢
162. 冲裁件断面粗糙是冲裁缺陷之一，以下内容属于冲裁件断面粗糙的有(　　)。
(A)工件表面质量差　(B)工件光亮带宽
(C)工件毛刺大　(D)工件断裂带宽
163. 下列关于冲裁模毛刺说法错误的有(　　)。
(A)模具刃口磨损变钝易出现毛刺
(B)冲裁间隙越小毛刺越小
(C)冲裁间隙越大毛刺越小
(D)冲裁毛刺是否达标是用手或眼等感官来衡量
164. 拉深件外表面有拉伤的可能原因是(　　)。
(A)凸模表面粗糙　(B)凹模表面粗糙
(C)拉深间隙小　(D)毛坯表面质量差
165. 筒形件拉深时筒壁与底部圆角处稍上的地方是“危险断面”，危险断面显著变薄的情况下，下列解决方案中错误的有(　　)。
(A)减小凹模圆角半径　(B)加大凹模圆角半径
(C)增大拉深间隙　(D)减小拉深间隙
166. 解决常见的覆盖件拉深变形起皱的办法是(　　)。
(A)设置拉深筋　(B)减少工艺补充材料
(C)减少压边力　(D)增加工艺补充材料
167. 机床夹具的功能有(　　)。
(A)增加加工成本　(B)保证加工精度

(C)减轻人工劳动强度　　(D)提高生产率

168. 下列工件材料选项中,适合用电火花加工的有(　　)。

(A)光学玻璃　　(B)硬质合金　　(C)淬火钢　　(D)钛合金

169. 关于电火花线切割加工工序安排,下列说法错误的是(　　)。

(A)在淬火之前,磨削之后　　(B)在淬火之后,磨削之前

(C)在淬火与磨削之后　　(D)在淬火与磨削之前

170. 根据测量误差的性质分类,测量误差可包括(　　)。

(A)系统误差　　(B)温度误差　　(C)随机误差　　(D)粗大误差

171. 下列可用深度尺测量的尺寸有(　　)。

(A)孔的直径　　(B)沉孔的高度　　(C)键槽的长度　　(D)盲孔的深度

172. 深度游标卡尺游标常见最小读数值有(　　)。

(A)0.01 mm　　(B)0.02 mm　　(C)0.05 mm　　(D)0.1 mm

173. 高度游标尺的应用范围有(　　)。

(A)测圆弧　　(B)测高度　　(C)精密划线　　(D)测内径

174. 焊接检验尺可以检验的内容有(　　)。

(A)焊接间隙　　(B)焊缝高度　　(C)焊缝宽度　　(D)焊接件坡口角度

175. 钢材在加工前进行表面抛丸并涂上保护底漆的预处理,其作用是(　　)。

(A)增加生产成本　　(B)除锈

(C)优化钢材表面质量　　(D)防腐

176. 下面关于量具的使用,错误的做法是(　　)。

(A)用量具测量带有研磨剂、沙粒的工件　　(B)用精密的器具测量铸锻件粗糙表面

(C)将量具与刀具堆放在一起　　(D)刚度好的量具可以当作一般工具使用

177. 下列属于液压辅件的有(　　)。

(A)液压阀　　(B)滤油器　　(C)蓄能器　　(D)油箱

178. 液压辅件中的蓄能器的用途有(　　)。

(A)存储能量　　(B)吸收液压冲击

(C)消除脉动、降噪　　(D)回收能量

179. 对于照明电路,在(　　)情况下会引起触电事故。

(A)人赤脚站在大地上,一手接触火线,但未接触零线

(B)人赤脚站在大地上,一手接触零线,但未接触火线

(C)人赤脚站在大地上,两手同时接触火线,但未碰到零线

(D)人赤脚站在大地上,一手接触火线,另一手接触零线

180. 气动系统的缺点包括(　　)。

(A)动作速度受负载变化影响　　(B)工作压力低,因而气动系统输出力小

(C)排气噪音大　　(D)自身没有润滑需加给油装置

181. 安全教育的主要形式有(　　)。

(A)三级安全教育　　(B)经常性安全教育

(C)专门培训教育　　(D)专业安全技术教育

182. 三级安全教育是指(　　)。

(A)公司级 (B)厂级 (C)车间级 (D)班组级

183. 精益生产将企业生产活动按照是否增值划分为(　　)。

(A)增值活动 (B)不增值尚难以消除的活动

(C)不增值可立即消除的活动 (D)半增值活动

184. 精益生产各要素中与人密切相关的要素是(　　)。

(A)领导能力 (B)培训 (C)成本管理 (D)班组管理

185. TPM的特点是(　　)。

(A)全效率 (B)全方位 (C)全系统 (D)全员参加

186. QC小组活动的特点有(　　)。

(A)明显的自主性 (B)广泛的群众性

(C)高度的民主性 (D)严密的科学性

四、判断题

1. 轴测图中一般只画出可见部分,不画不可见部分。(　　)
2. 轴测图的线性尺寸,一般应沿轴测方向标出。(　　)
3. 在装配图中可以将某些零件拆卸后绘制。(　　)
4. 线性尺寸的数字一般应注写在尺寸线的上方。(　　)
5. 装配图上只需表明表示机器或部件规格、性能以及装配、检验安装所必须的尺寸。(　　)
6. 装配图中也可以用涂色代替剖面符号。(　　)
7. 图样中所标注的尺寸为该图样所示机件的最后完工尺寸,否则应另外说明。(　　)
8. 不可见螺纹的所有图线用虚线绘制。(　　)
9. 非标准的螺纹,应画出螺纹牙型,并注出所需要的尺寸及有关要求。(　　)
10. 凡以曲线为母线或以相邻两直线相交于一点的表面,称为不可展开表面。(　　)
11. 为了提高焊件结构及性能上的互补性,焊接过程中应尽量采用不同的母材。(　　)
12. 5CrMnMo淬火温度一般取820～850℃,淬火介质用水。(　　)
13. 金属晶粒的大小对机械性能的影响较大。(　　)
14. 金属多晶体是由许多结晶位向相同的晶粒所构成。(　　)
15. 金属理想晶体的强度比实际晶体的强度高得多。(　　)
16. 金属的同素异构转变也遵循晶核形成与晶核长大的规律。(　　)
17. 铁的同素异构转变是钢铁材料能进行热处理的重要依据。(　　)
18. 金属和合金中的晶体缺陷使得力学性能变坏,故必须加以消除。(　　)
19. 晶体缺陷对金属的性能有重要影响。(　　)
20. 冷塑性变型可使金属的性能发生明显的变化。(　　)
21. 凡在金属的再结晶温度以下进行的加工,称为热加工。(　　)
22. 应力是单位面积上所承受的附加内力,而应变是指物体的变形程度。(　　)
23. 翻边变形区受力中,最大主应力是切向拉应力。(　　)
24. 磁粉探伤常用于铁磁性材料表面的缺陷检验。(　　)
25. 冲压工常用的吊具应进行定期探伤检查。(　　)
26. 一般来说,热轧钢板的冲压性能比对应的冷轧钢板差。(　　)

27. 08F 钢的含碳量约为 0.8%。(　　)

28. 热轧钢板在顺纤维方向的抗剪强度比垂直纤维方向的抗剪强度高。(　　)

29. 由于冲压加工属于大批量的生产类型,因此原材料的检验很重要。(　　)

30. 板材表面质量一般采用肉眼观察是否存在氧化皮、划痕、凹陷等缺陷。(　　)

31. 由于钢材是不可燃性材料,因此并不需要对钢材进行防火保护。(　　)

32. 在不锈钢和铝合金板材的吊运过程中不能使用钢丝绳直接吊运,主要是防止板材划伤。(　　)

33. 弹簧的种类复杂多样,按形状分,主要有螺旋弹簧、涡卷弹簧、板弹簧等。冲压常用的是螺旋弹簧。(　　)

34. 实际尺寸等于基本尺寸的零件必定是合格的。(　　)

35. 中性层由材料厚度的中间向弯曲内径方向移动,其移动之数值,以中性层位移系数 x 而定。(　　)

36. 机床导轨是机床各运动部件做相对运动的导向面,是保证工装和工件相对运动精度的关键。(　　)

37. 剪板机离合器的主要类型有刚性离合器和摩擦离合器两种。(　　)

38. 联合剪冲机属于剪切设备。(　　)

39. 剪板机在剪切既宽又厚的材料时必须进行剪切计算。(　　)

40. 为了提高冲压作业的安全性,必须提供必要的安全防护措施,对操作实行保护。(　　)

41. 为了发展生产,在安全问题难经避免的情况下,只能由操作者作出一定的牺牲。(　　)

42. 液压泵的工作原理是:工作容积由小变大而进油,工作容积由大变小而压油。(　　)

43. 液压传动能实现无级调速。(　　)

44. 液压冲床可以调节压力大小,但不能调节冲床的速度。(　　)

45. 液压缸活塞运动速度只取决于输入流量的大小,与压力无关。(　　)

46. 节流阀和调速阀都是用来调节流量及稳定流量的流量控制阀。(　　)

47. 液压机中单向阀可以用来作背压阀。(　　)

48. 凡液压系统中有减压阀,则必定有减压回路。(　　)

49. 凡液压系统中有顺序阀,则必定有顺序回路。(　　)

50. 气垫安装在压力机工作台穴腔内,是缓冲器的一种形式。(　　)

51. 矫形设备均是使金属材料产生塑性变形,使工件局部尺寸得以改变。(　　)

52. 开卷机上一般都附带有校平能力。(　　)

53. 生产率高,对工人技术要求低,是编制工艺规程的要求。(　　)

54. 编制工艺规程应使生产准备周期长、成本低。(　　)

55. 工艺规程应使工模具数量多,而且结构复杂、占用设备数量少、吨位大。(　　)

56. 排出不同排样方案以成本最低为原则确定排样方法及下料形式,并算出材料的消耗量是工艺规程的主要任务之一。(　　)

57. 冲压工艺规程是一种能指导整个生产过程的工艺性技术文件。(　　)

58. 精密冲裁比普通冲裁的冲裁力小得多。(　　)

59. 精密冲裁可以广泛应用于普通机床。(　　)

60. 含碳量0.7%的碳钢,以及合金钢,经过适当的球化处理,也可得到良好的精冲效果。(　　)

61. 冲压加工材料利用率高,可做到少废料或无废料。(　　)

62. 在无废料、少废料冲裁中,如果工件的孔与外形相对位置公差很紧,也可以用简单模。(　　)

63. 无废料冲裁容易造成模具压力中心偏移,降低模具使用寿命。(　　)

64. 弯曲时材料的中性层,就是材料断面的中心层。(　　)

65. 材料在弯曲过程中,整个断面都有应力,外层受拉伸,内层受挤压,没有一个既不受压又不受拉的中层存在。(　　)

66. 管材弯曲时,横截面变形的程度与相对弯曲半径、相对壁厚的值无关。(　　)

67. 弯曲模的角度必须比弯曲件成品的角度小一个回弹角。(　　)

68. 变薄拉深是指板料在拉深前后只是在直径方向变化较大厚度方向则变化较小的一种拉深方法。(　　)

69. 拉深时,压边力太大,工件容易起皱;压边力太小,工件容易拉裂。(　　)

70. 需要多次拉深的零件,在保证必要的表面质量的前提下,应允许内、外表面存在拉深过程中可能产生的痕迹。(　　)。

71. 反向拉深只适用于中厚板成型。(　　)

72. 反拉深模具完全不需要用压边装置。(　　)

73. 拉深系数是确定所需拉深次数的依据。(　　)

74. 拉深系数 m 恒小于1,m 愈小,则拉深变形程度愈大。(　　)

75. 矩形件拉深时,圆角部分变形程度相对较小。(　　)

76. 铝合金的折压及拉深模具材料一般选用含铜合金,主要原因是它硬度适中且有较好的散热性及耐磨性。(　　)

77. 拉深时,要求拉深件的材料应具有很好的屈强比。(　　)

78. 在相同的翻边系数下,材料越薄翻边时越不容易破裂。(　　)

79. 翻边成形力是在翻边过程终了时候最大。(　　)

80. 伸长类曲面翻边时,凸模和压料板的几何形状和曲面毛坯的形状相同。(　　)

81. 圆环形件外缘翻边和内孔翻边都属于伸长类翻边。(　　)

82. 压缩类翻边可以分为压缩类平面翻边和压缩类曲面翻边。(　　)

83. 为了减小热压过程中拉伤,应在凹模面上均匀涂上润滑油。(　　)

84. 热压模也可用使用压边圈,但一般不用橡胶或聚氨脂作为弹性压料装置。(　　)

85. 由于材料具有冷缩现象,所以热压模不需要使用卸料装置。(　　)

86. 冷挤压是金属加工中一种先进的少、无切削加工工艺方法之一。(　　)

87. 冷挤压可以加工形状复杂的零件。(　　)

88. 冷挤压只能加工几克重的工件。(　　)

89. 冷挤压对原材料要求很严格,因此一般都得先对材料进行预处理。(　　)

90. 塑性差的难成型工件可以用边加热边旋压的加工方式。(　　)

91. 旋压加工可以使金属纤维保持连续完整性,硬度和强度均得到降低。(　　)

92. 旋压工艺可用于管形件的扩口和缩口成型。(   )

93. 在对工件进行旋加工的过程中,能暴露出坯料夹渣、夹层、裂纹、砂眼等缺陷。(   )

94. 专用量具是一种被动式测量器具,因为它一般都要配用有测量机构的量具才能明确被测量值。(   )

95. 冲床开机前必须确认光电保护装置处于开启保护有效、保护范围安全可靠的状态。(   )

96. 为了提高冲压作业的安全,必须提供必要的安全防护措施,对操作实行保护。(   )

97. 压力机的装模高度调节量实际上就是压力机连杆长度的调节量。(   )

98. 模具的闭合高度一定要小于压力机的装模高度。(   )

99. 冲压试模试生产五到十个零件就能暴露出所有可能存在的问题。(   )

100. 冲压试模很多时候也是加工工艺方案制定及模具设计的重要依据。(   )

101. 模具的安装与调整是冲压操作的重要内容,其安装与调整质量直接关系到所加工零件的安全正确生产。(   )

102. 型材拉弯时可能因为偶然因素而突然断裂,向外弹开而伤及工作人员,因此在操作台前应增加防护罩或挡板。(   )

103. 安装拉弯模时,模具边缘不能超过设备两端夹头的中心连线。(   )

104. 没有打杆机构的压力机不能安装复合模。(   )

105. 复合模的卸料机构有压力机打料机构和模具自身卸料机构两种。(   )

106. 级进模结构复杂,加工精度高,因而模具的调试、维修等技术要求较高。(   )

107. 级进模的冲裁件剪切断面光亮带太宽,产生原因是冲裁间隙太大。(   )

108. 用级进模多件冲压时,其他孔型正确,只有一孔偏心,表明该孔凸凹模相对位置变化,需调整。(   )

109. 级进模中,对于孔边距很小的工件为防止落料引起的变形,可以冲外缘工位在前,冲内孔工位在后。(   )

110. 双动压力机的内滑块是用于压边。(   )

111. 双动拉深模是应用于双动压力机,其压边圈的压边力是固定的,不可调节。(   )

112. 冲模在使用过程中严禁对模具进行润滑,应在停机时进行。(   )

113. 天车工在操作起重机时,机台上所有人应密切配合,做好天车指挥工作。(   )

114. 起重机吊运的重物应在安全通道上运行。在没有障碍的路线上运行时,吊具和重物的底面,必须起升到离工作面 2 m 以上。(   )

115. 起重机司机及指挥人员需经过专门的岗位培训,考试合格、并取得《特种作业操作证》后,方能上岗。(   )

116. 在吊运大型模具时,应根据上下模的重量确定是否要分开吊运。(   )

117. 在正常使用情况下,钢丝绳绳股中钢丝的断裂是逐渐产生的。(   )

118. 组合冲单元没有导向装置,制造精度也较低。(   )

119. 1 马力小时等于 2.7×10^{5} kgf·m。(   )

120. 模具图的总图一般不需要写出技术要求。(   )

121. 导向零件、固定零件及紧固件统称为冲模的辅助零件。(   )

122. 选择定位方式时，一定要注意冲压操作上的方便和安全性。(　　)

123. 导正销是给导板定位用的。(　　)

124. 正确选择了测量基面而没有正确选择与其相适应的定位方法，也无法保证测量结果的可靠性。(　　)

125. R_a、R_y、R_z都是表面结构的高度评定参数代号。(　　)

126. 机床滑块中心必须与模具的压力中心重合成，否则会形成偏心载荷。(　　)

127. 求模具的压力中心只有解析法一种。(　　)

128. 如果多凸模的大小、形状不同，且分布不规则，就应通过计算来确定其压力中心。(　　)

129. 冲压模具的安全性是审核的重点内容之一。(　　)

130. 模具设计是否合理在模具审核阶段便能完全反映出来。(　　)

131. 模具基本结构审核项目中应有：凸、凹模工作零件尺寸设计、公差选择及间隙选用是否合理。(　　)

132. 冲压件是由数副模具完成的，除绘出本工序的成品工件图外，还要绘出上工序的半成品图。(　　)

133. 各道工序名称、性质、质量要求、工艺参数及主要工序所必要的半成品或成品草图，是工艺规程主要内容之一。(　　)

134. 制定装配工艺规程必须以各厂实际情况为根据。(　　)

135. 产品验收技术要求，是产品的质量标准和验收的依据，也是编制工艺规程的主要依据。(　　)

136. 不能用热处理方法来改善工件的加工工艺性能，否则，加工质量得不到提高。(　　)

137. 安装凸模时，先压入少许，即用角尺检查凸模的垂直度，防止歪斜，当压入1/3时还要用角尺检查，垂直度合格时，方可继续压入。(　　)

138. 安装导柱时，要用百分表随时测量和校正导柱的垂直度。(　　)

139. 一般理论认为冲裁间隙越大，冲裁力越大。(　　)

140. 调整模具间隙要保证上下模的工作零件(凸模或凹模)相互咬合，深度要适中，不能太浅或太深。(　　)

141. 高度游标尺属于划线的量具。(　　)

142. 千斤顶的种类很多，用于划线的大多采用螺旋结构的千斤顶。(　　)

143. 对于大型工件的划线，应尽量选定划线面积较大的一个位置作为第一划线位置。(　　)

144. 为了确保划线准确，同一个工件的划线应该由一个人单独完成，不可采用协作方式。(　　)

145. 加工基准的一般原则是先加工孔后加工面。(　　)

146. 表面结构代号中的数字单位是μm。(　　)

147. 刀具从开始使用到完全报废，这个实际切削时间称为刀具寿命。(　　)

148. 绞孔的加工余量是否合适，对绞出孔的表面光洁度和精度影响很大。(　　)

149. 坐标法镗孔无论是在单件小批生产中还是成批生产中都常采用。(　　)

150. 龙门铣床只适合小批量工件的粗加工及精加工。(　　)

151. 铣床是一种用途广泛的机床,加工平面、沟槽、分齿零件及各种曲面。(　　)

152. 磨削硬材料时,选择较硬的砂轮。(　　)

153. 滴油润滑常用于滑动轴承、滚动轴承、齿轮、导轨、泵等元件的润滑。(　　)

154. 高速钢刀具耐热性差,粗加工时,切削用量大,切削热多,应选用以冷却为主的切削液。(　　)

155. 压力控制阀用来调节或分配液体流量,实现运动部件的无级调速或同步动作。(　　)

156. 使用挫刀挫销时,为了散热,应该涂适当的润滑油。(　　)

157. 模具大型零件受损时,处理原则是能修复的尽量修复,不要进行更换。(　　)

158. 板牙是加工外螺纹的工具,丝锥是加工内螺纹的工具。(　　)

159. 桥型平尺可以作为刮削狭长导轨面时涂色沿点的基准研具。(　　)

160. 在刮削工作中,要防止刮刀倾斜将刮削面划出深痕。(　　)

161. 被刮研面经刮削后,只要检查其接触点数达到规定要求即可。(　　)

162. 研磨时所用的研具材料硬度必须比被研工件硬度软,但不能太软。(　　)

163. 冲裁模间隙调整得合理,工件可以不产生毛刺。(　　)

164. 拉深间隙越大,则校直作用越大,易使筒壁垂直。(　　)

165. 过小的拉深间隙,易使模具磨损,从而使模寿命降低。(　　)

166. 抛物面零件的拉深与球面拉深极易产生内皱缺陷。(　　)

167. 刀具装夹后,不必用对刀装置或试切等检查其精确性。(　　)

168. 工件在夹具中夹紧时不会产生夹紧误差。(　　)

169. 在采取适当的工艺保证后,数控线切割也可以加工盲孔。(　　)

170. 深度尺没有调节螺钉。(　　)

171. 划线的绘图划线工具包括划针,划规,划线盘,划线游标高度尺,卡规,样冲等。(　　)

172. 验证材料的热膨胀系数时,可以用高度游标尺测其高度。(　　)

173. 焊接检验尺寸既可以进行焊前的检验,还可以进行焊接过程中的检验及焊后的检验。(　　)

174. 抛丸表面结构对比样块属于比较样块,即通过目测或放大镜与被测加工件进行比较。(　　)

175. 设备的辅助装置主要包括:润滑系统;气动系统;液压系统;过载保护系统和其他专用机床的设施。(　　)

176. 操作者离开压力机时,必须及时关闭电源,不得使设备在无人时空转。(　　)

177. 冲床每天生产前操作工必须按设备点检卡内容点检设备。(　　)

178. 光电式安全装置能用在普通的转键离合器冲床上。(　　)

179. 油压机本身含有液压油,所以不需要润滑。(　　)

180. 当液压系统的工作压力高时,宜选用黏度较高的润滑油。(　　)

181. 绘制电气控制线路时,动力电路和控制、信号电路不分开画。(　　)

182. 阅读电气控制原理图首先要了解工作机械有几台电动机,它们的用途、运转要求和

相互联系等。(　　)

183. 气动电磁阀通常用电磁先导阀控制主阀芯动作,其工作多属于3位5通阀。(　　)

184. 冲压安全技术包括人身安全技术和装备安全技术两方面。(　　)

185. 安全教育在冲压生产中不是很重要,一般要求而已。(　　)

186. 标准化的范围—以获得最佳秩序和社会效益。(　　)

187. 精益管理的目标是企业在为顾客提供满意的产品与服务的同时,把浪费降到最低程度。(　　)

188. 精益管理就是简单的消除浪费。(　　)

189. TPM的主要目标是全员参加。(　　)

190. QC小组活动是全面管理的四大支柱之一。(　　)

191. 小范围开展QC小组活动,是办好企业的一项重要措施,也是增强企业竞争力的有效途径。(　　)

五、简 答 题

1. 简述一张完整的装配图包括哪些内容。

2. 常用模具钢,按用途和工作条件可分为几类?

3. 叙述对冷作模具钢的要求有哪些?

4. 某车间一块如下图1所示的钢板,料厚2.6 mm计算此材料的质量。(已知材料的密度为7.85 g/cm^3)

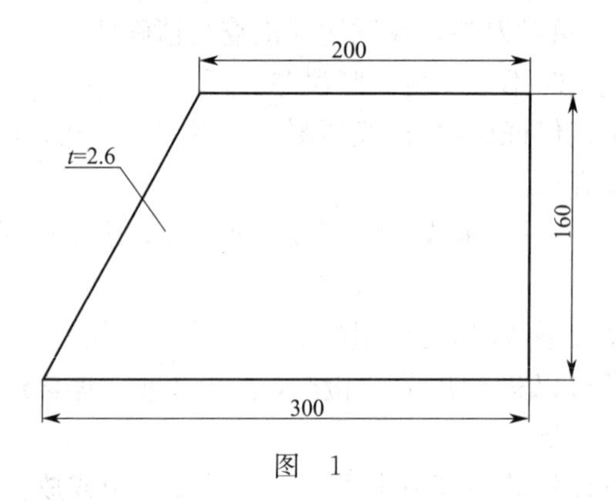

图 1

5. 某车间有一块钢板,材质为Q235,尺寸为3×300×1 000(单位mm),请计算此钢板的质量。(已知材料的密度为7.85 g/cm^3)

6. 已知钢板形状和尺寸如图2所示,(材料为Q235钢板,内孔尺寸ϕ400 mm,外形的长、宽尺寸为550 mm,料厚t=30 mm,求此板料的质量。(已知材料的密度为7.85 kg/dm^3)

7. 配合的孔和轴按图纸上规定孔的尺寸为$\phi75^{+0.03}$mm,轴的尺寸为$\phi75^{+0.06}_{+0.041}$mm。试说明它们的配合类型,并根据配合类型计算其配合的最大、最小间隙或最大、最小过盈。

8. 已知一压弹簧的外径为ϕ50 mm,螺距为5 mm,钢丝直径4 mm有效圈数20圈,端面整形无效圈数各一圈,求弹簧实际展开长度。

9. 已知一压弹簧的外经为ϕ25 mm,螺距为3 mm,钢丝直径2 mm有效圈数20圈,端面整形无效圈数各一圈,求弹簧实际展开长度。

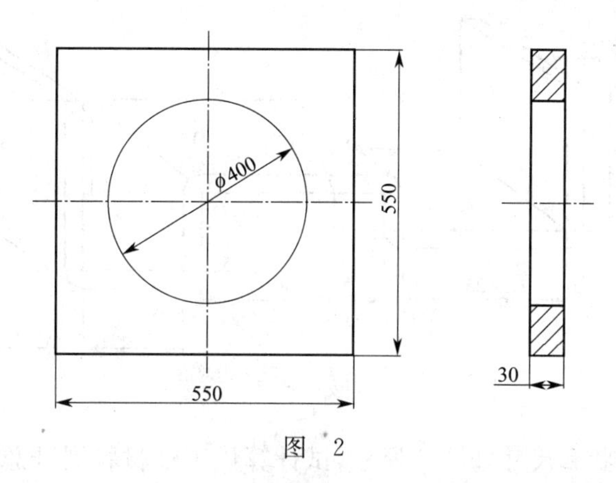

图 2

10. 如图 3 所示采用平刃冲模裁一长孔工件，料厚 $t=4$ mm，材质为 15 钢，长孔直边长 80 mm，两头圆弧半径 $R=15$ mm，已知材料抗剪强度 $\tau_0=310$ N/mm²，求实际冲裁力是多少？

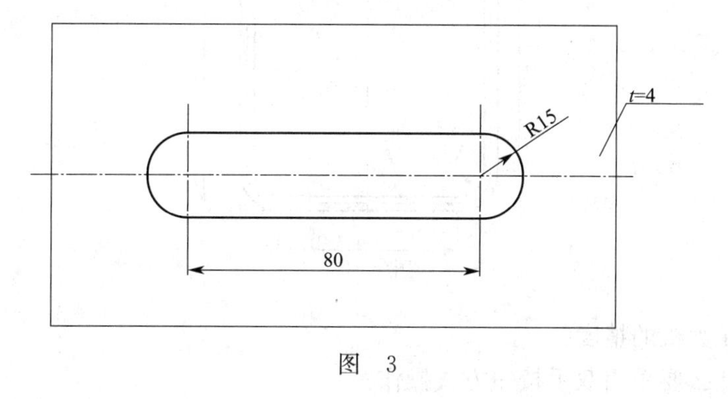

图 3

11. 材料为 05 钢，采用平刃冲裁，要冲一个直径为 200 mm 的圆孔，板料厚为 3 mm，材料抗剪强度 $\tau_0=200$ N/mm²，求实际冲裁力。

12. 冲压如图 4 所示垫板，材料为 15 钢，料厚为 4 mm，加工时有侧压装置，请计算冲裁力大小。($\tau=400$ MPa，$K=1.3$)

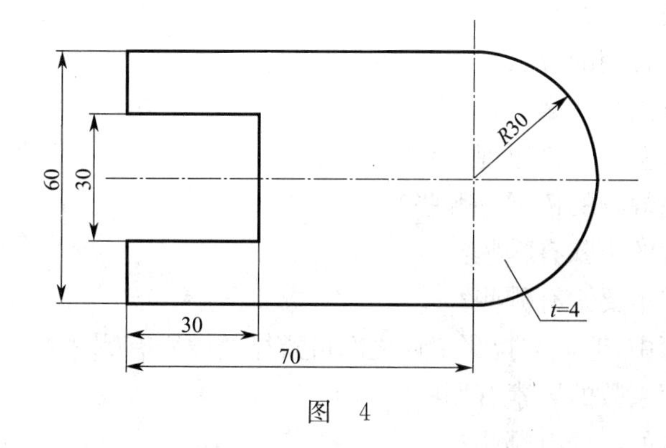

图 4

13. 计算如图 5 所示无圆角的多角弯曲件的毛料展开长度 L？(单位为 mm，多角弯曲系数取 0.25)

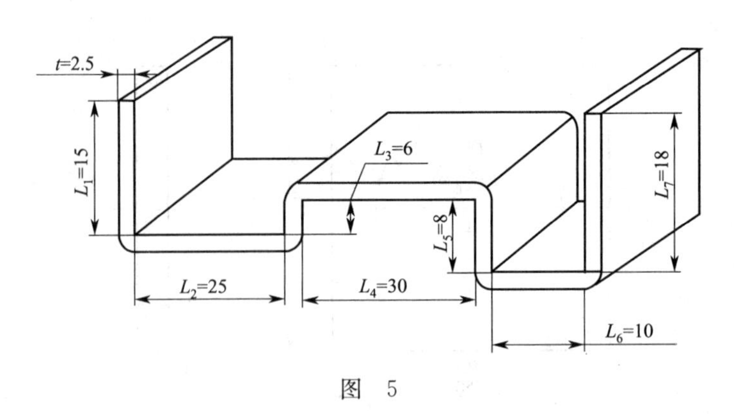

图 5

14. 有一工件其形状和尺寸如图 6 所示，试计算该工件材料展开总长度(单位为 mm，中性层的位移系数 X 值为 0.25)。

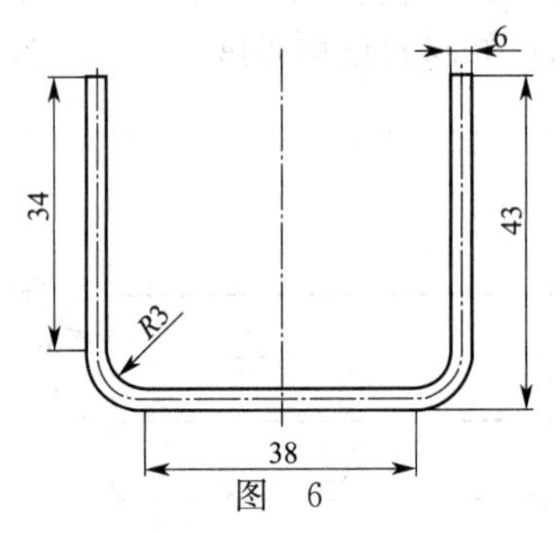

图 6

15. 什么是压力机的精度？
16. 冲床为什么要采用双手按钮方式操作？
17. 压力机安全起动装置的作用是什么？
18. 双动压力机的构造型式有哪几种？
19. 液压机分类可以按哪几种形式进行分类？
20. 液压机按机身结构分为哪几类？
21. 气动三大件是什么？
22. 简答机械矫正常用的方法？
23. 校平工艺的特点是什么？
24. 钢板矫正机的基本工件原理？
25. 编制冲压工艺规程的依据有哪些？
26. 冲压工艺规程的步骤有哪些？
27. 精密冲裁的基本要素有哪些？
28. 在不变薄拉深中，毛坯与拉深工件之间可遵循的原则有哪些？
29. 简答影响拉深系数的因素有哪些？
30. 增大拉深系数的途径有哪些？
31. 带凸缘圆筒件拉深方法有哪几种？
32. 翻边成型是如何分类的？

33. 什么是冷挤压?
34. 挤压按坯料的塑性流动方向分类有哪三种?
35. 变薄旋压的优点有哪些?
36. 写出模具闭合高度与压力机的装模高度关系式?
37. 简述拉深件开裂的可能原因有哪些。
38. 钢丝绳的报废标准是什么?
39. 冲模设计的基本要求是什么?
40. 什么是互换性?
41. 什么叫装配工艺规程?
42. 什么是刀具补偿?
43. 什么是机械加工工艺过程?
44. 什么是平面划线?
45. 什么是立体划线?
46. 划线基准的三个类型是什么?
47. 划线用千斤顶有几种,各是什么?
48. 什么是工艺基准和设计基准?
49. 金属切削过程中的技术要点有哪些?
50. 影响钻头耐用度的因素有哪些?
51. 润滑脂是一种复合润滑剂,它的组成部分有哪些?
52. 压力机上进行润滑的作用有哪些?
53. “润滑”过程中的五定分别是指什么?
54. 切削液的作用有哪些?
55. 液压传动的两个基本特征是什么?
56. 生产中造成模具修理的原因主要有哪几方面?
57. 试说出五点冲裁过程中的缺陷。
58. 冲裁模崩刃产生的原因是什么?
59. 拉深件凸缘起皱且工件壁部破裂产生的原因是什么?
60. 简答拉深工件中间热处理的方法有几种。作用是什么。
61. 机床夹具的组成包括哪些部分?
62. 加工误差和加工精度分别有哪几种?
63. 组配尺寸为 48.245 mm 应选用哪些块规?(用 87 块一套块规)
64. 什么是测量的“最小条件”原则?
65. 冲床导轨发热一般有哪些原因?
66. 简答电器控制中按照按钮的用途和触头形状可分为哪几类。
67. 工作机械的电气控制线路由哪些电路组成?
68. 简述标准化的定义。
69. 在推行精益管理模式中,需要明确哪几个问题?
70. TPM 八大支柱活动是什么?(最少回答五点)

六、综 合 题

1. 装配图画图的步骤分哪几步？

2. 画全图 7 中缺线。

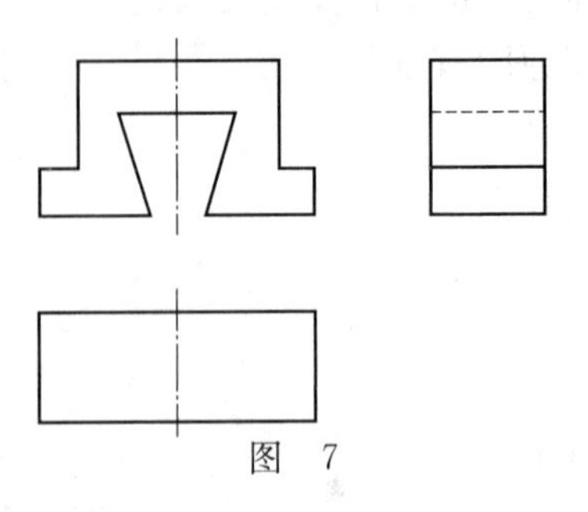

图 7

3. 补画如图 8 所示组合几何体的左视图。

4. 补画如图 9 所示具有表面交线的组合体视图。

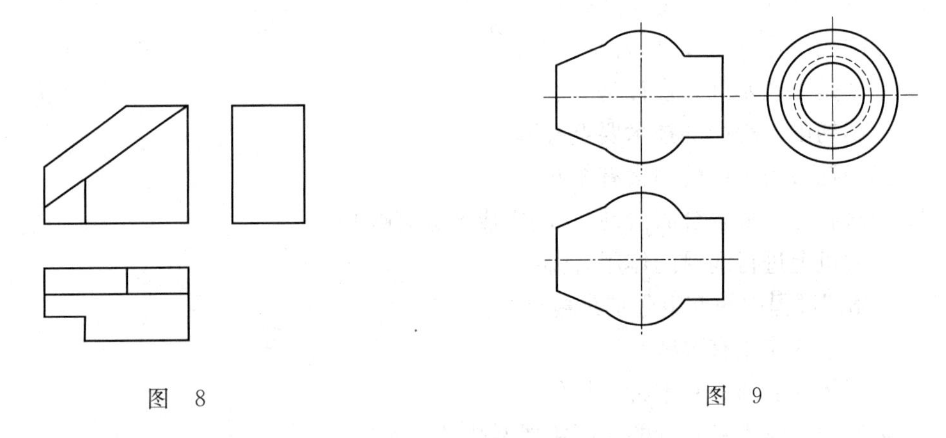

图 8　　　　图 9

5. 什么是加工硬化现象？它对冲压工艺有何影响？

6. 已知钢结构梁的长度为 6 m，其断面尺寸如图 10 所示，计算钢梁的质量是多少(槽钢的单位长度质量为 25.77 kg/m，钢板的密度为 7.85 kg/dm^3)？

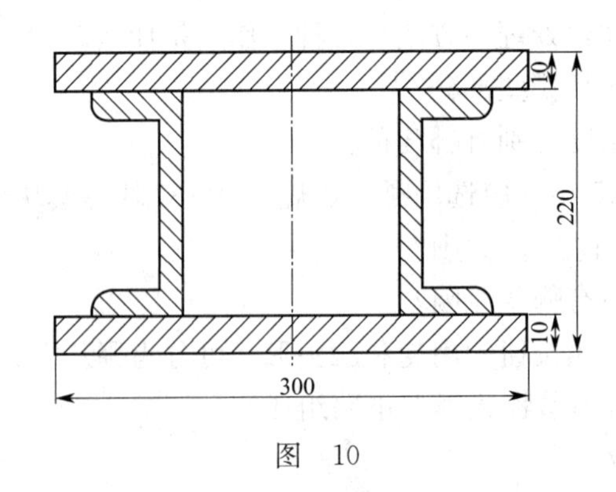

图 10

7. 在抗剪强度为 360 MPa、厚度为 2 mm 的 Q235 钢板上冲制如图 11 所示工件，试计算

需多大的冲裁力?(答案保留两位小数)

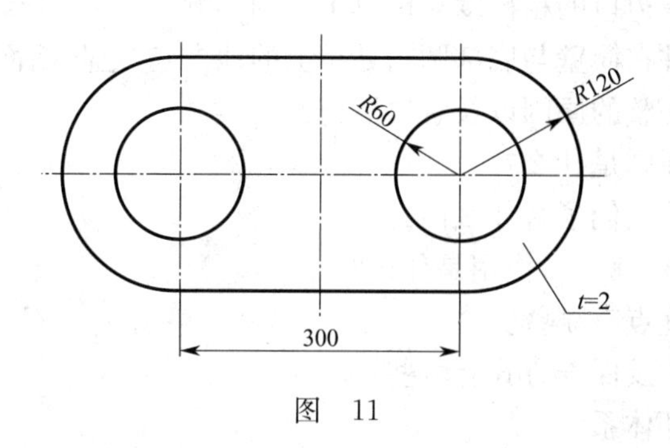

图 11

8. 用 ϕ89 mm×4.5 mm 无缝弯管弯制的管路如图 12 所示,弯曲半径及弯曲角均相同,求所需管材的长度和质量是多少(ϕ89 mm×4.5 mm 无缝管的单位长度质量为 9.38 kg/m)?

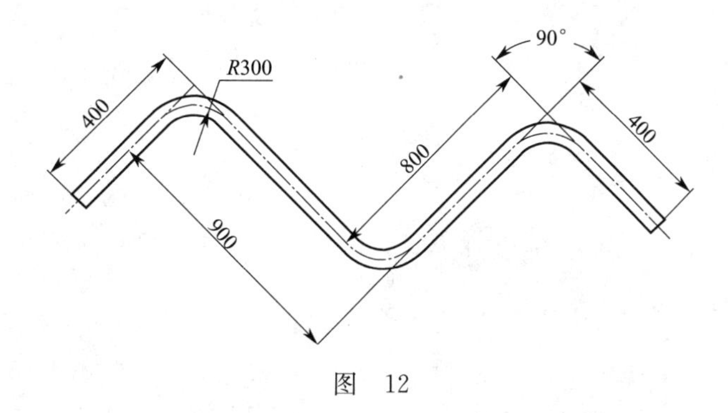

图 12

9. 剪板机按不同分类方式如何分类?

10. 压力机的精度指标有哪些?

11. 液压机的优点有哪些?

12. 什么是液压传动装置,它由哪几部分组成?

13. 试述液压传动的工作原理。

14. 拉深是一种什么装置,它在冲压加工中的作用有哪些?

15. 作为辊式金属板料整平专用设备,试说明开卷校平机的工作原理。

16. 精密冲裁目前国内外正按几个方向研制?

17. 简述少废料、无废料排样方式的优缺点。

18. 什么叫做拉深? 通过拉深冲压的方法可以得到哪些形状的零件?

19. 盒形件拉深的变形特点有哪些?

20. 冷挤压的变形特点有哪些?

21. 叙述什么是旋压,旋压怎么分类。

22. 冲压作业场所对安全保护装置有什么要求?

23. 钢丝绳的缺点有哪些?(最少回答五点)

24. 影响冲压模具寿命的主要因数是什么?

25. 冲压件工艺过程设计的内容包括哪些?

26. 常用的模具刃口修复方法有哪些?(最少回答五点)
27. 叙述模具凸凹模刃口的粗糙度对模具工件的影响。
28. 为什么说拉深件在筒壁与底部圆角处稍上的地方是“危险断面”?
29. 拉深件外形不平整的原因以及解决措施?
30. 公差带选用的原则是什么?
31. 通过装配图能使我们了解什么内容?
32. 冲模的紧固零件有哪些,作用是什么?
33. 气动系统的的优点有哪些?
34. 常用量具的维护及保养方式有哪些?
35. 什么是质量保证体系?

冲压工(高级工)答案

一、填 空 题

1. 正等测	2. 辅助	3. 轴测图	4. 比例
5. 装配	6. 一条	7. 测绘	8. 图示
9. 熔深	10. 放射线	11. 平面	12. 结构
13. 使用性能	14. 镇静钢	15. 0.15%	16. 耐磨性
17. 冷却	18. 合金	19. 长大	20. 恒温
21. 相同	22. 内部	23. 滑移	24. 塑性变形
25. 加工硬化	26. 低(差)	27. 金属探伤	28. 冷轧
29. 差	30. 屈服	31. 沸腾	32. 使用性能
33. 退火	34. 化学	35. 水	36. 锈蚀
37. 长度	38. 正比	39. ϕ29.99	40. 0.019
41. 滑动	42. 分离	43. 液压	44. 强度换算
45. 性能规格	46. 卧式	47. 帕斯卡	48. 流量
49. 动力	50. 容积	51. 执行	52. 理论
53. 间隙	54. 机械	55. 节流阀	56. 框架
57. 液压	58. 450	59. 辅助装置	60. 校平
61. 制造费用	62. 工艺规程	63. 产品零件图	64. 短
65. 弯曲	66. 已成型部分	67. 最有效	68. 毛刺
69. 大	70. 三向	71. 精度	72. 工艺
73. 降低	74. 内应力	75. 压缩	76. 拉深力
77. 大	78. 拉伤	79. 口大底小	80. 拉深系数
81. 热作	82. 起皱	83. 差	84. 外缘
85. 起皱	86. 刚度	87. 时间	88. 热胀冷缩
89. 致密	90. 冷作硬化	91. 扩径旋压	92. 探伤
93. 标准	94. 万能	95. 危险区	96. 最大
97. 调试	98. 工艺	99. 失稳	100. 长
101. 定距	102. 上模	103. 分离	104. 限位
105. 利用率	106. 辅助	107. 滚动	108. 三
109. 凸	110. 自由	111. 模具	112. 重心
113. 校核	114. 设备	115. 校核	116. 技术
117. 剖面	118. 比例	119. 定位	120. 凸模折断
121. 技术要求	122. 装配	123. 毛刺	124. 减小

125. 理论	126. 最小	127. 凸模	128. 粗加工
129. 工艺过程	130. 工序	131. 切削运动	132. 精密
133. 辅助	134. M	135. 铣床	136. 圆弧
137. 样板	138. 精度	139. 基孔	140. 基轴
141. 基孔	142. 设计	143. 较大	144. 冷却
145. 孔	146. 圆柱度	147. 逆铣	148. 磨削
149. 黏温	150. 冷却	151. 润滑	152. 执行
153. 层流	154. 手套	155. 倾斜	156. 更换
157. 磨损	158. 坡口	159. 测量	160. 销钉
161. 曲面	162. 磨料	163. 起皱	164. 夹具
165. 脉冲	166. 正极	167. 乳化液	168. 专用
169. 几何形状	170. 表面相互位置	171. 形状	172. 定位误差
173. 5	174. 长度	175. 斜形尺	176. 强化
177. 执行元件	178. 污染	179. 小于	180. 压力
181. 集中	182. 开路	183. 安全	184. 全部活动
185. ISO	186. 管理标准	187. 自动化	188. 资源
189. 设备	190. 创造	191. 改进	

二、单项选择题

1. A	2. B	3. C	4. A	5. D	6. C	7. B	8. D	9. A
10. B	11. D	12. B	13. C	14. A	15. A	16. B	17. B	18. A
19. B	20. D	21. A	22. A	23. C	24. D	25. C	26. C	27. C
28. B	29. B	30. B	31. A	32. C	33. B	34. C	35. B	36. C
37. B	38. C	39. A	40. B	41. C	42. A	43. A	44. C	45. B
46. C	47. C	48. D	49. B	50. B	51. C	52. B	53. C	54. D
55. B	56. A	57. A	58. B	59. B	60. D	61. B	62. B	63. B
64. A	65. D	66. C	67. B	68. A	69. D	70. B	71. B	72. D
73. A	74. C	75. A	76. D	77. C	78. B	79. D	80. A	81. C
82. C	83. D	84. D	85. B	86. C	87. C	88. B	89. D	90. C
91. C	92. C	93. A	94. B	95. C	96. A	97. D	98. B	99. B
100. B	101. D	102. D	103. B	104. B	105. C	106. A	107. B	108. D
109. C	110. D	111. A	112. D	113. B	114. A	115. A	116. D	117. C
118. B	119. A	120. B	121. B	122. A	123. D	124. C	125. B	126. A
127. D	128. B	129. B	130. A	131. A	132. D	133. B	134. D	135. A
136. C	137. A	138. A	139. C	140. C	141. A	142. B	143. C	144. A
145. B	146. B	147. C	148. A	149. A	150. C	151. C	152. B	153. A
154. C	155. B	156. A	157. A	158. B	159. A	160. A	161. D	162. D
163. A	164. B	165. D	166. A	167. C	168. A	169. A	170. A	171. B
172. A	173. D	174. D	175. A	176. B	177. B	178. C	179. B	180. B

181. C 182. B 183. B 184. A 185. A 186. B 187. D 188. B 189. C 190. A

三、多项选择题

1. AC 2. BCD 3. BD 4. BD 5. ABCD 6. AC 7. BCD
8. ABC 9. BCD 10. ABD 11. BCD 12. ACD 13. BC 14. AC
15. ABCD 16. BD 17. BCD 18. AD 19. BC 20. BCD 21. AC
22. AD 23. ABC 24. ABCD 25. BD 26. ABCD 27. ACD 28. CD
29. BCD 30. ABCD 31. BCD 32. ABCD 33. ABD 34. BD 35. BC
36. BD 37. ABD 38. ABCD 39. ABCD 40. ABD 41. BCD 42. ABD
43. ACD 44. ABCD 45. ABCD 46. ABCD 47. BC 48. BCD 49. ABD
50. ABC 51. BD 52. ABD 53. BD 54. ACD 55. AB 56. BCD
57. BCD 58. AC 59. BD 60. ABC 61. ABCD 62. ABCD 63. ABCD
64. BC 65. ABCD 66. BC 67. BD 68. ABC 69. BD 70. BD
71. ABD 72. ABD 73. ABC 74. BCD 75. BCD 76. ABC 77. ABC
78. ABD 79. AB 80. AD 81. BCD 82. BC 83. ABCD 84. ABCD
85. BC 86. ABCD 87. ACD 88. ACD 89. BCD 90. BC 91. BCD
92. ACD 93. BC 94. ABCD 95. ABCD 96. ACD 97. ABCD 98. ACD
99. ABC 100. ACD 101. BC 102. AD 103. ABD 104. ACD 105. BC
106. ABD 107. AB 108. ACD 109. BD 110. ABCD 111. ABCD 112. CD
113. ABC 114. ABCD 115. BCD 116. BD 117. ABCD 118. CD 119. ABCD
120. ABD 121. ABC 122. ABCD 123. ABCD 124. ABCD 125. ABCD 126. ABCD
127. ABCD 128. ABCD 129. BCD 130. BCD 131. BC 132. ABC 133. BCD
134. BC 135. ABCD 136. ABCD 137. BC 138. BD 139. AB 140. CD
141. ACD 142. ABCD 143. BCD 144. ACD 145. CD 146. ABCD 147. ABC
148. BCD 149. BCD 150. BC 151. ABD 152. ABC 153. BCD 154. ABCD
155. BCD 156. BC 157. AC 158. BD 159. ABD 160. BCD 161. BC
162. CD 163. BCD 164. BCD 165. AD 166. AD 167. BCD 168. BCD
169. ABD 170. ACD 171. BD 172. ABC 173. BC 174. ABCD 175. BCD
176. ABCD 177. BCD 178. ABCD 179. ACD 180. ABCD 181. ABCD 182. BCD
183. ABC 184. ABD 185. ACD 186. ABCD

四、判 断 题

1. × 2. √ 3. √ 4. √ 5. √ 6. × 7. √ 8. √ 9. √
10. × 11. × 12. × 13. √ 14. × 15. √ 16. √ 17. √ 18. √
19. √ 20. √ 21. × 22. √ 23. √ 24. √ 25. √ 26. × 27. ×
28. × 29. √ 30. √ 31. × 32. √ 33. √ 34. × 35. × 36. √
37. √ 38. √ 39. √ 40. √ 41. × 42. √ 43. √ 44. × 45. √
46. × 47. × 48. √ 49. × 50. √ 51. √ 52. √ 53. √ 54. ×

55. ×　56. √　57. √　58. ×　59. ×　60. √　61. √　62. ×　63. √
64. ×　65. ×　66. ×　67. √　68. ×　69. ×　70. √　71. √　72. ×
73. √　74. √　75. ×　76. √　77. ×　78. ×　79. ×　80. √　81. ×
82. √　83. ×　84. √　85. ×　86. √　87. √　88. ×　89. √　90. √
91. ×　92. √　93. √　94. √　95. √　96. √　97. √　98. ×　99. ×
100. √　101. √　102. √　103. √　104. ×　105. √　106. √　107. ×　108. √
109. √　110. ×　111. ×　112. √　113. ×　114. √　115. √　116. √　117. √
118. ×　119. √　120. ×　121. √　122. √　123. ×　124. √　125. √　126. √
127. ×　128. √　129. √　130. ×　131. √　132. √　133. √　134. √　135. √
136. ×　137. √　138. √　139. ×　140. √　141. ×　142. √　143. √　144. ×
145. ×　146. √　147. ×　148. √　149. √　150. ×　151. √　152. ×　153. √
154. √　155. ×　156. ×　157. √　158. √　159. √　160. √　161. ×　162. √
163. ×　164. ×　165. √　166. √　167. ×　168. ×　169. ×　170. ×　171. √
172. ×　173. √　174. √　175. √　176. √　177. √　178. ×　179. ×　180. √
181. ×　182. √　183. ×　184. √　185. ×　186. ×　187. √　188. ×　189. ×
190. √　191. ×

五、简 答 题

1. 答：包括：(1)一组图形(1分)；(2)必要的尺寸(1分)；(3)必要的技术条件(1分)；(4)零件序号和名细表(1分)；(5)填写完整的标题栏(1分)。

2. 答：可分为三大类(0.5分)：(1)冷作模具钢(1.5分)；(2)热作模具钢(1.5分)；(3)塑料模具钢(1.5分)。

3. 答：要求有：(1)高硬度(1分)；(2)高强度(1分)；(3)高耐磨性(1分)；(4)适当的韧性(1分)；(5)高淬透性(1分)；(6)热处理不变形及淬火不开裂等性能(1分)。

4. 解：由题得材料的密度为 7.85 g/cm^3

质量 $m=\rho V$(1分)

$=2.6\times(200+300)\times160/2\times7.85/1\,000$(2分)

$=816.4$ g$=0.82$ kg(1分)

答：此材料的质量为 0.82 kg(1分)。

5. 解：由题得材料的密度为 7.85 g/cm^3

质量 $m=\rho V$(1分)

$=7.85\times3\times300\times1\,000/1\,000$(2分)

$=7\,065$ g$=7.065$ kg(1分)

答：此材料的质量为 7.065 kg(1分)。

6. 解：由题得材料的密度为 7.85 kg/dm^3

质量 $m=\rho V$(1分)

$=(5.5\times5.5\times0.3-3.14\times2^2\times0.3)\times7.85$(2分)

$=41.65$ kg(1分)

答:此材料的质量为 41.65 kg(1 分)。

7. 解:它们的配合为过盈配合(1 分)。(此项错本题不得分)

最大过盈:75−75.06=−0.06 mm(2 分)

最小过盈:75.03−75.041=−0.011 mm(2 分)

8. 解:弹簧展开长度=(50−4)×3.14×(20+2)(2 分)

=3 177.68 mm(2 分)

答:弹簧展开长度为 3 177.68 mm(1 分)。

9. 解:弹簧展开长度=(25 mm−2 mm)×3.14×(20+2)(2 分)

=1 588.84 mm(2 分)

答:弹簧展开长度为 1 588.84 mm(1 分)。

10. 解:根据公式:$P=1.3P_0=1.3\ Lt\tau_0$(1 分)

$P=1.3\times(80\times2+2\pi\times15)\times4\times310$(2 分)

=409 770.4 N(1 分)

答:实际冲裁力为 409 770.4 N(1 分)。

11. 解:$P=1.3P_0=1.3\ Lt\tau_0$(1 分)

=1.3×3.14×200×3×200(2 分)

=489 840 N(1 分)

答:实际冲裁力为 489 840 N(1 分)。

12. 解:根据冲裁力计算公式:($K=1.3$,$t=4$ mm)

$L=2\times3.14\times30/2+70\times2+60+60=354.2$ mm(1 分)

$P=KLt\tau$(1 分)

=1.3×354.2×4×400(2 分)

=736.74 kN(1 分)

答:冲裁力为 736.74 kN。

13. 解:$L=15+25+6+30+8+10+18+0.25\times6\times2.5$(2 分)

=112+3.75

=115.75 mm(2 分)

答:毛料展开长度为 115.75 mm(1 分)。

14. 解:设弧的展开长度为 L,中性层的弯曲半径为 R_0,由公式得

$R_0=3+0.25\times6=4.5$(1 分)

根据公式 $L=3.14\times4.5\times0.5=7.065$(1 分)

展开总长度为 34+34+38+7.065×2=120.13 mm(2 分)

答:该件展开总长度为 120.13 mm(1 分)。

15. 答:压力机的精度是指压力机在设计时保证足够的刚度以后(2 分),其零部件在加工(1 分)与装配(1 分)中所应达到的技术指标(1 分)。

16. 答:为了保护操作者的人身安全(2 分),迫使操作者在操作设备时双手不能有多余动作(2 分),以免造成误操作(1 分)。

17. 答:(1)当操作工人的肢体进入危验区时,压力机的离合器不能合上(或使滑块不能下行)(3 分);(2)只有当操作工人完成退出危险区后,压力机才能起动工作(2 分)。

18. 答:有三种(0.5分):(1)上、下滑块式(1.5分);(2)内外滑块式(1.5分);(3)倒挂式(1.5分)。

19. 答:(1)按用途分类(1分);(2)按运动方式分类(1分);(3)按机身结构分类(1分);(4)按传动形式分类(1分);(5)按操纵方式分类(1分)。

20. 答:液压机按机身结构分为两类(1分):柱式液压机(2分)和整体框架式液压机(2分)。

21. 答:通常将分水滤气器(2分)、调压阀(1.5分)和油雾器(1.5分)组合在一起使用,通称气动三大件。

22. 答:机械矫正常有:(1)拉伸机矫正(2分);(2)压力机矫正(1.5分);(3)辊式矫正(1.5分)。

23. 答:(1)校平工序变形量都很小,而且都多为局部变形(2分);(2)校平零件精度要求高,因此要求模具成型精度相应的要求提高(2分);(3)校平时,都需要冲床滑块在下死点位置(1分)。

24. 答:钢板矫正机的基本工件原理,主要是钢板在两排辊间受力并反复变形(2分)、消除应力(2分)以达到矫正的目的(1分)。

25. 答:依据有:(1)冲压件的特点(2分);(2)冲压件的生产批量(1分);(3)现有设备状况(1分);(4)车间生产能力(1分)。

26. 答:(1)分析工件的冲压工艺性(1分);(2)分析比较和确定工艺方案(1分);(3)选择冲模类型及结构形式(1分);(4)选择冲压设备(1分);(5)编写工艺文件(1分)。

27. 答: 基本要素有:(1)精冲机床(1分);(2)精冲模具(1分);(3)精冲材料(1分);(4)精冲工艺(1分);(5)精冲润滑(1分)。

28. 答:可遵循的原则有:(1)表面积相等(2分);(2)质量相等(1.5分);(3)材料体积相等(1.5分)。

29. 答:(1)材料的力学性能,主要是指材料的塑性(1分);(2)材料的相对厚度(1分);(3)拉深方式(1分);(4)凸凹模的圆角半径(1分);(5)润滑条件(1分)。

30. 答:(1)材料的选用(1分);(2)合理地确定凸凹模结构尺寸(1分);(3)采用差温拉深法(1分);(4)采用深冷拉深法(1分);(5)采用中间退火工艺(1分)。

31. 答:分两种(1分):窄凸缘件的拉深(2分)和宽凸缘件的拉深(2分)。

32. 答:(1)按工件边缘的性质和应力状态不同(1分),翻边分为内孔翻边(1分)和外缘翻边(1分);(2)按变形性质的不同(1分),翻边分为伸长类翻边和压缩类翻边(1分)。

33. 答:冷挤压是金属压力加工方法的一种(1分)。它是在常温条件下,利用模具在压力机上对金属以一定的速度施加压力(1分),使金属产生塑性变形(2分),从而获得所需形状和尺寸的零件(1分)。

34. 答:(1)正挤压(2分);(2)反挤压(1.5分);(3)复合挤压(1.5分)。

35. 答:优点有:(1)材料利用率高(1分);(2)工件质量高(1分);(3)工件成型性好(1分);(4)对设备吨位要求小(1分);(5)模具磨损小、寿命长、费用低(1分)。

36. 答:关系式为 $H_d-5 \geqslant H_m \geqslant H_x+10$(2分)

式中:H_d——压力机最大装模高度(1分)

H_x——压力机最小装模高度(1分)

H_m——模具闭合高度(1分)

37. 答:(1)模具凸模凹模间隙不合理;(2)压力机工作压力调整过大;(3)材料的塑性差;(4)润滑剂涂沫不当;(5)模具拉深筋条受力不均;(6)凸模圆角半径小。(答对 1 点给 1 分,答够 5 点满分)

38. 答:(1)钢丝绳表面磨损面超过 40%(1.5 分);(2)超负荷的使用钢丝绳(1.5 分);(3)表面有腐蚀(1 分);(4)结构破坏,如钢丝绳股和绳芯被挤出(1 分)。

39. 答:(1)所设计的模具能冲出符合图纸要求的工件(1.5 分);(2)模具结构简单,安装牢固,维修方便,坚固耐用(1.5 分);(3)操作方便,工作安全可靠(1 分);(4)便于制造,价格低廉(1 分)。

40. 答:互换性是指相同规格的零部件可以相互调换的性能(5 分)。

41. 答:用文件的形式将装配内容(1 分)、顺序(1 分)、操作方法(1 分)和检验项目(1 分)等规定下来,作为指导装配工作和组织装配生产的依据的技术文件,(1 分)称为装配工艺规程。

42. 答:刀具补偿是把零件轮廓轨迹转换成刀具中心轨迹(5 分)。

43. 答:用机械加工方法按一定的顺序逐步地改变毛坯或原材料的形状(1 分)、尺寸(1 分)和材料的性能(1 分),使之成为成品和半成品的过程(2 分),称为机械加工工艺过程。

44. 答:只需在工件的一个表面上划线后,即能明确表示加工界线称为平面划线(5 分)。

45. 答:在工件上几个互成不同角度的表面上都划线,才能表示明确,称为立体划线(5 分)。

46. 答:(1)以两个互相垂直的平面(或线)为基准(2 分);(2)以两条中心线为基准(1.5);(3)以一个平面和一条中心线为基准(1.5 分)。

47. 答:划线用千斤顶有三种(0.5 分),分别是:(1)带钢球的千斤顶(1.5 分);(2)带圆角锥面的千斤顶(1.5 分);(3)带 V 型铁的千斤顶(1.5 分)。

48. 答:(1)工艺基准是指在加工零件和装配机器时所采用的基准(2 分);(2)设计基准是指在零件图上确定某一面、线或点的位置所依据的基准(3 分)。

49. 答:技术要点包括:(1)切削力(1 分);(2)切削热(1 分);(3)切削温度(1 分);(4)刀具磨损(1 分);(5)刀具寿命(1 分)。

50. 答:(1)钻头材料(1 分);(2)进给量(1 分);(3)切削速度(1 分);(4)钻头热处理状态(1 分);(5)钻头几何参数(1 分)

51. 答:它的组成部分有(1)基础油(2 分);(2)稠化剂(1.5 分);(3)添加剂(1.5 分)

52. 答作用有:(1)减小摩擦面间的阻力;(2)减小金属表面间的磨损;(3)冲洗摩擦面间的杂质;(4)对摩擦面进行冷却;(5)防锈;(6)密封和防尘。(答对一点得 1 分,够 5 条即得满分)

53. 答:(1)定人(1 分);(2)定期(1 分);(3)定质(1 分);(4)定点(1 分);(5)定量(1 分)。

54. 答:(1)润滑作用(1 分);(2)冷却作用(2 分);(3)清洗作用(1 分);(4)防锈作用(1 分)。

55. 答:(1)力(或力矩)的传递是按照帕斯卡定律进行的(2 分);(2)速度(或转速)的传递是按"体积变化相等"的原则进行的(3 分)。

56. 答:(1)模具零件的自然磨损(2 分);(2)模具制造方面的原因(1 分);(3)模具安装、使用方面的原因(1 分);(4)压力机发生故障(1 分)。

57. 答:(1)冲裁断面毛刺大;(2)冲裁件断面粗糙;(3)工件表面挠曲;(4)刃口磨损;(5)凸

模折断或脱落;(6)尺寸精度超差;(7)崩刃。(答对一点得 1 分,够 5 条即得满分)

58. 答:冲裁模崩刀的主要原因是刃口淬火硬度过高(2 分),未经回火(1 分)或回火不当就投入使用(1 分)。也有因材料缺陷或加工不当造成崩刃(1 分)。

59. 答:压边力太小(2 分),凸缘部分起皱(1.5 分),材料无法进入凹模型腔(1.5 分)而被拉裂。

60. 答:(1)有低温退火和高温退火两种(2 分)。(2)其作用主要是消除金属材料在塑性变形过程中产生的内应力及冷作硬化(3 分)。

61. 答:一共包括四部分(1 分):(1)定位装置(1 分);(2)夹紧装置(1 分);(3)夹具体(1 分);(4)其他装置或元件(1 分)。

62. 答:(1)加工误差有系统误差(1 分);(2)随机误差(1 分);(3)加工精度有尺寸精度(1 分);(4)几何形状精度(1 分);(5)位置精度(1 分)。

63. 解:48.245－1.005＝47.24 第一块尺寸(2 分)

47.24－1.24＝46 第二块尺寸(1 分)

46－6(第三块)＝40(第四块)(1 分)

答:选用 1.005 mm、1.24 mm、6 mm、40 mm 共 4 块(1 分)。

64. 答:最小条件指的是被测实际要素对其理想要素的最大变动量为最小(5 分)。

65. 答:原因有:(1)导轨润滑不良(2 分);(2)导轨内有屑末堵塞(1 分);(3)滑块与导轨调节过紧(1 分);(4)滑块与导轨卡死(1 分)。

66. 答:有三类(0.5 分):(1)常开起动按钮(1 分);(2)常闭的停止按钮(1.5 分);(3)复合按钮(1.5 分)。

67. 答:(1)由动力电路(2 分);(2)控制电路(1 分);(3)信号电路(1 分);(4)保护电路组成(1 分)。

68. 答:(1)标准化——在经济、技术、科学及管理等社会实践中(2 分),对重复性事物和概念,通过制定、发布和实施标准达到统一(2 分),以获得最佳秩序和社会效益(1 分)。

69. 答:(1)革新观念,树立精益意识(2 分);(2)加强对精益思维的学习和研究(1.5 分);(3)推行精益管理模式应循序渐进(1.5 分)。

70. 答:(1)自主管理;(2)焦点改善;(3)计划保全;(4)初期管理;(5)教育训练;(6)品质保全;(7)事务效率;(8)安全环境。(答对一点得 1 分,够 5 条即得满分)

六、综 合 题

1. 答:主要分为四步:(1)选比例、定图幅、布图(2.5 分);(2)按装配关系依次绘制主要零件的投影(2.5 分);(3)绘制部件中的连接、密封等装置的投影(2.5 分);(4)标注必要的尺寸、编写序号、填写明细表和标题栏,编写必要的技术要求(2.5 分)。

2. 答:缺线如图 1 所示。(俯视图中虚线每条线 2 分,共 8 分,凡错、漏、多一条线,各扣 2 分。粗实线每条线 1 分,共 2 分,凡错、漏、多一条线,各扣 1 分。)

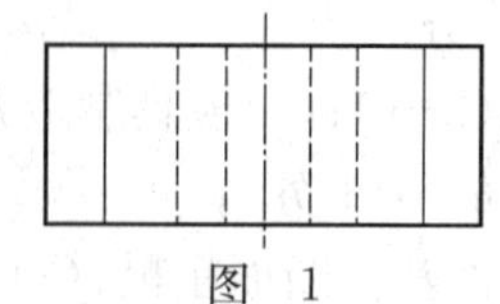

图　1

3. 答:左视图如图 2 所示。(左视图中每条线 2.5 分,共 10 分,凡错、漏、多一条线,各扣 2.5 分。)

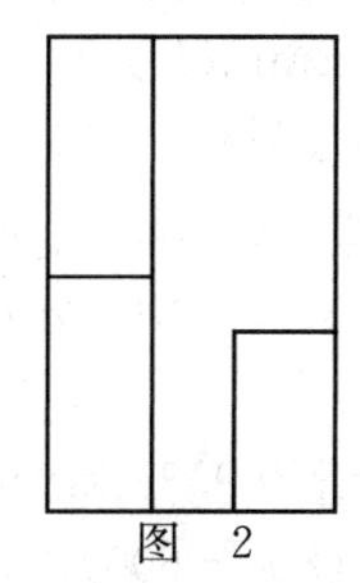

图 2

4. 答:组合体视图如图 3 所示。(主视图和俯视图中每条线 2.5 分,共 10 分,凡错、漏、多一条线,各扣 2.5 分。)

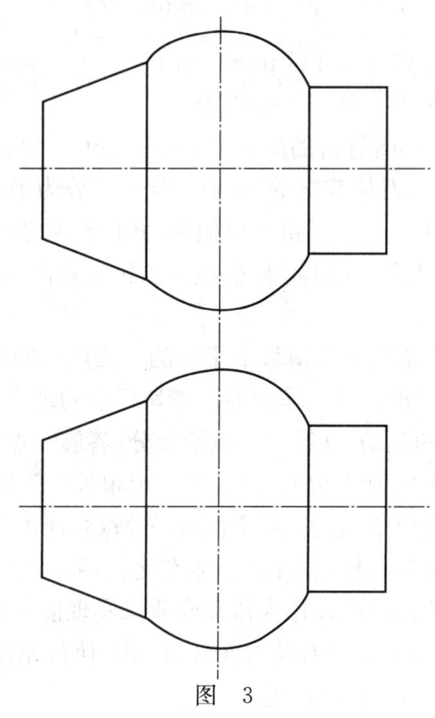

图 3

5. 答:(1)金属在室温下产生塑性变形的过程中(1 分),使金属的强度指标(如屈服强度、硬度)提高(2 分)、塑性指标(如延伸率)降低的现象(2 分),称为冷作硬化现象。(2)材料的加工硬化程度越大,在拉伸类的变形中,变形抗力越大(2 分),这样可以使得变形趋于均匀(1 分),从而增加整个工件的允许变形程度(1 分)。如胀形工序,加工硬化现象,使得工件的变形均匀,工件不容易出现胀裂现象(1 分)。

6. 解:由题得钢结构梁的单位长度质量为 25.77 kg/m,钢的密度为 7.85 kg/dm^3

槽钢质量:6 m×25.77 kg/m×2=309.24 kg(2 分)

钢板质量:$m=\rho V$(1 分)

=7.85×3×0.1×60×2(2 分)

=282.6 kg(2 分)

钢梁质量:309.24 kg+282.6 kg=591.84 kg(2 分)

答:钢梁的质量为 591.84 kg(1 分)。

7. 解:冲裁件裁口长度:$L=240\ mm\times\pi+2\times120\ mm\times\pi+2\times300\ mm$(2 分)

$=2\ 107.2mm$(1 分)

$F=KtL\tau$(2 分)

$=1.3\times2\times2\ 107.2\times360$(2 分)

$=1\ 972\ 339.2\ N$(2 分)

答:冲裁力为 1 972 339.2 N(1 分)。

8. 解:由题的无缝管的单位长度质量为 9.38 kg/m

直线段总长度为:$(400-300)\times2+(800-600)+(900-600)$(1 分)

$=700\ mm$(1 分)

三个弯曲处长度为:$600\times3.14\times\frac{3}{4}=1\ 413\ mm$(2 分)

管材的总长度为:$700+1\ 413=2\ 113\ mm$(2 分)

管材的质量为:$2.113\times9.38\approx19.82\ kg$(2 分)

答:管材总长度为 2 113 mm,管材的质量为 19.82 kg(2 分)。

9. 答:(1)剪板机按其上下刀片装配的不同(1 分),可分为平刃剪板机(1 分)和斜刃剪板机(1 分);(2)按传动形式分(1 分),剪板机有机械传动(1 分)和液压传动两类(1 分),其中机械传动有上传动和下传动两种(1 分);(3)液压传动按上下刀架的运动形式(1 分)可分往复式(1 分)和摆动式(1 分)两种。

10. 答:(1)工作台面的平面度;(2)滑块下平面的平面度;(3)滑块导轨同床身的间隙;(4)工作台面同滑块下平面的平行度;(5)工作台面同滑块行程的垂直度;(6)滑块中心孔与滑块行程的平行度;(7)飞轮转动时的跳动。(答对一点给 2 分,答够 5 点即可得满分)

11. 答:(1)容易获得最大压力(2 分);(2)容易获得很大的工作行程,并能在行程的任意位置发挥全压(2 分);(3)容易获得最大的工作空间(2 分);(4)压力与速度可以在大范围内方便地进行无级调节(2 分);(5)液压元件已通用化、标准化、系列化(2 分)。

12. 答:(1)液压传动装置是以液体作为传动介质来实现能量传递和控制的一种传动形式(5 分)。(2)液压传动装置的组成部分有动力元件(1 分)、执行元件(1 分)、控制元件(1 分)、辅助元件(1 分)和工作介质(1 分)五部分组成。

13. 答:(1)液压传动是液压系统利用液压泵将原动机的机械能转换为液体的压力能(2 分)。通过液体压力能的变化来传递能量(2 分),经过各种控制阀和管路的传递(2 分),借助于液压执行元件把液体压力能转换为机械能(2 分),从而驱动工作机构,实现直线往复运动或回转运动(2 分)。

14. 答:(1)拉深垫也叫气垫,是在大中型压力机上采用的一种压料装置(2 分);(2)它在拉深加工时压住坯料边缘防止起皱(2 分);(3)配用拉深垫,可使压力机的工艺范围得到扩大,单动压力机装设拉深垫就有双动压力机的效果,而双动压力机装设拉深垫,就可作三动压力机使用(3 分)。(4)拉深垫还可用于顶料或用来对工件的底部进行局部成型(3 分)。

15. 答:(1)开卷机通常由动力、主机和电器控制等部分组成(3 分);(2)利用多辊工作原理,使板料在上、下校平辊这间反复变形,消除应力,达到校平的目的(3 分);(3)通过控制系统将校平、剪切、垛料等连成性能完备的生产线(2 分);(4)对金属卷材进行整平、分切、码料,以投入下道工序(2 分)。

16. 答:(1)发展新型的自动化程度很高的大型精冲压机(2 分);(2)改进模具结构,实现连续精冲模生产(2 分);(3)结合实际,努力实现在普通压力机上进行精密冲裁(3 分);(4)努力提高模具寿命,加速精密冲裁的研究实验合理的精冲间隙(3 分)。

17. 答:(1)少废料、无废料排样方式的优点是可以简化冲裁模结构(1.5 分),减小冲裁力(1.5 分),提高材料利用率(1.5 分);(2)缺点是因为条料本身的公差以及条料导向与定位所产生的误差影响(2 分),冲裁件公差等级低(1.5 分);(3)冲裁时单边受力会加剧模具的磨损,缩短模具使用寿命(2 分)。

18. 答:(1)将平面板坯或已有一定形状的半成品在拉深模的作用下,压制成各种形状的开口空心零件的冲压工序,叫做拉深(4 分)。(2)采用拉深冲压方法可以得的零件有筒形(1 分)、阶梯形(1 分)、锥形(1 分)、方形(1 分)、球形(1 分)、抛物线形(1 分)等形状。

19. 答:盒形件的变形特点有:(1)盒形件圆角部分接近拉深变形(2 分),直边部分基本上是弯曲变形(2 分),其变形是拉深变形与弯曲变形的复合(2 分);(2)毛坯周边变形不均匀(2 分),变形大的部分与变形小的部分存在着相互制约与影响(2 分)。

20. 答:(1)冷挤压后的金属零件内部组织致密(2 分),具有连续的纤维流向,因而提高了材料的疲劳强度(1 分);(2)冷挤压变形主要是金属在受外力作用下产生塑性变形(2 分),这种变形并不破坏材料本身的完整性能,只是使金属内部塑性发生转移(2 分);(3)冷挤压的材料发生了冷作硬化(2 分),因而使零件的力学强度、硬度都有显著提高(1 分)。

21. 答:(1)旋压是将平板坯料或半成品工件,放在旋压机(或供旋压用的车床)的芯模上使毛坯同旋压机的主轴一起旋转,同时操作旋轮对毛坯施压,使毛坯逐渐紧贴芯模,从而获得工件所要求的形状与尺寸的一种加工方法(6 分)。(2)旋压分为普通旋压(2 分)和变薄旋压(2 分)。

22. 答:(1)安全保护装置不应在压力机滑块或其他运动部件之间出现夹紧点。两者之间至少应保持 25 mm 的间隙(2 分);(2)必须用紧固装置紧固于压力机的适当位置上。紧固装置必须可靠,只有使用专用工具和在足够外力的作用下,方能拆卸(2 分);(3)有足够的强度(2 分);(4)便于检查和维修(2 分);(5)有良好的可见度(2 分)。

23. 答:(1)表面容易受磨损及侵蚀,造成断丝影响载荷;(2)麻芯使用温度较低,不适合于高温作业;(3)不能进行绕行吊装;(4)检测不便;(5)僵性大,不易存储;(6)无法调整使用长度。(答对一点给 2 分,答够 5 点即可得满分)

24. 答:(1)冲压工艺及模具设计对模具寿命影响(2 分);(2)模具材料对模具寿命影响(2 分);(3)模具的热处理对模具寿命影响(2 分);(4)模具零件毛坯的铸造和预处理对模具寿命影响(2 分);(5)模具加工工艺对模具寿命影响(2 分)。

25. 答:主要包括:(1)对冲压件进行工艺性分析;(2)确定冲压件的总体工艺过程;(3)确定并设计各工序的工艺方案;(4)确定模具的类型和结构尺寸,进行模具设计;(5)合理选择冲压设备;(6)编写冲压工艺文件。(答对一点给 2 分,答够 5 点即可得满分)

26. 答:修复方法有:(1)研磨法;(2)挤捻法;(3)锻打法;(4)镦压法;(5)用油石或风动砂轮修磨;(6)套箍法修理凹模;(7)镶嵌法修理凸模;(8)焊补法修理;(9)镀硬铬法。(答对一点给 2 分,答够 5 点即可得满分)

27. 答:刃口部分表面粗糙度值小时,可以提高冲工件的质量(3 分),如果刃口部分表面粗糙度值大时，刃口不锋利(2 分)，冲工件会产生毛刺甚至可能产生显著弯曲，降低冲工件的精度(2 分)，增加卸料力，加剧凸凹模的磨损(3 分)。

28. 答：(1)由于传递拉深力的截面积较小，因此产生的拉应力较大(2 分)；(2)因为在该处需要转移的材料较少，故该处材料变形程度很小(2 分)，冷作硬化较低(2 分)，材料的屈服极限也较低(2 分)；(3)与凸模圆角部分相比，该处又不像凸模圆角处那样，存在着较大的摩擦阻力。因此该处是整个零件强度最薄弱的地方，通常称为此断面是“危险断面”(2 分)。

29. 答：拉深件外形不平整的原因：(1)原材料不平(1 分)；(2)材料弹性回弹(1 分)；(3)间隙太大(1 分)；(4)拉深变形程度过大(1 分)；(5)凸模无出气孔(1 分)。

解决措施：(1)改用平整的原材料(1 分)；(2)加整形工序(1 分)；(3)减少间隙(1 分)；(4)调整有关工序的变形量(1 分)；(5)增加气孔(1 分)。

30. 答：(1)首先采用优先配合及优先公差带(3 分)；(2)其次采用常用配合及常用公差带(3 分)；(3)再次采用一般配合公差带(2 分)；(4)必要时可按国标规定的标准公差与基本偏差自行组合孔、轴公差带及配合(2 分)。

31. 答：通过看装配过程使我们了解：(1)装配体的名称(1 分)、规格(1 分)、性能(1 分)、功用和工作原理(1 分)；(2)了解其组成零件的相互位置(1 分)，装配关系(1 分)及传动路线(1 分)；(3)每个零件的作用(1 分)及主要零件的结构形状(1 分)以及使用方法，拆装顺序等(1 分)。

32. 答：(1)模具中的紧固零件包括上模板、下模板、模柄、凸模和凹模的固定板、垫板、限位器、弹性元件 、螺钉、销钉等(4 分)。(2)这类零件的作用是使工作零件、辅助零件、导向装置和支承零件联接和固定在一起(4 分)。(3)构成整体，保证各零件的相互位置，并使冲模能安装在压力机上(2 分)。

33. 答：优点有：(1)工作介质来源方便，排气处理无污染(3 分)；(2)集中供气远距离输送安全可靠适应性好(2 分)；(3)动作速度反应快，维护简单，管路不易堵塞(3 分)；(4)不存在介质变质、补充和更换的问题(2 分)。

34. 答：保持量具的精度，应做到以下几点：(1)测量前，应将量具的测量面擦净，以免脏物影响测量精度；(2)量具在使用过程中，不要和工具、刀具放在一起；(3)机床开动时，不要用量具测量工件；(4)量具不应放在热源附近，以免受热变形；(5)量具用完以后，应及时擦净，放在专用盒中，保存在干燥处，以免生锈；(6)精密量具应实行定期鉴定和保养。(答对一点给 2 分，答够 5 点即可得满分)

35. 答：(1)质量保证体系就是要通过一定的制度、规章、方法、程序、机构等把质量保证活动加以系统化、标准化、制度化(3 分)。(2)它的核心是依靠人的积极性和创造性，发挥科学技术的力量(3 分)。(3)它的实质是责任制和奖、惩(2 分)。(4)它的体现就是一系列的手册、汇编、图表等(2 分)。

冲压工(初级工)技能操作考核框架

一、框架说明

1. 依据《国家职业标准》注,以及中国北车确定的“岗位个性服从于职业共性”的原则,提出冲压工(初级工)技能操作考核框架(以下简称:技能考核框架)。

2. 本职业等级技能操作考核评分采用百分制。即:满分为100分,60分为及格,低于60分为不及格。

3. 实施“技能考核框架”时,考核制件(活动)命题可以选用本企业的加工件(活动项目),也可以结合实际另外组织命题。

4. 实施“技能考核框架”时,考核的时间和场地条件等应依据《国家职业标准》,并结合企业实际确定。

5. 实施“技能考核框架”时,其“职业功能”的分类按以下要求确定:

(1)“工件加工”属于本职业等级技能操作的核心职业活动,其“项目代码”为“E”。

(2)“工艺准备”、“相关技能”属于本职业等级技能操作的辅助性活动,其“项目代码”分别为“D”和“F”。

6. 实施“技能考核框架”时,其“鉴定项目”和“选考数量”按以下要求确定:

(1)按照《国家职业标准》有关技能操作鉴定比重的要求,本职业等级技能操作考核制件的“鉴定项目”应按“D”+“E”+“F”组合,其考核配分比例相应为:“D”占40分,“E”占50分,“F”占10分。

(2)依据中国北车确定的“核心职业活动选取2/3,并向上取整”的规定,在“E”类鉴定项目——“工件加工”的全部4项中,至少选取3项;在“D”和“F”类鉴定项目——“工艺准备”和“相关技能”下各项为必选项。

(3)依据中国北车确定的“确定‘选考数量’时,所涉及‘鉴定要素’的数量占比,应不低于对应‘鉴定项目’范围内‘鉴定要素’总数的60%,并向上取整”的规定,考核制件的鉴定要素“选考数量”应按以下要求确定:

①在“D”类“鉴定项目”中,在已选定的1个或全部鉴定项目中,至少选取已选鉴定项目所对应的全部鉴定要素的60%项,并向上保留整数。

②在“E”类“鉴定项目”中,在已选的4个鉴定项目所包含的全部鉴定要素中,至少选取总数的60%项,并向上保留整数。

③在“F”类“鉴定项目”中,对应“精度检验与误差分析”的8个鉴定要素,至少选取5项。

举例分析:

按照上述“第6条”要求,若命题时按“核心职业活动选取2/3,并向上取整”的规定选取,即:在“D”类鉴定项目中的选取了“读图与绘图”、“加工准备”及“模具安装与维护”3项,在“E”类鉴定项目中选取了“冲裁加工”、“折弯、压型加工”、“拉弯加工”3项,在“F”类鉴定项目中选取“精度检验与误差分析”1项,则:

此考核制件所涉及的“鉴定项目”总数为7项，具体包括：“读图与绘图”、“加工准备”、“模具安装与维护”、“冲裁加工”、“折弯、压型加工”、“拉弯加工”、“精度检验与误差分析”；

此考核制件所涉及的鉴定要素“选考数量”相应为39项，具体包括：“读图与绘图”鉴定项目包含的全部10个鉴定要素中的6项，“加工准备”鉴定项目包含的全部8个鉴定要素中的5项，“模具安装与维护”鉴定项目包含的全部10个鉴定要素中的6项，“冲裁加工”、“折弯、压型加工”、“拉弯加工”3个鉴定项目包括的全部27个鉴定要素中的17项，“精度检验与误差分析”鉴定项目包含的全部8个鉴定要素中的5项。

7. 本职业等级技能操作需要两人及以上共同作业的，可由鉴定组织机构根据“必要、辅助”的原则，结合实际情况确定协助人员的数量。在整个操作过程中，协助人员只能起必要、简单的辅助作用。否则，每违反一次，至少扣减应考者的技能考核总成绩10分，直至取消其考试资格。

8. 实施“技能考核框架”时，应同时对应考者在质量、安全、工艺纪律、文明生产等方面行为进行考核。对于在技能操作考核过程中出现的违章作业现象，每违反一项（次）至少扣减技能考核总成绩10分，直至取消其考试资格。

注：按照中国北车规定，各《职业技能操作考核框架》的编制依据现行的《国家职业标准》或现行的《行业职业标准》或现行的《中国北车职业标准》的顺序执行。

二、冲压工（初级工）技能操作鉴定要素细目表

职业功能	鉴定项目				鉴定要素		
	项目代码	名称	鉴定比重(%)	选考方式	要素代码	名称	重要程度
工艺准备	D	读图与绘图	10	必选	001	能掌握图纸要求加工的部位尺寸	X
					002	根据图纸选择正确材质的工件原材料	X
					003	根据图纸选择正确的工件数量	X
					004	使用合理的量具检测来料厚度	X
					005	使用合理的量具检测来料关键性尺寸	Z
					006	使用合理的量具检测来料一般尺寸	Y
					007	根据图纸选择正确的设备	Z
					008	根据图纸选择正确的模具	X
		加工准备	15	必选	001	能按劳动保护的要求着装	X
					002	常用量具，模具操作用工具的选择	X
					003	选择正确的润滑油(脂)	Y
					004	工具、量具及工件摆放合理、整齐	X
					005	能读懂简单剪冲压件的工艺规程	Y
					006	能明确工件的加工顺序	X
					007	掌握简单弯曲件展开及套材下料知识	Y
					008	吊运绳索、紧固元件及垫铁的合理选用	X

续上表

职业功能	鉴定项目				鉴定要素		
	项目代码	名　称	鉴定比重(%)	选考方式	要素代码	名　称	重要程度
工艺准备	D	模具安装与维护保养	15	必选	001	检查设备的安全装置运行状态	X
					002	检查设备的运行状态	X
					003	设备及模具按标准进行整理清洁	X
					004	正确吊运模具、指挥天车作业	X
					005	按操作规程安装模具	X
					006	调节模具的闭合高度	X
					007	能用合理的工具对模具进行紧固	X
					008	对模具进行合理的润滑	X
					009	模具试冲(压)规范	X
					010	调整机械手、自动送取料装置、安全防护装置	Y
工件加工	E	冲裁加工	50	至少选择3项	001	计算冲裁力,判断设备的工艺能力	X
					002	选择定位基准	X
					003	对加工件按要求自检测量	X
					004	冲裁件横向定位尺寸达到工艺要求的尺寸公差或公差等级 IT14	X
					005	冲裁件纵向定位尺寸达到工艺要求的尺寸公差或公差等级 IT14	X
					006	冲裁部位尺寸达到工艺要求的尺寸公差或公差等级 IT14	X
					007	冲裁部位垂直度公差等级 IT14	X
					008	毛刺高度不超过标准要求	X
					009	分析影响冲裁质量的因素	Y
		折弯、压型加工			001	掌握板材及型钢压弯方法	Y
					002	计算压型力,判断设备的工艺能力	X
					003	选择定位基准	X
					004	掌握成型件的测量方法	Y
					005	对加工件按要求自检测量	X
					006	成型件定位尺寸达到工艺要求的尺寸公差或公差等级 IT15	X
					007	成型件角度公差满足±1°	X
					008	成型件圆角尺寸公差等级 IT15	Z
					009	成型件拉伤不超过标准要求	X
					010	分析影响成型质量的因素	Y
		板材及型钢矫平、校直加工			001	掌握矫型模结构原理	Z
					002	掌握不同工件矫型方法,明确部位	X
					003	正确测量直线度	X

续上表

职业功能	鉴定项目				鉴定要素		
	项目代码	名　称	鉴定比重（%）	选考方式	要素代码	名　　称	重要程度
工件加工	E	板材及型钢矫平、校直加工	50	至少选择3项	004	正确测量平面度	X
					005	矫形件平面度满足工艺要求	X
					006	工件全长平面度满足工艺要求	Y
					007	矫形件直线度满足工艺要求	X
					008	工件全长直线度满足工艺要求	Y
					009	分析影响矫型质量的因素	Y
		拉弯加工			001	能调节拉弯机的拉力值	X
					002	掌握一般拉弯模的结构原理	Z
					003	能对拉弯臂进行调节	X
					004	能对拉弯模夹紧力进行调节	Y
					005	掌握拉弯工件的测量方法	Y
					006	能借助检测样板检测工件的尺寸公差	X
					007	拉弯工件达到工艺要求尺寸或公差等级 IT15	X
					008	工件拉断率少于5%	X
相关技能	F	精度检验与误差分析	10	必选	001	能使用卡卷尺、钢板尺、钢卷尺等测量工件长度	X
					002	能使用卡卷尺、钢直尺、钢卷尺测量工件对角线	X
					003	能使用游标卡尺测量料厚和毛刺高度	X
					004	能使用平台和常用量具检测平面度	X
					005	能使用平台和常用量具检测直线度	Y
					006	能使用通规、止规等检验成形件尺寸	Y
					007	能对对角线超差进行分析	X
					008	能对平面度超差进行分析	X

注：重要程度中X表示核心要素，Y表示一般要素，Z表示辅助要素。下同。

冲压工(初级工)
技能操作考核样题与分析

职 业 名 称：________________

考 核 等 级：________________

存 档 编 号：________________

考核站名称：________________

鉴定责任人：________________

命题责任人：________________

主管负责人：________________

中国北车股份有限公司劳动工资部制

职业技能鉴定技能操作考核制件图示或内容

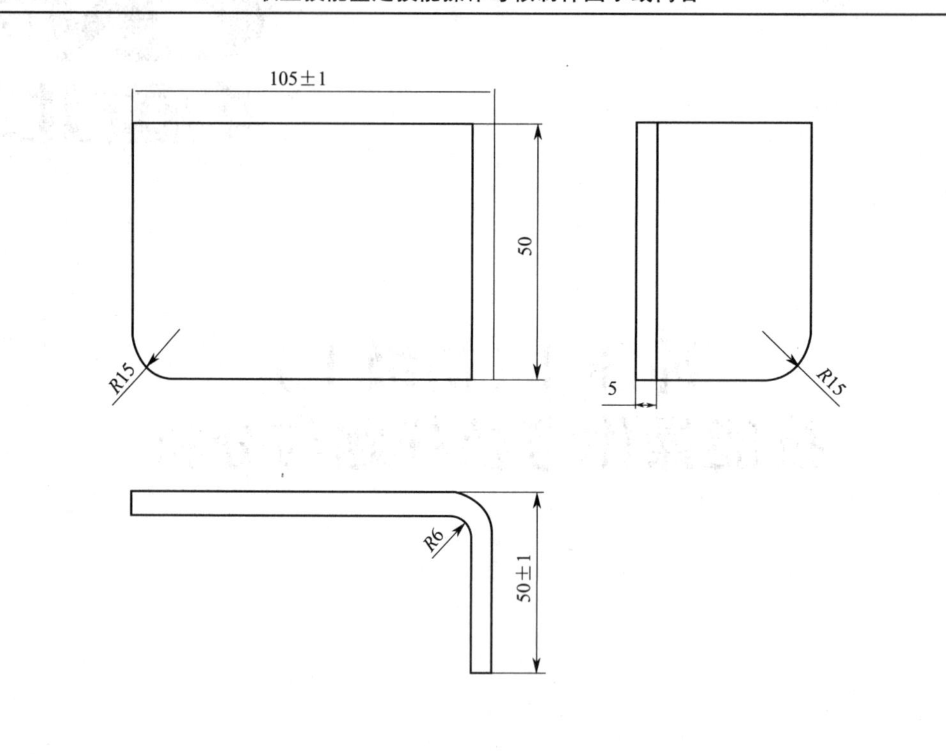

考核工序：校平、落料，折弯
设　　备：校平机、冲床、折弯机
数　　量：5 件
材　　料：09CuPCrNi-A
总操作时间：120 min

职业名称	冲压工
考核等级	初级工
试题名称	P70(P70H)型通用棚车 DN32 管吊座
材质等信息	

职业技能鉴定技能操作考核准备单

职业名称	冲压工
考核等级	初级工
试题名称	P70(P70H)型通用棚车 DN32 管吊座

一、材料准备

1. 材料规格

材质:09CuPCrNi-A。

规格:5 mm×140 mm×800 mm。

2. 坯件尺寸

二、设备、工、量、卡具准备清单

序号	名　称	规　格	数量	备　注
1	设备	由考核者确定	1	
2	工具	根据考核图样和设备规格及加工方法,由被考核者自行准备		由考核者自备
3	量具	钢卷尺、游标卡尺、钢板尺等		由考核者自备
4	卡具	紧固扳手、螺栓		由考核者提供

三、考场准备

1. 相应的公用设备、设备与器具的润滑与冷却等。
2. 相应的场地及安全防范措施。
3. 其他准备。

四、考核内容及要求

1. 考核内容(按考核制件图示及要求制作)。
2. 考核时限:120 分钟。
3. 考核评分(表)

职业名称	冲压工	考核等级	初级工		
试题名称	P70(P70H)型通用棚车 DN32 管吊座	考核时限	120 分钟		
鉴定项目	考核内容	配分	评分标准	扣分说明	得分
读图与绘图	根据图纸要求写出制件的下料尺寸	2	错误一项扣 1 分		
	能选出符合图纸要求材质的板材	2	选择错误扣 2 分		
	能使用游标卡尺进行检测并读数	2	量具错误扣 1 分,检测尺寸错误扣 1 分		
	能根据不同的尺寸精度要求选择不同的量具	2	量具错误扣 1 分、检测尺寸错误 1 项扣 1 分		

续上表

鉴定项目	考核内容	配分	评分标准	扣分说明	得分
读图与绘图	掌握对应的设备编号。(可通过提问方式)	1	回答错误扣一分		
	能根据图纸提供的信息选择对应的模具	1	模具选取错误扣1分		
加工准备	根据工序不同使用不同的劳保用品	2	违反规定一项扣1分		
	根据不同的工序确定润滑油(脂)的合理使用	2	错误一处扣1分		
	能根据图纸明确制件的正确工艺顺序	2	错误一处扣1分		
	台面整洁,物品摆放位置正确	3	摆放不合格每一项扣1分		
	能根据图纸计算展开尺寸	2	有一项错误扣1分		
	根据实际需要准备正确的吊运绳索及相关的紧固件和垫铁	4	有一项选用错误扣1分		
模具安装与维护保养	开机前检查设备情况	1	少一个检测点扣1分		
	进行设备台面及模具的必要清理	2	少一个清洁点扣1分		
	吊运时套绳规范、指挥天车规范	2	错误一项扣1分		
	能按正确步骤安装模具	2	不符合规范一项扣1分		
	按合理的步骤调节模具的闭合高度	2	调节方式错误扣2分		
	能选用合理的扳手及套管	2	工具选取错误扣1分,紧固方式错误扣1分		
	根据要求对模具进行定点润滑	2	润滑点少一处扣1分		
	操作规范	2	试冲不规范扣2分		
校平加工	根据来料状态选择合理的进料方式	2	校平方式错误扣2分		
	根据制件尺寸选择合理的测量工具	2	测量有一处错误扣1分		
	能按要求检测不同点的平面度	3	测量方式有一处错误扣2分		
	平面度不大于0.5 mm	3	平面度尺寸每超差0.5 mm扣2分		
	直线度不大于0.5 mm	2	直线度尺寸每超差0.5 mm扣1分		
	对操作者提关于校平质量及控制问题	3	每回答错误一处扣2分		
落料加工	根据图纸计算相关的力大小	3	有一项错误扣1分		
	确定合理的搭边量,明确定位尺寸。	2	三点定位,有一个定位错误扣1分		
	使用合理的测量工具,选择正确的测量方式	3	有一项错误扣1分		
	尺寸不能超差,未注公差的应满足等级IT17要求	3	尺寸超差每0.5 mm扣1分		
	毛刺高度不大于0.5 mm	2	尺寸超差每0.3 mm级扣1分		
	根据断面情况提出相关问题	2	根据断面质量提问,每回答错误一个扣2分		
折弯加工	绘出展开图,画出折弯线	3	错误一项扣2分		
	掌握曲尺、钢板尺的使用方法,检测方式正确	3	测量方式不对每项扣1分,没有自检测扣3分		
	根据制件的不同选择合理的折弯对线方式	2	折弯对线方式错误扣2分		
	折弯尺寸不超差	5	尺寸超差每0.5 mm扣1分		

续上表

鉴定项目	考核内容	配分	评分标准	扣分说明	得分
折弯加工	尺寸不能超差,未注公差的应满足等级 IT17 要求	4	尺寸超差每 0.5 mm 扣 1 分		
	制件折压过程中未出现拉伤拉裂等缺陷	3	有一个缺陷扣 2 分		
精度检验与误差分析	掌握正确的测量方法	2	错误一项扣 1 分		
	掌握正确的对角线测量方法	1	方式错误扣 1 分		
	掌握游标卡尺的使用方法	1	使用方法每错误一处扣 1 分		
	掌握平面度的测量方法	2	使用方法每错误一处扣 1 分		
	掌握直线度的测量方法	2	使用方法每错误一处扣 1 分		
	掌握对角线超差产生的原因	2	分析错误扣 2 分		
质量、安全、工艺纪律、文明生产等综合考核项目	考核时限	不限	每超时 5 分钟,扣 10 分		
	工艺纪律	不限	依据企业有关工艺纪律规定执行,每违反一次扣 10 分		
	劳动保护	不限	依据企业有关劳动保护管理规定执行,每违反一次扣 10 分		
	文明生产	不限	依据企业有关文明生产管理规定执行,每违反一次扣 10 分		
	安全生产	不限	依据企业有关安全生产管理规定执行,每违反一次扣 10 分		

职业技能鉴定技能考核制件(内容)分析

职业名称	冲压工				
考核等级	初级工				
试题名称	P70(P70H)型通用棚车DN32管吊座				
职业标准依据	国家职业标准				
试题中鉴定项目及鉴定要素的分析与确定					
分析事项 \ 鉴定项目分类	基本技能“D”	专业技能“E”	相关技能“F”	合计	数量与占比说明
鉴定项目总数	3	4	1	8	专业技能满足2/3,鉴定要素满足60%的要求
选取的鉴定项目数量	3	3	1	7	
选取的鉴定项目数量占比(%)	100	75	100	87.5	
对应选取鉴定项目所包含的鉴定要素总数	26	28	8	62	
选取的鉴定要素数量	16	18	5	39	
选取的鉴定要素数量占比(%)	61.5	64.3	62.5	62.9	

所选取鉴定项目及相应鉴定要素分解与说明

鉴定项目类别	鉴定项目名称	国家职业标准规定比重(%)	《框架》中鉴定要素名称	本命题中具体鉴定要素分解	配分	评分标准	考核难点说明
D	读图与绘图	10	能掌握图纸要求加工的部位尺寸	根据图纸要求写出制件的下料尺寸	2	错误一项扣1分	
			根据图纸选择正确材质的制件原材料	能选出符合图纸要求材质的板材	2	选择错误扣2分	
			使用合理的量具检测来料厚度	能使用游标卡尺进行检测并读数	2	量具错误扣1分,检测尺寸错误扣1分	
			使用合理的量具检测来料关键性尺寸	能根据不同的尺寸精度要求选择不同的量具	2	量具错误扣1分、检测尺寸错误1项扣1分	
			根据图纸选择正确的设备	掌握对应的设备编号。(可通过提问方式)	1	回答错误扣一分	
			根据图纸选择正确的模具	能根据图纸提供的信息选择对应的模具	1	模具选取错误扣1分	
	加工准备	15	能按劳动保护的要求着装	根据工序不同使用不同的劳保用品	2	违反规定一项扣1分	
			选择正确的润滑油(脂)	根据不同的工序确定润滑油(脂)的合理使用	2	错误一处扣1分	
			能明确制件的加工顺序	能根据图纸明确制件的正确工艺顺序	2	错误一处扣1分	
			工具、量具及制件摆放合理、整齐	台面整洁,物品摆放位置正确	3	摆放不合格每一项扣1分	
			掌握弯曲件展开及套材下料知识	能根据图纸计算展开尺寸	2	有一项错误扣1分	
			吊运绳索、紧固元件及垫铁的合理选用	根据实际需要准备正确的吊运绳索及相关的紧固件和垫铁	4	有一项选用错误扣1分	

续上表

鉴定项目类别	鉴定项目名称	国家职业标准规定比重(%)	《框架》中鉴定要素名称	本命题中具体鉴定要素分解	配分	评分标准	考核难点说明
D	模具安装与维护保养	15	检查设备的安全装置运行状态	开机前检查设备情况	1	少一个检测点扣1分	
			设备及模具按标准进行整理清洁	进行设备台面及模具的必要清理	2	少一个清洁点扣1分	
			正确吊运模具、指挥天车作业	吊运时套绳规范、指挥天车规范	2	错误一项扣1分	
			按操作规程安装模具	能按正确步骤安装模具	2	不符合规范一项扣1分	
			调节模具的闭合高度	按合理的步骤调节模具的闭合高度	2	调节方式错误扣2分	
			能用合理的工具对模具进行紧固	能选用合理的扳手及套管	2	工具选取错误扣1分,紧固方式错误扣1分	
			对模具进行合理的润滑	根据要求对模具进行定点润滑	2	润滑点少一处扣1分	
			模具试冲(压)规范	操作规范	2	试冲不规范扣2分	
E	校平加工	50	根据不同的制件选择不同的校平方式	根据来料状态选择合理的进料方式	2	校平方式错误扣2分	
			正确测量直线度	根据制件尺寸选择合理的测量工具	2	测量有一处错误扣1分	
			正确测量平面度	能按要求检测不同点的平面度	3	测量方式有一处错误扣2分	
			矫形件平面度满足工艺要求	平面度不大于0.5 mm	3	平面度尺寸每超差0.5 mm扣2分	
			矫形件直线度满足工艺要求	直线度不大于0.5 mm	2	直线度尺寸每超差0.5 mm扣1分	
			分析影响矫形件质量的因素	对操作者提关于校平质量及控制问题	3	每回答错误一处扣2分	
	落料加工		计算冲裁力、卸料力,判断设备的工艺能力	根据图纸计算相关的力大小	3	有一项错误扣1分	
			选择定位基准	确定合理的搭边量,明确定位尺寸。	2	三点定位,有一个定位错误扣1分	
			对制件按要求自检测量	使用合理的测量工具,选择正确的测量方式	3	有一项错误扣1分	
			尺寸145 mm±1 mm、50 mm、$R15$	尺寸不能超差,未注公差的应满足等级IT17要求	3	尺寸超差每0.5 mm扣1分	
			毛刺高度≤0.5 mm	毛刺高度不大于0.5 mm	2	尺寸超差每0.3 mm级扣1分	
			冲裁件断面质量分析	根据断面情况提出相关问题	2	根据断面质量提问,每回答错误一个扣2分	
	折弯加工		折弯展开计算,绘出折弯线	绘出展开图,画出折弯线	3	错误一项扣2分	
			按要求自检,掌握折弯件的测量方式	掌握曲尺、钢板尺的使用方法,检测方式正确	3	测量方式不对每项扣1分,没有自检测扣3分	

续上表

鉴定项目类别	鉴定项目名称	国家职业标准规定比重(%)	《框架》中鉴定要素名称	本命题中具体鉴定要素分解	配分	评分标准	考核难点说明
E	折弯加工	50	选择定位基准	根据制件的不同选择合理的折弯对线方式	2	折弯对线方式错误扣2分	
			折弯尺寸105 mm±1 mm、50 mm±1 mm	折弯尺寸不超差	5	尺寸超差每0.5 mm扣1分	
			圆角尺寸 *R*6、折弯角90°	尺寸不能超差,未注公差的应满足等级IT17要求	4	尺寸超差每0.5 mm扣1分	
			拉伤拉裂等缺陷	制件折压过程中未出现拉伤拉裂等缺陷	3	有一个缺陷扣2分	
F	精度检验与误差分析	10	能使用板尺、钢卷尺等测量制件长度	掌握正确的测量方法	2	错误一项扣1分	
			能使用板尺、钢卷尺等测量制件对角线长度	掌握正确的对角线测量方法	1	方式错误扣1分	
			能使用游标卡尺测量料厚和毛刺高度	掌握游标卡尺的使用方法	1	使用方法每错误一处扣1分	
			能使用平台和常用量具检测平面度	掌握平面度的测量方法	2	使用方法每错误一处扣1分	
			能使用平台和常用量具检测直线度	掌握直线度的测量方法	2	使用方法每错误一处扣1分	
			能对对角线超差进行分析	掌握对角线超差产生的原因	2	分析错误扣2分	
质量、安全、工艺纪律、文明生产等综合考核项目				考核时限	不限	每超时5分钟,扣10分	
				工艺纪律	不限	依据企业有关工艺纪律规定执行,每违反一次扣10分	
				劳动保护	不限	依据企业有关劳动保护管理规定执行,每违反一次扣10分	
				文明生产	不限	依据企业有关文明生产管理规定执行,每违反一次扣10分	
				安全生产	不限	依据企业有关安全生产管理规定执行,每违反一次扣10分	

冲压工(中级工)技能操作考核框架

一、框架说明

1. 依据《国家职业标准》注，以及中国北车确定的“岗位个性服从于职业共性”的原则，提出冲压工(中级工)技能操作考核框架(以下简称:技能考核框架)。

2. 本职业等级技能操作考核评分采用百分制。即:满分为100分，60分为及格，低于60分为不及格。

3. 实施“技能考核框架”时，考核制件(活动)命题可以选用本企业的加工件(活动项目)，也可以结合实际另外组织命题。

4. 实施“技能考核框架”时，考核的时间和场地条件等应依据《国家职业标准》，并结合企业实际确定。

5. 实施“技能考核框架”时，其“职业功能”的分类按以下要求确定:

(1)“工件加工”属于本职业等级技能操作的核心职业活动，其“项目代码”为“E”。

(2)“工艺准备”、“相关技能”属于本职业等级技能操作的辅助性活动，其“项目代码”分别为“D”和“F”。

6. 实施“技能考核框架”时，其“鉴定项目”和“选考数量”按以下要求确定:

(1)按照《国家职业标准》有关技能操作鉴定比重的要求，本职业等级技能操作考核制件的“鉴定项目”应按“D”+“E”+“F”组合，其考核配分比例相应为:“D”占40分，“E”占50分，“F”占10分。

(2)依据中国北车确定的“核心职业活动选取2/3、并向上取整”的规定，在“E”类鉴定项目——“工件加工”的全部4项中，至少选取3项;在“D”和“F”类鉴定项目——“工艺准备”和“相关技能”下各项为必选项。

(3)依据中国北车确定的“确定‘选考数量’时，所涉及‘鉴定要素’的数量占比，应不低于对应‘鉴定项目’范围内‘鉴定要素’总数的60%，并向上取整”的规定，考核制件的鉴定要素“选考数量”应按以下要求确定:

①在“D”类“鉴定项目”中，在已选定的1个或全部鉴定项目中，至少选取已选鉴定项目所对应的全部鉴定要素的60%项，并向上保留整数。

②在“E”类“鉴定项目”中，在已选的4个鉴定项目所包含的全部鉴定要素中，至少选取总数的60%项，并向上保留整数。

③在“F”类“鉴定项目”中，对应“精度检验与误差分析”的8个鉴定要素，至少选取5项。

举例分析:

按照上述“第6条”要求，若命题时按“核心职业活动选取2/3，并向上取整”的规定选取，即:在“D”类鉴定项目中的选取了“读图与绘图”、“加工准备”及“模具安装与维护”3项，在“E”类鉴定项目中选取了“冲裁加工”、“折弯加工”、“拉深加工”、“拉弯加工”4项，在“F”类鉴定项目中选取“精度检验与误差分析”1项，则：

此考核制件所涉及的“鉴定项目”总数为7项，具体包括：“读图与绘图”、“加工准备”、“模具安装与维护”、“冲裁加工”、“折弯加工”、“拉弯加工”、“精度检验与误差分析”。

此考核制件所涉及的鉴定要素“选考数量”相应为44项，具体包括：“读图与绘图”鉴定项目包含的全部11个鉴定要素中的7项，“加工准备”鉴定项目包含的全部8个鉴定要素中的5项，“模具安装与维护”鉴定项目包含的全部12个鉴定要素中的8项，“冲裁加工”、“折弯加工”、“拉弯加工”3个鉴定项目包括的全部30个鉴定要素中的19项，“精度检验与误差分析”鉴定项目包含的全部8个鉴定要素中的5项。

7. 本职业等级技能操作需要两人及以上共同作业的，可由鉴定组织机构根据“必要、辅助”的原则，结合实际情况确定协助人员的数量。在整个操作过程中，协助人员只能起必要、简单的辅助作用。否则，每违反一次，至少扣减应考者的技能考核总成绩10分，直至取消其考试资格。

8. 实施“技能考核框架”时，应同时对应考者在质量、安全、工艺纪律、文明生产等方面行为进行考核。对于在技能操作考核过程中出现的违章作业现象，每违反一项(次)至少扣减技能考核总成绩10分，直至取消其考试资格。

注：按照中国北车规定，各《职业技能操作考核框架》的编制依据现行的《国家职业标准》或现行的《行业职业标准》或现行的《中国北车职业标准》的顺序执行。

二、冲压工(中级工)技能操作鉴定要素细目表

职业功能	鉴定项目				鉴定要素		
	项目代码	名　称	鉴定比重(%)	选考方式	要素代码	名　称	重要程度
工艺准备	D	读图与绘图	10	必选	001	通过组焊图(装配图)明确工件位置及关键尺寸	X
					002	通过组焊图(装配图)明确焊接符号的含义	X
					003	能对冲压件零部件图进行绘制	Y
					004	能掌握图纸要求加工的部位尺寸	X
					005	根据图纸选择正确材质的工件原材料	Z
					006	根据图纸选择正确的工件数量	Y
					007	使用合理的量具检测来料厚度	Z
					008	使用合理的量具检测来料关键性尺寸	X
					009	使用合理的量具检测来料一般尺寸	Y
					010	根据图纸选择正确的设备	X
					011	根据图纸选择正确的模具	X
		加工准备	15	必选	001	能按劳动保护的要求着装	X
					002	常用量具，模具操作用工具的选择	X
					003	选择正确的润滑油(脂)	Y
					004	工具、量具及工件摆放合理、整齐	X
					005	能读懂简单剪冲压件的工艺规程	Y

续上表

职业功能	鉴定项目				鉴定要素		
	项目代码	名　称	鉴定比重(%)	选考方式	要素代码	名　称	重要程度
工艺准备	D	加工准备	15	必选	006	能明确工件的加工顺序	X
					007	掌握弯曲件展开及套材下料知识	Y
					008	吊运绳索、紧固元件及垫铁的合理选用	X
		模具安装与维护保养	15	必选	001	检查设备的安全装置运行状态	X
					002	检查设备的运行状态	X
					003	设备及模具按标准进行整理清洁	X
					004	根据设备状态安装合理的限位装置	X
					005	正确吊运模具、指挥天车作业	X
					006	按操作规程安装模具	X
					007	调节模具的安全监控装置	X
					009	能用合理的工具对模具进行紧固	X
					010	对模具进行合理的润滑	X
					011	模具试冲(压)规范	X
					012	调整机械手、自动送取料装置、安全防护装置	Y
工件加工	E	冲裁加工	50	至少选择4项	001	计算冲裁力,判断设备的工艺能力	X
					002	确定合理的搭边值	X
					003	选择定位基准	X
					004	对加工件按要求自检测量	X
					005	冲裁件横向定位尺寸达到工艺要求的尺寸公差或公差等级 IT14	X
					006	冲裁件纵向定位尺寸达到工艺要求的尺寸公差或公差等级 IT14	X
					007	冲裁部位尺寸达到工艺要求的尺寸公差或公差等级 IT14	X
					008	冲裁部位垂直度公差等级 IT14	X
					009	毛刺高度不超过标准要求	X
					010	分析影响冲裁质量的因素	Y
		折弯、压型加工			001	掌握板材及型钢压弯方法	Y
					002	计算压型力,判断设备的工艺能力	X
					003	能对多角折弯件进行展开,确定折弯线	X
					004	选择定位基准	X
					005	能确定合理的折弯顺序	X
					006	能明确成型件的纤维方向	Y
					007	掌握成型件的测量方法	Y
					008	对加工件按要求自检测量	X

续上表

职业功能	鉴定项目				鉴定要素		
	项目代码	名　　称	鉴定比重（%）	选考方式	要素代码	名　　称	重要程度
工件加工	E	折弯、压型加工	50	至少选择4项	009	折弯件成型尺寸达到工艺要求的尺寸公差或公差等级IT15	X
					010	折弯件角度公差满足±30′	X
					011	折弯件圆角尺寸公差等级IT15	Z
					012	折弯件拉伤不超过标准要求	X
		板材及型钢矫平、校直加工			001	掌握矫型模结构原理	Z
					002	掌握不同工件的矫型方法，明确矫型部位	X
					003	正确测量直线度	X
					004	正确测量平面度	X
					005	矫形件平面度满足工艺要求	X
					006	工件全长平面度满足工艺要求	Y
					007	矫形件直线度满足工艺要求	X
					008	工件全长直线度满足工艺要求	Y
					009	分析影响矫型质量的因素	Y
		拉弯加工			001	能调节拉弯机的拉力值	X
					002	掌握一般拉弯模的结构原理	Z
					003	能对拉弯臂进行调节	X
					004	能对拉弯模夹紧力进行调节	Y
					005	掌握拉弯工件的测量方法	Y
					006	能借助检测样板检测工件的尺寸公差	X
					007	拉弯工件达到工艺要求尺寸或公差等级IT15	X
					008	工件拉断率少于5%	X
相关知识	F	精度检验与误差分析	10	必选	001	能使用游标卡尺测量料厚和毛刺高度	X
					002	能使用百分尺、百分表等进行检测	Y
					003	能使用万能角度尺测量角度	Y
					004	能使用平台和常用量具检测平面度	X
					005	能使用平台和常用量具检测直线度	X
					006	能对成型件的型面进行检测	Y
					007	能对折弯及拉深件拉伤起皱等原因进行分析	X
					008	能对简单的质量问题制订相应的解决方法	X

冲压工(中级工)
技能操作考核样题与分析

职 业 名 称：____________________

考 核 等 级：____________________

存 档 编 号：____________________

考核站名称：____________________

鉴定责任人：____________________

命题责任人：____________________

主管负责人：____________________

中国北车股份有限公司劳动工资部制

职业技能鉴定技能操作考核制件图或内容

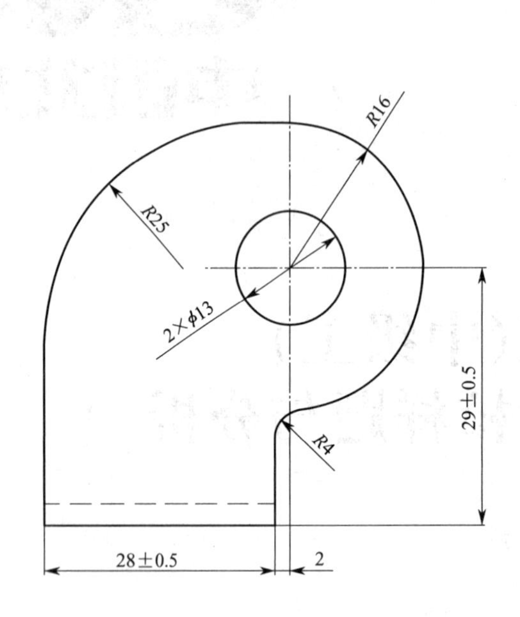

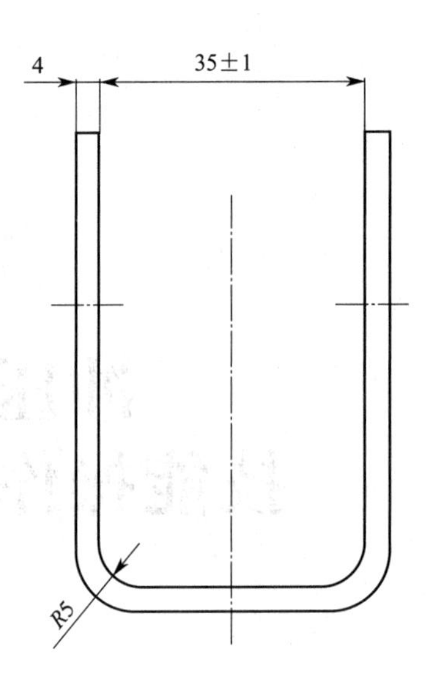

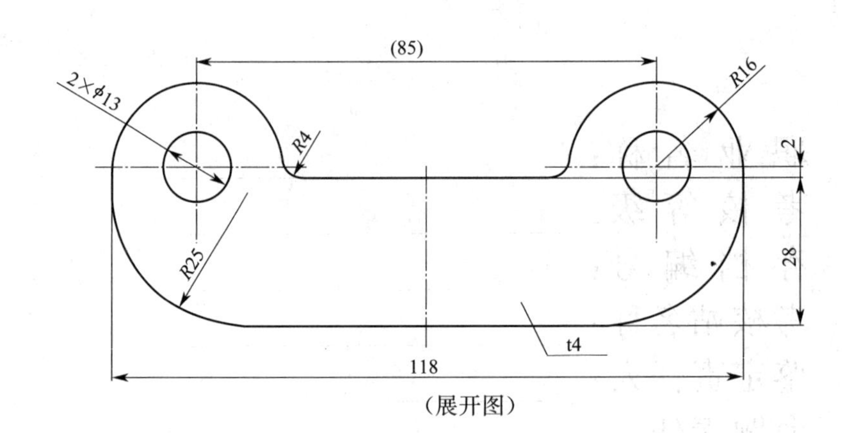

(展开图)

考核工序:校平、冲孔落料,压型

设 备:校平机、冲床、油压机

数 量:5 件

材 料:09CuPTiRe-A

总操作时间:150min

职业名称	冲压工
考核等级	中级工
试题名称	P70(P70H)型通用棚车内窗折页座
材质等信息	

职业技能鉴定技能操作考核准备单

职业名称	冲压工
考核等级	中级工
试题名称	P70(P70H)型通用棚车内窗折页座

一、材料准备

1. 材料规格

材质:09CuPCrNi-A。

规格:5 mm×140 mm×800 mm。

2. 坯件尺寸

二、设备、工、量、卡具准备清单

序号	名称	规格	数量	备注
1	设备	由考核者确定	1	
2	工具	根据考核图样和设备规格及加工方法,由被考核者自行准备		由考核者自备
3	量具	钢卷尺、游标卡尺、钢板尺等		由考核者自备
4	卡具	紧固扳手、螺栓		由考核者提供

三、考场准备

1. 相应的公用设备、设备与器具的润滑与冷却等。
2. 相应的场地及安全防范措施。
3. 其他准备。

四、考核内容及要求

1. 考核内容(按考核制件图示及要求制作)。
2. 考核时限:150 分钟。
3. 考核评分(表)

职业名称	冲压工		考核等级	中级工	
试题名称	P70(P70H)型通用棚车内窗折页座		考核时限	150 分钟	
鉴定项目	考核内容	配分	评分标准	扣分说明	得分
读图与绘图	能借助工具手绘制件图形,并标注尺寸	2	错误一项扣 1 分		
	根据图纸要求写出工件的下料尺寸	1	错误一项扣 1 分		
	能选出符合图纸要求材质的板材	2	选择错误扣 2 分		
	能使用游标卡尺进行检测并读数	1	检测尺寸错误扣 1 分		
	能根据不同的尺寸精度要求选择不同的量具	2	量具错误扣 1 分、检测尺寸错误 1 项扣 1 分		
	掌握对应的设备编号。(可通过提问方式)	1	设备指认错误扣 1 分		
	能根据图纸提供的信息选择对应的模具	1	模具选取错误扣 1 分		

续上表

鉴定项目	考核内容	配分	评分标准	扣分说明	得分
加工准备	根据工序不同使用不同的劳保用品	2	违反规定一项扣1分		
	根据不同的工序确定润滑油(脂)的合理使用	2	错误一处扣1分		
	台面整洁,物品摆放位置正确	3	摆放不合格每一项扣1分		
	能根据图纸明确制件的正确工艺顺序	2	错误一处扣1分		
	能计算展开并使用套材下料知识	2	有一项错误扣1分		
	据实际需要准备正确的吊运绳索及相关的紧固件和垫铁	4	有一项选用错误扣1分		
模具安装与维护保养	开机前检查设备情况	1	少一个检测点扣1分		
	进行设备台面及模具的必要清理	2	少一个清洁点扣1分		
	吊运时套绳规范、指挥天车规范	2	错误一项扣1分		
	能按正确步骤安装模具	2	不符合规范一项扣1分		
	按合理的步骤调节模具的闭合高度	2	调节方式错误扣2分		
	能选用合理的扳手及套管	2	工具选取错误扣1分,紧固方式错误扣1分		
	根据要求对模具进行定点润滑	2	润滑点少一处扣1分		
	操作规范	2	试冲不规范扣2分		
校平加工	根据来料状态选择合理的进料方式	2	校平方式错误扣2分		
	根据制件尺寸选择合理的测量工具	2	测量有一处错误扣1分		
	能按要求检测不同点的平面度	3	测量方式有一处错误扣2分		
	平面度不大于0.5 mm	3	平面度尺寸每超差0.5 mm扣2分		
	直线度不大于0.5 mm	2	直线度尺寸每超差0.5 mm扣1分		
	对操作者提关于校平质量及控制问题	3	每回答错误一处扣2分		
冲孔落料加工	根据图纸计算相关的力大小	3	有一项错误扣1分		
	确定合理的搭边量,明确定位尺寸	2	三点定位,有一个定位错误扣1分		
	使用合理的测量工具,选择正确的测量方式	3	有一项错误扣1分		
	尺寸不能超差,未注公差的应满足等级IT17要求	3	尺寸超差每0.5 mm扣1分		
	毛刺高度不大于0.5 mm	2	尺寸超差每0.3 mm级扣1分		
	根据断面情况提出相关问题	2	根据断面质量提问,每回答错误一个扣2分		
压型加工	正确计算压型力大小	3	错误一项扣2分		
	能根据图纸确定正确的定位方式	2	定位错误扣2分		
	根据制件选择正确的量具及测量方法	3	没有自检测扣3分,测量方式错一项扣1分		
	压型件尺寸不能超差	5	尺寸每超差0.5 mm扣1分		
	未注公差等级IT15	5	尺寸每超差0.5 mm扣1分,折弯角每超差0.5°扣1分		
	检查是否存在压型缺陷	2	有一个缺陷扣1分		

续上表

鉴定项目	考核内容	配分	评分标准	扣分说明	得分
精度检验与误差分析	掌握游标卡尺的使用方法	2	错误一项扣1分		
	掌握百分尺、百分表的使用方法	1	方式错误扣1分		
	掌握万能角度尺的使用方法	1	使用方法每错误一处扣1分		
	掌握平面度的测量方法	2	使用方法每错误一处扣1分		
	掌握直线度的测量方法	2	使用方法每错误一处扣1分		
	了解成型件拉伤起皱等产生的原因	2	分析错误扣2分		
质量、安全、工艺纪律、文明生产等综合考核项目	考核时限	不限	每超时5分钟，扣10分		
	工艺纪律	不限	依据企业有关工艺纪律规定执行，每违反一次扣10分		
	劳动保护	不限	依据企业有关劳动保护管理规定执行，每违反一次扣10分		
	文明生产	不限	依据企业有关文明生产管理规定执行，每违反一次扣10分		
	安全生产	不限	依据企业有关安全生产管理规定执行，每违反一次扣10分		

职业技能鉴定技能考核制件(内容)分析

职业名称	冲压工				
考核等级	中级工				
试题名称	P70(P70H)型通用棚车内窗折页座				
职业标准依据	国家职业标准				
试题中鉴定项目及鉴定要素的分析与确定					
鉴定项目分类 / 分析事项	基本技能“D”	专业技能“E”	相关技能“F”	合计	数量与占比说明
鉴定项目总数	3	4	1	8	专业技能满足2/3,鉴定要素满足60%的要求
选取的鉴定项目数量	3	3	1	7	
选取的鉴定项目数量占比	100%	75%	100%	87.5%	
对应选取鉴定项目所包含的鉴定要素总数	31	31	8	70	
选取的鉴定要素数量	20	19	5	44	
选取的鉴定要素数量占比	64.5%	61.3%	62.5%	62.8%	

所选取鉴定项目及相应鉴定要素分解与说明

鉴定项目类别	鉴定项目名称	国家职业标准规定比重(%)	《框架》中鉴定要素名称	本命题中具体鉴定要素分解	配分	评分标准	考核难点说明
D	读图与绘图	10	能对冲压件零部件图进行绘制	能借助工具手绘制件图形,并标注尺寸	2	错误一项扣1分	
			能掌握图纸要求加工的部位尺寸	根据图纸要求写出工件的下料尺寸	1	错误一项扣1分	
			根据图纸选择正确材质的制件原材料	能选出符合图纸要求材质的板材	2	选择错误扣2分	
			使用合理的量具检测来料厚度	能使用游标卡尺进行检测并读数	1	检测尺寸错误扣1分	
			使用合理的量具检测来料关键性尺寸	能根据不同的尺寸精度要求选择不同的量具	2	量具错误扣1分、检测尺寸错误1项扣1分	
			根据图纸选择正确的设备	掌握对应的设备编号。(可通过提问方式)	1	设备指认错误扣1分	
			根据图纸选择正确的模具	能根据图纸提供的信息选择对应的模具	1	模具选取错误扣1分	
	加工准备	15	能按劳动保护的要求着装	根据工序不同使用不同的劳保用品	2	违反规定一项扣1分	
			选择正确的润滑油(脂)	根据不同的工序确定润滑油(脂)的合理使用	2	错误一处扣1分	
			工具、量具及制件摆放合理、整齐	台面整洁,物品摆放位置正确	3	摆放不合格每一项扣1分	
			能明确制件的加工顺序	能根据图纸明确制件的正确工艺顺序	2	错误一处扣1分	
			掌握压形件展开及套材下料知识	能计算展开并使用套材下料知识	2	有一项错误扣1分	
			吊运绳索、紧固元件及垫铁的合理选用	据实际需要准备正确的吊运绳索及相关的紧固件和垫铁	4	有一项选用错误扣1分	

续上表

鉴定项目类别	鉴定项目名称	国家职业标准规定比重(%)	《框架》中鉴定要素名称	本命题中具体鉴定要素分解	配分	评分标准	考核难点说明
D	模具安装与维护保养	15	检查设备的安全装置运行状态	开机前检查设备情况	1	少一个检测点扣1分	
			设备及模具按标准进行整理清洁	进行设备台面及模具的必要清理	2	少一个清洁点扣1分	
			正确吊运模具、指挥天车作业	吊运时套绳规范、指挥天车规范	2	错误一项扣1分	
			按操作规程安装模具	能按正确步骤安装模具	2	不符合规范一项扣1分	
			调节模具的闭合高度	按合理的步骤调节模具的闭合高度	2	调节方式错误扣2分	
			能用合理的工具对模具进行紧固	能选用合理的扳手及套管	2	工具选取错误扣1分,紧固方式错误扣1分	
			对模具进行合理的润滑	根据要求对模具进行定点润滑	2	润滑点少一处扣1分	
			模具试冲(压)规范	操作规范	2	试冲不规范扣2分	
E	校平加工	50	根据不同的工件选择不同的校平方式	根据来料状态选择合理的进料方式	2	校平方式错误扣2分	
			正确测量直线度	根据制件尺寸选择合理的测量工具	2	测量有一处错误扣1分	
			正确测量平面度	能按要求检测不同点的平面度	3	测量方式有一处错误扣2分	
			矫形件平面度满足工艺要求	平面度不大于0.5 mm	3	平面度尺寸每超差0.5 mm扣2分	
			矫形件直线度满足工艺要求	直线度不大于0.5 mm	2	直线度尺寸每超差0.5mm扣1分	
			分析影响矫形件质量的因素	对操作者提关于校平质量及控制问题	3	每回答错误一处扣2分	
	冲孔落料加工		计算冲裁力、卸料力,判断设备的工艺能力	根据图纸计算相关的力大小	3	有一项错误扣1分	
			选择定位基准	确定合理的搭边量,明确定位尺寸	2	三点定位,有一个定位错误扣1分	
			对制件按要求自检测量	使用合理的测量工具,选择正确的测量方式	3	有一项错误扣1分	
			尺寸118 mm±1 mm、28 mm±1 mm、$R25$	尺寸不能超差,未注公差的应满足等级IT17要求	3	尺寸超差每0.5 mm扣1分	
			毛刺高度≤0.5 mm	毛刺高度不大于0.5 mm	2	尺寸超差每0.3 mm级扣1分	
			冲裁件断面质量分析	根据断面情况提出相关问题	2	根据断面质量提问,每回答错误一个扣2分	
	压型加工		计算压型力,判断油压机的工艺能力	正确计算压型力大小	3	错误一项扣2分	
			选择合理的定位基准	能根据图纸确定正确的定位方式	2	定位错误扣2分	

续上表

鉴定项目类别	鉴定项目名称	国家职业标准规定比重(%)	《框架》中鉴定要素名称	本命题中具体鉴定要素分解	配分	评分标准	考核难点说明
E	压型加工	50	按要求自检,掌握压型件的测量方式	根据制件选择正确的量具及测量方法	3	没有自检测扣3分,测量方式错一项扣1分	
			压型尺寸 35 mm±1 mm、45 mm±1 mm	压型件尺寸不能超差	5	尺寸每超差0.5 mm扣1分	
			圆角尺寸 $R5$、折弯角 90°	未注公差等级 IT15	5	尺寸每超差0.5 mm扣1分,折弯角每超差0.5°扣1分	
			拉伤拉裂等缺陷	检查是否存在压型缺陷	2	有一个缺陷扣1分	
F	精度检验与误差分析	10	能使用游标卡尺测量料厚和毛刺高度	掌握游标卡尺的使用方法	2	错误一项扣1分	
			能使用百分尺、百分表等进行检测	掌握百分尺、百分表的使用方法	1	方式错误扣1分	
			能使用万能角度尺测量角度	掌握万能角度尺的使用方法	1	使用方法每错误一处扣1分	
			能使用平台和常用量具检测平面度	掌握平面度的测量方法	2	使用方法每错误一处扣1分	
			能使用平台和常用量具检测直线度	掌握直线度的测量方法	2	使用方法每错误一处扣1分	
			能对成型件拉伤起皱等原因进行分析	了解成型件拉伤起皱等产生的原因	2	分析错误扣2分	
质量、安全、工艺纪律、文明生产等综合考核项目				考核时限	不限	每超时5分钟,扣10分	
				工艺纪律	不限	依据企业有关工艺纪律规定执行,每违反一次扣10分	
				劳动保护	不限	依据企业有关劳动保护管理规定执行,每违反一次扣10分	
				文明生产	不限	依据企业有关文明生产管理规定执行,每违反一次扣10分	
				安全生产	不限	依据企业有关安全生产管理规定执行,每违反一次扣10分	

冲压工(高级工)技能操作考核框架

一、框架说明

1. 依据《国家职业标准》注,以及中国北车确定的“岗位个性服从于职业共性”的原则,提出冲压工(高级工)技能操作考核框架(以下简称:技能考核框架)。

2. 本职业等级技能操作考核评分采用百分制。即:满分为100分,60分为及格,低于60分为不及格。

3. 实施“技能考核框架”时,考核制件(活动)命题可以选用本企业的加工件(活动项目),也可以结合实际另外组织命题。

4. 实施“技能考核框架”时,考核的时间和场地条件等应依据《国家职业标准》,并结合企业实际确定。

5. 实施“技能考核框架”时,其“职业功能”的分类按以下要求确定:

(1)“工件加工”属于本职业等级技能操作的核心职业活动,其“项目代码”为“E”。

(2)“工艺准备”、“相关技能”属于本职业等级技能操作的辅助性活动,其“项目代码”分别为“D”和“F”。

6. 实施“技能考核框架”时,其“鉴定项目”和“选考数量”按以下要求确定:

(1)按照《国家职业标准》有关技能操作鉴定比重的要求,本职业等级技能操作考核制件的“鉴定项目”应按“D”+“E”+“F”组合,其考核配分比例相应为:“D”占40分,“E”占50分,“F”占10分。

(2)依据中国北车确定的“核心职业活动选取2/3,并向上取整”的规定,在“E”类鉴定项目——“工件加工”的全部5项中,至少选取4项;在“D”和“F”类鉴定项目——“工艺准备”和“相关技能”下各项为必选项。

(3)依据中国北车确定的“确定‘选考数量’时,所涉及‘鉴定要素’的数量占比,应不低于对应‘鉴定项目’范围内‘鉴定要素’总数的60%,并向上取整”的规定,考核制件的鉴定要素“选考数量”应按以下要求确定:

①在“D”类“鉴定项目”中,在已选定的1个或全部鉴定项目中,至少选取已选鉴定项目所对应的全部鉴定要素的60%项,并向上保留整数。

②在“E”类“鉴定项目”中,在已选的5个鉴定项目所包含的全部鉴定要素中,至少选取总数的60%项,并向上保留整数。

③在“F”类“鉴定项目”中,对应“精度检验与误差分析”的8个鉴定要素,至少选取5项。

举例分析:

按照上述“第6条”要求,若命题时按“核心职业活动选取2/3,并向上取整”的规定选取,即:在“D”类鉴定项目中的选取了“读图与绘图”、“加工准备”及“模具安装与维护”3项,在“E”

类鉴定项目中选取了“冲裁加工”、“折弯加工”、“拉深加工”、“拉弯加工”4 项，在“F”类鉴定项目中选取“精度检验与误差分析”5 项，则：

此考核制件所涉及的“鉴定项目”总数为 9 项，具体包括：“读图与绘图”、“加工准备”、“模具安装与维护”、“冲裁加工”、“折弯加工”、“拉深加工”、“拉弯加工”、“模具拆卸及设备维护保养”和“检测、工时及工具的清理”；

此考核制件所涉及的鉴定要素“选考数量”相应为 50 项，具体包括：“读图与绘图”鉴定项目包含的全部 11 个鉴定要素中的 7 项，“加工准备”鉴定项目包含的全部 8 个鉴定要素中的 5 项、“模具安装与维护”鉴定项目包含的全部 12 个鉴定要素中的 8 项，“冲裁加工”、“折弯加工”、“拉深加工”、“拉弯加工”4 个鉴定项目包括的全部 41 个鉴定要素中的 25 项，“精度检验与误差分析”鉴定项目包含的全部 8 个鉴定要素中的 5 项。

7. 本职业等级技能操作需要两人及以上共同作业的，可由鉴定组织机构根据“必要、辅助”的原则，结合实际情况确定协助人员的数量。在整个操作过程中，协助人员只能起必要、简单的辅助作用。否则，每违反一次，至少扣减应考者的技能考核总成绩 10 分，直至取消其考试资格。

8. 实施“技能考核框架”时，应同时对应考者在质量、安全、工艺纪律、文明生产等方面行为进行考核。对于在技能操作考核过程中出现的违章作业现象，每违反一项(次)至少扣减技能考核总成绩 10 分，直至取消其考试资格。

注：按照中国北车规定，各《职业技能操作考核框架》的编制依据现行的《国家职业标准》或现行的《行业职业标准》或现行的《中国北车职业标准》的顺序执行。

二、冲压工(高级工)技能操作鉴定要素细目表

职业功能	鉴定项目				鉴定要素		
	项目代码	名　称	鉴定比重(%)	选考方式	要素代码	名　称	重要程度
工艺准备	D	读图与绘图	15	必选	001	通过组装配图明确工件尺寸	X
					002	通过组装配图明确工件各工序顺序	Y
					003	能对冲压件零部件图进行绘制	X
					004	能掌握图纸要求加工的部位尺寸	X
					005	根据图纸选择正确材质的工件原材料	Y
					006	根据图纸选择正确的工件数量	X
					007	使用合理的量具检测来料厚度	Z
					008	使用合理的量具检测来料关键性尺寸	X
					009	使用合理的量具检测来料一般尺寸	Y
					010	根据图纸选择正确的设备	X
					011	根据图纸选择正确的模具	X

续上表

职业功能	鉴定项目				鉴定要素		
	项目代码	名　　称	鉴定比重(%)	选考方式	要素代码	名　　称	重要程度
工艺准备	D	加工准备	10	必选	001	能按劳动保护的要求着装	X
					002	常用量具,模具操作用工具的选择	X
					003	选择正确的润滑油(脂)	Y
					004	工具、量具及工件摆放合理、整齐	X
					005	能掌握剪冲压件的工艺规程	Y
					006	能明确工件的加工顺序	X
					007	掌握弯曲件展开及套材下料知识	Y
					008	吊运绳索、紧固元件及垫铁的合理选用	X
		模具安装与维护保养	15	必选	001	检查设备的安全装置运行状态	X
					002	检查设备的运行状态	X
					003	设备及模具按标准进行整理清洁	X
					004	根据设备状态安装合理的限位装置	X
					005	正确吊运模具、指挥天车作业	X
					006	按操作规程安装模具	X
					007	调节模具的安全监控装置	X
					008	调节模具的闭合高度	X
					009	能用合理的工具对模具进行紧固	X
					010	对模具进行合理的润滑	X
					011	模具试冲(压)规范	X
					012	调整机械手、自动送取料装置、安全防护装置	Y
工件加工	E	冲裁加工	50	至少选择4项	001	计算冲裁力,判断设备的工艺能力	X
					002	确定合理的搭边值	X
					003	选择定位基准	X
					004	对加工件按要求自检测量	X
					005	冲裁件横向定位尺寸达到工艺要求的尺寸公差或公差等级 IT14	X
					006	冲裁件纵向定位尺寸达到工艺要求的尺寸公差或公差等级 IT14	X
					007	冲裁部位尺寸达到工艺要求的尺寸公差或公差等级 IT14	X
					008	冲裁部位垂直度公差等级 IT14	X
					009	毛刺高度不超过标准要求	X
					010	分析影响冲裁质量的因素	Y

职业功能	鉴定项目				鉴定要素		
	项目代码	名　称	鉴定比重(%)	选考方式	要素代码	名　称	重要程度
工件加工	E	折弯加工	50	至少选择4项	001	掌握板材及型钢压弯方法	Y
					002	计算压型力,判断设备的工艺能力	X
					003	能对多角折弯件展开,确定折弯线	X
					004	选择定位基准	X
					005	能确定合理的折弯顺序	X
					006	能明确成型件的纤维方向	Y
					007	掌握成型件的测量方法	Y
					008	对加工件按要求自检测量	X
					009	折弯件成型尺寸达到工艺要求的尺寸公差或公差等级 IT15	X
					010	折弯件角度公差满足±30′	X
					011	折弯件圆角尺寸公差等级 IT15	Z
					012	折弯件拉伤不超过标准要求	X
		拉深加工			001	掌握拉深工艺方法	Y
					002	计算压型力,判断设备的工艺能力	Y
					003	选择定位基准	X
					004	工件成型时对设备操作规范	X
					005	对成型件进行测量	X
					006	对加工件按要求自检测量	X
					007	拉深件成型尺寸达到工艺要求的尺寸公差或公差等级 IT15	X
					008	拉深件角度公差满足±30′	X
					009	拉深件圆角尺寸公差等级 IT15	Z
					010	拉深件拉伤不超过标准要求	X
					011	分析影响成型质量的因素	Y
		板材及型钢矫平、校直加工			001	掌握矫型模结构原理	Z
					002	掌握不同工件的矫型方法,明确矫型部位	X
					003	正确测量直线度	X
					004	正确测量平面度	X
					005	矫形件平面度满足工艺要求	X
					006	工件全长平面度满足工艺要求	Y
					007	矫形件直线度满足工艺要求	X
					008	工件全长直线度满足工艺要求	Y
					009	分析影响矫型质量的因素	Y

续上表

职业功能	鉴定项目				鉴定要素		
	项目代码	名 称	鉴定比重(%)	选考方式	要素代码	名 称	重要程度
工件加工	E	拉弯加工	50	至少选择4项	001	能调节拉弯机的拉力值	X
					002	掌握拉弯模的结构原理	Z
					003	能对拉弯臂进行调节	X
					004	能对拉弯模夹紧力进行调节	X
					005	掌握拉弯工件的测量方法	Y
					006	能借助检测样板检测工件的尺寸公差	X
					007	拉弯工件尺寸达到工艺要求尺寸或公差等级IT15	X
					008	工件拉断率少于5%	X
相关知识	F	精度检验与误差分析	10	必选	001	能熟练使用冲压常用量具进行检测	X
					002	能使用平台和常用量具检测平面度	X
					003	能使用平台和常用量具检测直线度	Y
					004	能对成型件型面进行检测	Y
					005	能对折弯及拉深件拉伤起皱等原因进行分析	X
					006	能对成型加工产生的误差进行分析	Y
					007	能对折弯、拉深过程中产生的质量问题制订相应的解决方案	X
					008	掌握复杂型面的检测方法	Y

冲压工(高级工)
技能操作考核样题与分析

职 业 名 称：________________

考 核 等 级：________________

存 档 编 号：________________

考核站名称：________________

鉴定责任人：________________

命题责任人：________________

主管负责人：________________

中国北车股份有限公司劳动工资部制

职业技能鉴定技能操作考核制件图示或内容

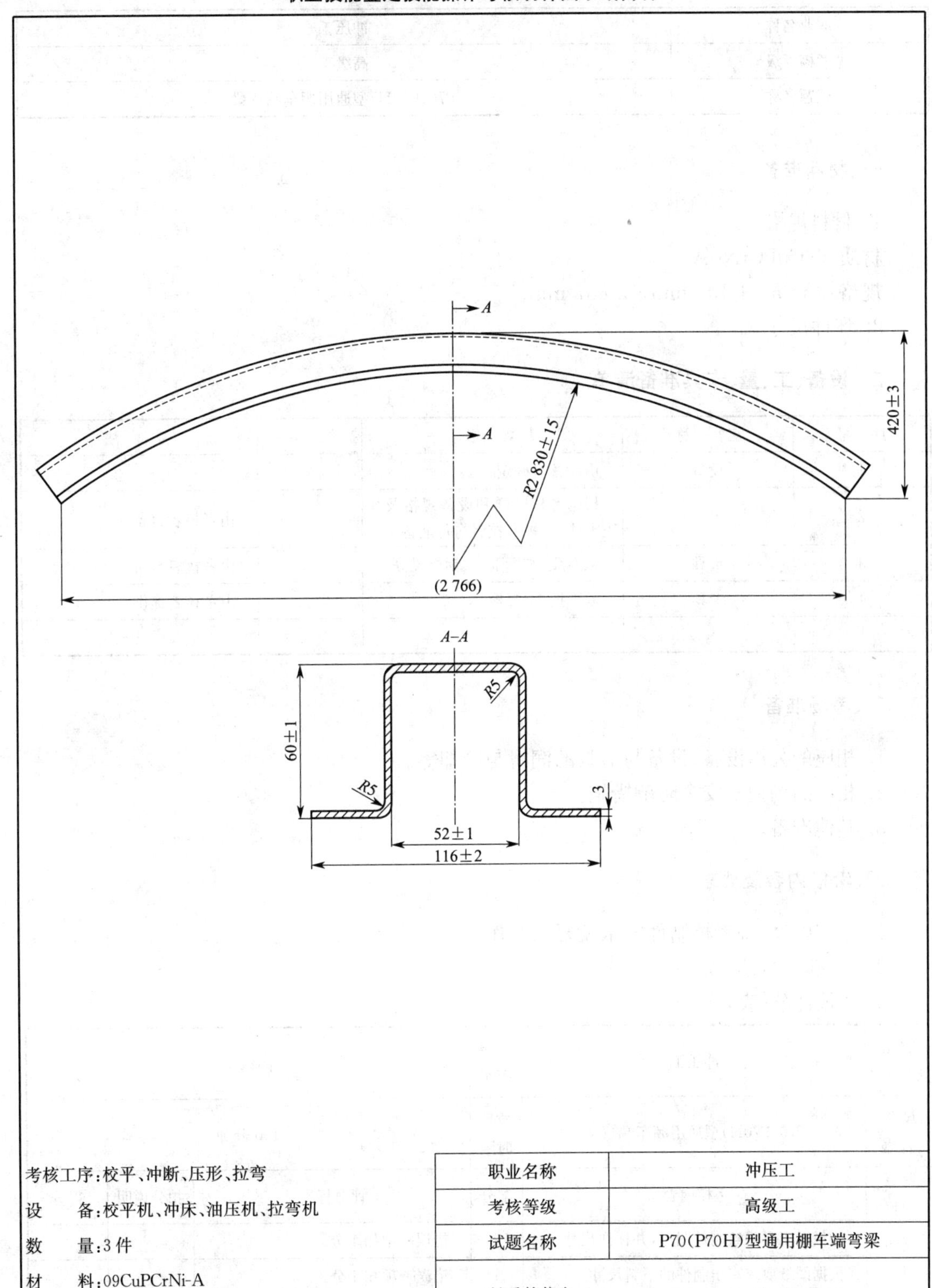

考核工序：校平、冲断、压形、拉弯

设　　备：校平机、冲床、油压机、拉弯机

数　　量：3 件

材　　料：09CuPCrNi-A

总操作时间：180 min

职业名称	冲压工
考核等级	高级工
试题名称	P70(P70H)型通用棚车端弯梁
材质等信息	

职业技能鉴定技能操作考核准备单

职业名称	冲压工
考核等级	高级工
试题名称	P70(P70H)型通用棚车端弯梁

一、材料准备

1. 材料规格

材质:09CuPCrNi-A。

规格:3 mm×1 100 mm×2 887 mm。

2. 坯件尺寸

二、设备、工、量、卡具准备清单

序　号	名　　称	规　格	数　量	备　　注
1	设备	由考核者确定	1	
2	工具	根据考核图样和设备规格及加工方法,由被考核者自行准备		由考核者自备
3	量具	钢卷尺、游标卡尺、钢板尺等		由考核者自备
4	卡具	紧固扳手、螺栓		由考核者提供

三、考场准备

1. 相应的公用设备、设备与器具的润滑与冷却等。
2. 相应的场地及安全防范措施。
3. 其他准备。

四、考核内容及要求

1. 考核内容(按考核制件图示及要求制作)。
2. 考核时限:150 分钟。
3. 考核评分(表)

职业名称	冲压工	考核等级	高级工		
试题名称	P70(P70H)型通用棚车端弯梁	考核时限	150 分钟		
鉴定项目	考核内容	配分	评分标准	扣分说明	得分
读图与绘图	能借助工具手绘制件图形,并标注尺寸	2	错误一项扣 1 分		
	根据图纸要求写出制件的下料尺寸	1	错误一项扣 1 分		
	能选出符合图纸要求材质的板材	2	选择错误扣 2 分		

续上表

鉴定项目	考核内容	配分	评分标准	扣分说明	得分
读图与绘图	能使用游标卡尺进行检测并读数	1	检测尺寸错误扣1分		
	能根据不同的尺寸精度要求选择不同的量具	2	量具错误扣1分、检测尺寸错误1项扣1分		
	掌握对应的设备编号。(可通过提问方式)	1	设备指认错误扣1分		
	能根据图纸提供的信息选择对应的模具	1	模具选取错误扣1分		
加工准备	根据工序不同使用不同的劳保用品	2	违反规定一项扣1分		
	根据不同的工序确定润滑油(脂)的合理使用	2	错误一处扣1分		
	台面整洁,物品摆放位置正确	3	摆放不合格每一项扣1分		
	能根据图纸明确制件的正确工艺顺序	2	错误一处扣1分		
	能计算展开并使用套材下料知识	2	有一项错误扣1分		
	据实际需要准备正确的吊运绳索及相关的紧固件和垫铁	4	有一项选用错误扣1分		
模具安装与维护保养	开机前检查设备情况	1	少一个检测点扣1分		
	进行设备台面及模具的必要清理	2	少一个清洁点扣1分		
	吊运时套绳规范、指挥天车规范	2	错误一项扣1分		
	能按正确步骤安装模具	2	不符合规范一项扣1分		
	按合理的步骤调节模具的闭合高度	2	调节方式错误扣2分		
	能选用合理的扳手及套管	2	工具选取错误扣1分,紧固方式错误扣1分		
	根据要求对模具进行定点润滑	2	润滑点少一处扣1分		
	操作规范	2	试冲不规范扣2分		
校平加工	根据来料状态选择合理的进料方式	1	校平方式错误扣3分		
	根据制件尺寸选择合理的测量工具	1	测量有一处错误扣1分		
	能按要求检测不同点的平面度	2	测量方式有一处错误扣2分		
	平面度不大于0.5 mm	2	平面度尺寸每超差0.5 mm扣2分		
	直线度不大于0.5 mm	2	直线度尺寸每超差0.5 mm扣1分		
	对操作者提关于校平质量及控制问题	2	每回答错误一处扣2分		
冲断加工	根据图纸计算相关的力大小	2	有一项错误扣1分		
	确定合理的搭边量,明确定位尺寸	1	三点定位,有一个定位错误扣1分		
	使用合理的测量工具,选择正确的测量方式	2	有一项错误扣1分		
	尺寸不能超差,未注公差的应满足等级IT17要求	2	尺寸超差每0.5 mm扣1分		
	毛刺高度不大于0.5 mm	2	尺寸超差每0.3 mm级扣1分		
	根据断面情况提出相关问题	1	根据断面质量提问,每回答错误一个扣1分		

续上表

鉴定项目	考核内容	配分	评分标准	扣分说明	得分
压型加工	正确计算压型力大小	2	错误一项扣1分		
	能根据图纸确定正确的定位方式	2	定位错误扣2分		
	根据制件选择正确的量具及测量方法	2	没有自检测扣3分，测量方式错一项扣1分		
	压型件尺寸不能超差	4	尺寸每超差0.5 mm扣1分		
	未注公差等级IT15	3	尺寸每超差0.5 mm扣1分，折弯角每超差0.5°扣1分		
	检查是否存在压型缺陷	2	有一个缺陷扣1分		
拉弯加工	根据图纸要求调节拉弯力的拉力值	3	调节错误扣3分		
	掌握夹紧力的调节方法	2	调节错误扣2分		
	会使用合理的检测工具及检测方法	2	错误一项扣1分		
	尺寸不超差	5	尺寸2 830±15每超差5 mm扣2分，尺寸420±3每超差1 mm扣1分		
	控制制件的废品率	3	拉断率超过5%扣3分		
精度检验与误差分析	掌握常用量具使用方法	1	错误一项扣1分		
	掌握平面度的检测方法	2	使用方法每错误一处扣1分		
	能借助辅助工具对型面进行检测	2	使用方法每错误一处扣1分		
	掌握成型件拉伤起皱产生的原因	2	分析错误一项扣1分		
	掌握成型质量问题的解决方法	2	每错误一处扣1分		
	掌握成型加工误差产生的原因	1	分析错误扣1分		
质量、安全、工艺纪律、文明生产等综合考核项目	考核时限	不限	每超时5分钟，扣10分		
	工艺纪律	不限	依据企业有关工艺纪律规定执行，每违反一次扣10分		
	劳动保护	不限	依据企业有关劳动保护管理规定执行，每违反一次扣10分		
	文明生产	不限	依据企业有关文明生产管理规定执行，每违反一次扣10分		
	安全生产	不限	依据企业有关安全生产管理规定执行，每违反一次扣10分		

职业技能鉴定技能考核制件(内容)分析

职业名称	冲压工
考核等级	高级工
试题名称	P70(P70H)型通用棚车端弯梁
职业标准依据	国家职业标准

试题中鉴定项目及鉴定要素的分析与确定

分析事项 \ 鉴定项目分类	基本技能"D"	专业技能"E"	相关技能"F"	合计	数量与占比说明
鉴定项目总数	1	5	1	7	专业技能满足2/3,鉴定要素满足60%的要求
选取的鉴定项目数量	1	4	1	6	
选取的鉴定项目数量占比(%)	100	80	100	85.7	
对应选取鉴定项目所包含的鉴定要素总数	31	41	8	80	
选取的鉴定要素数量	20	25	5	50	
选取的鉴定要素数量占比(%)	64.5	61	62.5	62.5	

所选取鉴定项目及相应鉴定要素分解与说明

鉴定项目类别	鉴定项目名称	国家职业标准规定比重(%)	《框架》中鉴定要素名称	本命题中具体鉴定要素分解	配分	评分标准	考核难点说明
D	读图与绘图	40	能对冲压件零部件图进行绘制	能借助工具手绘制件图形,并标注尺寸	2	错误一项扣1分	
			能掌握图纸要求加工的部位尺寸	根据图纸要求写出制件的下料尺寸	1	错误一项扣1分	
			根据图纸选择正确材质的制件原材料	能选出符合图纸要求材质的板材	2	选择错误扣2分	
			使用合理的量具检测来料厚度	能使用游标卡尺进行检测并读数	1	检测尺寸错误扣1分	
			使用合理的量具检测来料关键性尺寸	能根据不同的尺寸精度要求选择不同的量具	2	量具错误扣1分、检测尺寸错误1项扣1分	
			根据图纸选择正确的设备	掌握对应的设备编号。(可通过提问方式)	1	设备指认错误扣1分	
			根据图纸选择正确的模具	能根据图纸提供的信息选择对应的模具	1	模具选取错误扣1分	
	加工准备		能按劳动保护的要求着装	根据工序不同使用不同的劳保用品	2	违反规定一项扣1分	
			选择正确的润滑油(脂)	根据不同的工序确定润滑油(脂)的合理使用	2	错误一处扣1分	
			工具、量具及制件摆放合理、整齐	台面整洁,物品摆放位置正确	3	摆放不合格每一项扣1分	
			能明确制件的加工顺序	能根据图纸明确制件的正确工艺顺序	2	错误一处扣1分	
			掌握压型件展开及套材下料知识	能计算展开并使用套材下料知识	2	有一项错误扣1分	
			吊运绳索、紧固元件及垫铁的合理选用	据实际需要准备正确的吊运绳索及相关的紧固件和垫铁	4	有一项选用错误扣1分	

续上表

鉴定项目类别	鉴定项目名称	国家职业标准规定比重(%)	《框架》中鉴定要素名称	本命题中具体鉴定要素分解	配分	评分标准	考核难点说明
D	模具安装与维护保养	40	检查设备的安全装置运行状态	开机前检查设备情况	1	少一个检测点扣1分	
D	模具安装与维护保养	40	设备及模具按标准进行整理清洁	进行设备台面及模具的必要清理	2	少一个清洁点扣1分	
D	模具安装与维护保养	40	正确吊运模具、指挥天车作业	吊运时套绳规范、指挥天车规范	2	错误一项扣1分	
D	模具安装与维护保养	40	按操作规程安装模具	能按正确步骤安装模具	2	不符合规范一项扣1分	
D	模具安装与维护保养	40	调节模具的闭合高度	按合理的步骤调节模具的闭合高度	2	调节方式错误扣2分	
D	模具安装与维护保养	40	能用合理的工具对模具进行紧固	能选用合理的扳手及套管	2	工具选取错误扣1分,紧固方式错误扣1分	
D	模具安装与维护保养	40	对模具进行合理的润滑	根据要求对模具进行定点润滑	2	润滑点少一处扣1分	
D	模具安装与维护保养	40	模具试冲(压)规范	操作规范	2	试冲不规范扣2分	
E	校平加工	50	根据不同的制件选择不同的校平方式	根据来料状态选择合理的进料方式	1	校平方式错误扣1分	
E	校平加工	50	正确测量直线度	根据制件尺寸选择合理的测量工具	1	测量有一处错误扣1分	
E	校平加工	50	正确测量平面度	能按要求检测不同点的平面度	2	测量方式有一处错误扣2分	
E	校平加工	50	矫形件平面度满足工艺要求	平面度不大于0.5 mm	2	平面度尺寸每超差0.5 mm扣2分	
E	校平加工	50	矫形件直线度满足工艺要求	直线度不大于0.5 mm	2	直线度尺寸每超差0.5 mm扣1分	
E	校平加工	50	分析影响矫形件质量的因素	对操作者提关于校平质量及控制问题	2	每回答错误一处扣2分	
E	冲断加工	50	计算冲裁力、卸料力,判断设备的工艺能力	根据图纸计算相关的力大小	2	有一项错误扣1分	
E	冲断加工	50	选择定位基准	确定合理的搭边量,明确定位尺寸	1	三点定位,有一个定位错误扣1分	
E	冲断加工	50	对制件按要求自检测量	使用合理的测量工具,选择正确的测量方式	2	有一项错误扣1分	
E	冲断加工	50	尺寸221 mm±1 mm	尺寸不能超差,未注公差的应满足等级IT17要求	2	尺寸超差每0.5 mm扣1分	
E	冲断加工	50	毛刺高度≤0.5 mm	毛刺高度不大于0.5 mm	2	尺寸超差每0.3 mm级扣1分	
E	冲断加工	50	冲裁件断面质量分析	根据断面情况提出相关问题	1	根据断面质量提问,每回答错误一个扣1分	

续上表

鉴定项目类别	鉴定项目名称	国家职业标准规定比重(%)	《框架》中鉴定要素名称	本命题中具体鉴定要素分解	配分	评分标准	考核难点说明
E	压型加工	50	计算压型力,判断油压机的工艺能力	正确计算压型力大小	2	错误一项扣1分	
			选择合理的定位基准	能根据图纸确定正确的定位方式	2	定位错误扣2分	
			按要求自检,掌握压型件的测量方式	根据制件选择正确的量具及测量方法	2	没有自检测扣3分,测量方式错一项扣1分	
			压型尺寸52 mm±1 mm、116 mm±1 mm、60 mm±1 mm	压型件尺寸不能超差	4	尺寸每超差0.5 mm扣1分	
			圆角尺寸$R5$、压型角90°	未注公差等级IT15	3	尺寸每超差0.5 mm扣1分,折弯角每超差0.5°扣1分	
			拉伤拉裂等缺陷	检查是否存在压型缺陷	2	有一个缺陷扣1分	
	拉弯加工		能调节拉弯机的拉力值	根据图纸要求调节拉弯力的拉力值	3	调节错误扣3分	
			能对拉弯模夹紧力进行调节	掌握夹紧力的调节方法	2	调节错误扣2分	
			自检及测量方法	会使用合理的检测工具及检测方法	2	错误一项扣1分	
			尺寸2 830 mm±15 mm、420 mm±3 mm	尺寸不超差	5	尺寸2 830±15每超差5 mm扣2分,尺寸420±3每超差1 mm扣1分	
			制件拉断率小于5%	控制制件的废品率	3	拉断率超过5%扣3分	
F	精度检验与误差分析	10	能熟练使用冲压常用量具进行检测	掌握常用量具使用方法	1	错误一项扣1分	
			能使用平台和常用量具检测平面度	掌握平面度的检测方法	2	使用方法每错误一处扣1分	
			能对成型件型面进行检测	能借助辅助工具对型面进行检测	2	使用方法每错误一处扣1分	
			能对成型件拉伤起皱等原因进行分析	掌握成型件拉伤起皱产生的原因	2	分析错误一项扣1分	
			对成型过程中产生的质量问题制订相应的解决方案	掌握成型质量问题的解决方法	2	每错误一处扣1分	
			能对成型加工产生的误差进行分析	掌握成型加工误差产生的原因	1	分析错误扣1分	

续上表

鉴定项目类别	鉴定项目名称	国家职业标准规定比重(%)	《框架》中鉴定要素名称	本命题中具体鉴定要素分解	配分	评分标准	考核难点说明
质量、安全、工艺纪律、文明生产等综合考核项目				考核时限	不限	每超时5分钟，扣10分	
				工艺纪律	不限	依据企业有关工艺纪律规定执行，每违反一次扣10分	
				劳动保护	不限	依据企业有关劳动保护管理规定执行，每违反一次扣10分	
				文明生产	不限	依据企业有关文明生产管理规定执行，每违反一次扣10分	
				安全生产	不限	依据企业有关安全生产管理规定执行，每违反一次扣10分	